全国餐饮职业教育教学指导委员会重点课题"基于烹饪专业人才培养目标的中高职课程体系与教材开发研究"成果系列教材
餐饮职业教育创新技能型人才培养新形态一体化系

总主编 ◎杨铭铎

烹调工艺基础

主　编　苏爱国　许　磊　段辉煌
副主编　曾兴林　刘建鹏　杨国斌　李哲峰　尹兆德
编　者　（按姓氏笔画排序）
尹兆德　田　雨　巩显芳　刘建鹏　许　磊
贡湘磊　苏爱国　李哲峰　杨国斌　沈　晖
金龙翔　周素文　段辉煌　曾兴林

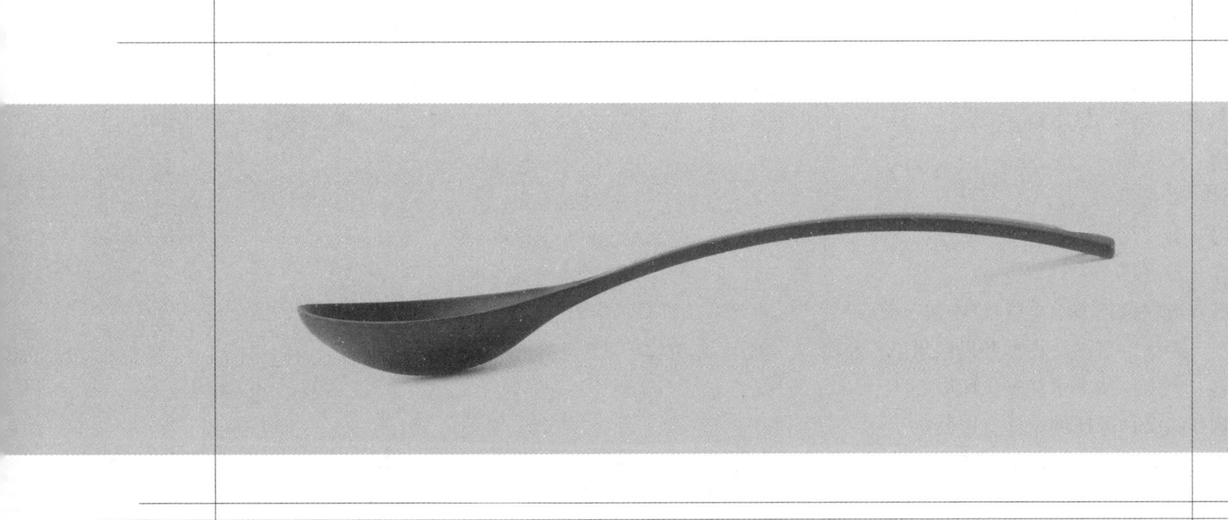

華中科技大學出版社
http://press.hust.edu.cn
中国·武汉

内容简介

本书是“十四五”职业教育国家规划教材、全国餐饮职业教育教学指导委员会重点课题“基于烹饪专业人才培养目标的中高职课程体系与教材开发研究”成果系列教材、餐饮职业教育创新技能型人才培养新形态一体化系列教材。

本书按照中式烹饪的主要工艺流程与环节，结合烹饪工艺与营养专业高职教育的要求，遵循理论与实践并重的原则，注重动手能力与应用能力的培养，深入浅出，通俗易懂，使读者容易理解与操作。本书共五个项目，内容包括烹调入门、初加工工艺基础、分割与成形工艺基础、调味工艺基础和制熟工艺基础。

本书可供职业教育烹饪(餐饮)类专业学生使用，同时也可作为餐饮爱好者自学用书。

图书在版编目(CIP)数据

烹调工艺基础/苏爱国，许磊，段辉煌主编．—武汉：华中科技大学出版社，2021.8(2024.8 重印)
ISBN 978-7-5680-7371-4

Ⅰ．①烹…　Ⅱ．①苏…　②许…　③段…　Ⅲ．①烹饪-方法-职业教育-教材　Ⅳ．①TS972.11

中国版本图书馆 CIP 数据核字(2021)第 151078 号

烹调工艺基础
Pengtiao Gongyi Jichu　　　　苏爱国　许　磊　段辉煌　主编

总 策 划：车　巍
策划编辑：汪飒婷　居　颖
责任编辑：汪飒婷
封面设计：廖亚萍
责任校对：李　弋
责任监印：周治超
出版发行：华中科技大学出版社(中国·武汉)　　电话：(027)81321913
　　　　　武汉市东湖新技术开发区华工科技园　　邮编：430223
录　　排：华中科技大学惠友文印中心
印　　刷：武汉科源印刷设计有限公司
开　　本：889mm×1194mm　1/16
印　　张：12
字　　数：353 千字
版　　次：2024 年 8 月第 1 版第 4 次印刷
定　　价：49.90 元

苏爱国，江苏旅游职业学院副院长，教授，多年来一直从事烹饪原料学、烹饪营养学等专业核心课程的教学工作，近年来先后发表论文15篇，其中5篇发表在核心期刊，主持省级以上课题5项，成功主持申报教育部职业教育专业教学资源库和江苏省老年教育学习资源库。

许磊，江苏旅游职业学院烹饪科技学院组织员，副教授，先后主编教育部中等职业教育"十二五"国家规划立项教材《特殊群体食疗与保健》，江苏省国家示范性高等职业院校重点专业建设系列教材《主题筵席设计与制作》和《中医饮食保健学》，高等职业教育烹调工艺与营养专业规划教材《营养卫生与安全》《烹饪原料学》《烹饪工艺学》，主编其他教材包括《西餐宴会》《烹饪营养与配餐》《食品安全与操作规范》等。

段辉煌，长沙商贸旅游职业技术学院教师，中共党员，讲师，高级烹饪技师，全国优秀指导教师，长沙市技术能手，长期担任烹饪工艺与营养、餐饮管理专业的烹调核心类课程教学。主持参与省市级课题7项，参编专著教材5本，获得国家专利3项，在省级以上刊物公开发表论文20多篇。

网络增值服务

使用说明

欢迎使用华中科技大学出版社教学资源服务网

教师使用流程

（1）登录网址：http://bookcenter.hustp.com（注册时请选择教师用户）

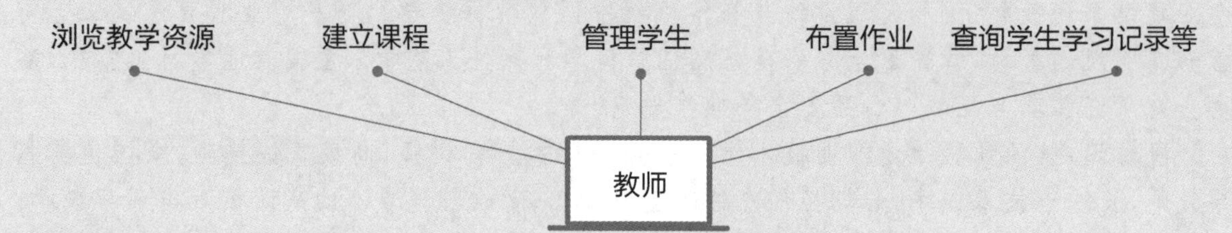

（2）审核通过后，您可以在网站使用以下功能：

浏览教学资源　建立课程　管理学生　布置作业　查询学生学习记录等

教师

学员使用流程

（建议学员在PC端完成注册、登录、完善个人信息的操作。）

（1）PC端操作步骤

①登录网址：http://bookcenter.hustp.com（注册时请选择普通用户）

注册 → 登录 → 完善个人信息

②查看课程资源：（如有学习码，请在个人中心－学习码验证中先验证，再进行操作。）

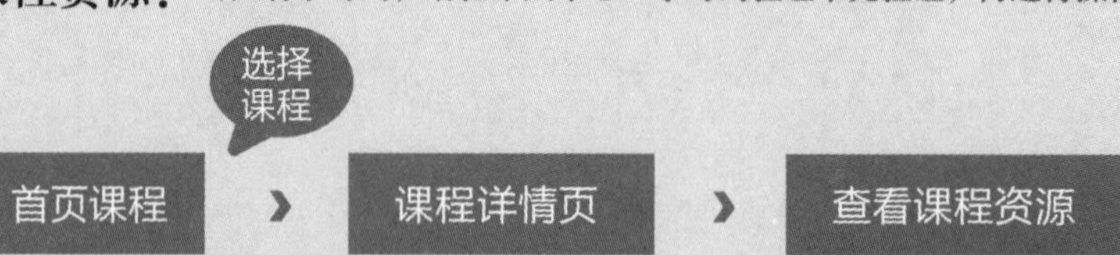

（2）手机端扫码操作步骤

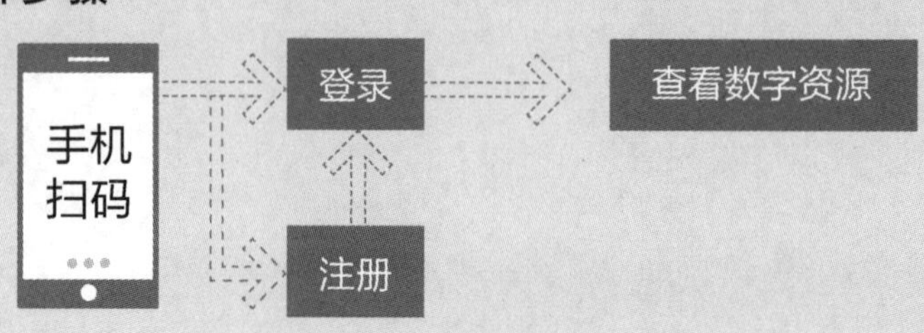

全国餐饮职业教育教学指导委员会重点课题
“基于烹饪专业人才培养目标的中高职课程体系与教材开发研究”成果系列教材
餐饮职业教育创新技能型人才培养新形态一体化系列教材

丛书编审委员会

委员（按姓氏笔画排序）

开展餐饮教学研究　加快餐饮人才培养

餐饮业是第三产业重要组成部分，改革开放40多年来，随着人们生活水平的提高，作为传统服务性行业，餐饮业对刺激消费需求、推动经济增长发挥了重要作用，在扩大内需、繁荣市场、吸纳就业和提高人民生活质量等方面都做出了积极贡献。就经济贡献而言，2018年，全国餐饮收入42716亿元，首次超过4万亿元，同比增长9.5%，餐饮市场增幅高于社会消费品零售总额增幅0.5个百分点；全国餐饮收入占社会消费品零售总额的比重持续上升，由上年的10.8%增至11.2%；对社会消费品零售总额增长贡献率为20.9%，比上年大幅上涨9.6个百分点；强劲拉动社会消费品零售总额增长了1.9个百分点。全面建成小康社会的号角已经吹响，作为人民基本需求的饮食生活，餐饮业的发展好坏，不仅关系到能否在扩内需、促消费、稳增长、惠民生方面发挥市场主体的重要作用，而且关系到能否满足人民对美好生活的向往、实现全面建成小康社会的目标。

一个产业的发展，离不开人才支撑。科教兴国、人才强国是我国发展的关键战略。餐饮业的发展同样需要科教兴业、人才强业。经过60多年特别是改革开放40多年来的大发展，目前烹饪教育在办学层次上形成了中职、高职、本科、硕士、博士五个办学层次；在办学类型上形成了烹饪职业技术教育、烹饪职业技术师范教育、烹饪学科教育三个办学类型；在学校设置上形成了中等职业学校、高等职业学校、高等师范院校、普通高等学校的办学格局。

我从全聚德董事长的岗位到担任中国烹饪协会会长、全国餐饮职业教育教学指导委员会主任委员后，更加关注烹饪教育。在到烹饪院校考察时发现，中职、高职、本科师范专业都开设了烹饪技术课，然而在烹饪教育内容上没有明显区别，层次界限模糊，中职、高职、本科烹饪课程设置重复，拉不开档次。各层次烹饪院校人才培养目标到底有哪些区别？在一次全国餐饮职业教育教学指导委员会和中国烹饪协会餐饮教育委员会的会议上，我向在我国从事餐饮烹饪教育时间很久的资深烹饪教育专家杨铭铎教授提出了这一问题。为此，杨铭铎教授研究之后写出了《不同层次烹饪专业培养目标分析》《我国现代烹饪教育体系的构建》，这两篇论文回答了我的问题。这两篇论文分别刊登在《美食研究》和《中国职业技术教育》上，并收录在中国烹饪协会主编的《中国餐饮产业发展报告》之中。我欣喜地看到，杨铭铎教授从烹饪专业属性、学科建设、课程结构、中高职衔接、课程体系、课程开发、校企合作、教师队伍建设等方面进行研究并提出了建设性意见，对烹饪教育发展具有重要指导意义。

杨铭铎教授不仅在理论上探讨烹饪教育问题，而且在实践上积极探索。2018年在全国餐饮职业教育教学指导委员会立项重点课题“基于烹饪专业人才培养目标的中高职课程体系与教材开发研究”(CYHZWZD201810)。该课题以培养目标为切入点,明晰烹饪专业人才培养规格;以职业技能为结合点,确保烹饪人才与社会职业有效对接;以课程体系为关键点,通过课程结构与课程标准精准实现培养目标;以教材开发为落脚点,开发教学过程与生产过程对接的、中高职衔接的两套烹饪专业课程系列教材。这一课题的创新点在于:研究与编写相结合,中职与高职相同步,学生用教材与教师用参考书相联系,资深餐饮专家领衔任总主编与全国排名前列的大学出版社相协作,编写出的中职、高职系列烹饪专业教材,解决了烹饪专业文化基础课程与职业技能课程脱节,专业理论课程设置重复,烹饪技能课交叉,职业技能倒挂,教材内容拉不开层次等问题,是国务院《国家职业教育改革实施方案》提出的完善教育教学相关标准中的持续更新并推进专业教学标准、课程标准建设和在职业院校落地实施这一要求在烹饪职业教育专业的具体举措。基于此,我代表中国烹饪协会、全国餐饮职业教育教学指导委员会向全国烹饪院校和餐饮行业推荐这两套烹饪专业教材。

习近平总书记在党的十九大报告中指出:“到建党一百年时建成经济更加发展、民主更加健全、科教更加进步、文化更加繁荣、社会更加和谐、人民生活更加殷实的小康社会,然后再奋斗三十年,到新中国成立一百年时,基本实现现代化,把我国建成社会主义现代化国家”。经济社会的发展,必然带来餐饮业的繁荣,迫切需要培养更多更优的餐饮烹饪人才,要求餐饮烹饪教育工作者提出更接地气的教研和科研成果。杨铭铎教授的研究成果,为中国烹饪技术教育研究开了个好头。让我们餐饮烹饪教育工作者与餐饮企业家携起手来,为培养千千万万优秀的烹饪人才、推动餐饮业又好又快地发展,为把我国建成富强、民主、文明、和谐、美丽的社会主义现代化强国增添力量。

姜俊贤

全国餐饮职业教育教学指导委员会主任委员

中国烹饪协会会长

《国家中长期教育改革和发展规划纲要(2010—2020年)》及《国务院办公厅关于深化产教融合的若干意见(国办发〔2017〕95号)》等文件指出:职业教育到2020年要形成适应经济发展方式的转变和产业结构调整的要求,体现终身教育理念,中等和高等职业教育协调发展的现代教育体系,满足经济社会对高素质劳动者和技能型人才的需要。2019年1月,国务院印发的《国家职业教育改革实施方案》中更是明确提出了提高中等职业教育发展水平、推进高等职业教育高质量发展的要求及完善高层次应用型人才培养体系的要求;为了适应"互联网+职业教育"发展需求,运用现代信息技术改进教学方式方法,对教学教材的信息化建设,应配套开发信息化资源。

随着社会经济的迅速发展和国际化交流的逐渐深入,烹饪行业面临新的挑战和机遇,这就对新时代烹饪职业教育提出了新的要求。为了促进教育链、人才链与产业链、创新链有机衔接,加强技术技能积累,以增强学生核心素养、技术技能水平和可持续发展能力为重点,对接最新行业、职业标准和岗位规范,优化专业课程结构,适应信息技术发展和产业升级情况,更新教学内容,在基于全国餐饮职业教育教学指导委员会2018年度重点课题"基于烹饪专业人才培养目标的中高职课程体系与教材开发研究"(CYHZWZD201810)的基础上,华中科技大学出版社在全国餐饮职业教育教学指导委员会副主任委员杨铭铎教授的指导下,在认真、广泛调研和专家推荐的基础上,组织了全国90余所烹饪专业院校及单位,遴选了近300位经验丰富的教师和优秀行业、企业人才,共同编写了本套全国餐饮职业教育教学指导委员会重点课题"基于烹饪专业人才培养目标的中高职课程体系与教材开发研究"成果系列教材、餐饮职业教育创新技能型人才培养新形态一体化系列教材。

本套教材力争契合烹饪专业人才培养的灵活性、适应性和针对性,符合岗位对烹饪专业人才知识、技能、能力和素质的需求。本套教材有以下编写特点:

1. 权威指导,基于科研　本套教材以全国餐饮职业教育教学指导委员会的重点课题为基础,由国内餐饮职业教育教学和实践经验丰富的专家指导,将研究成果适度、合理落脚于教材中。

2. 理实一体,强化技能　遵循以工作过程为导向的原则,明确工作任务,并在此基础上将与技能和工作任务集成的理论知识加以融合,使得学生在实际工作环境中,将知识和技能协调配合。

3. 贴近岗位,注重实践　按照现代烹饪岗位的能力要求,对接现代烹饪行业和企业的职业技能标准，将学历证书和若干职业技能等级证书（“1＋X”证书）内容相结合，融入新技术、新工艺、新规范、新要求，培养职业素养、专业知识和职业技能，提高学生应对实际工作的能力。

4.编排新颖，版式灵活　注重教材表现形式的新颖性，文字叙述符合行业习惯，表达力求通俗、易懂，版面编排力求图文并茂、版式灵活，以激发学生的学习兴趣。

5.纸质数字，融合发展　在新形势媒体融合发展的背景下，将传统纸质教材和我社数字资源平台融合，开发信息化资源，打造成一套纸数融合的新形态一体化教材。

本系列教材得到了全国餐饮职业教育教学指导委员会和各院校、企业的大力支持和高度关注，它将为新时期餐饮职业教育做出应有的贡献，具有推动烹饪职业教育教学改革的实践价值。我们衷心希望本套教材能在相关课程的教学中发挥积极作用，并得到广大读者的青睐。我们也相信本套教材在使用过程中，通过教学实践的检验和实际问题的解决，能不断得到改进、完善和提高。

教材是学校教育教学、推进立德树人的关键要素，是国家意志和社会主义核心价值观的集中体现，是解决“培养什么人、怎样培养人、为谁培养人”这一根本问题的核心载体，推进党的二十大精神进教材意义重大，事关为党育人、为国育才的使命任务，事关广大学生的成长成才，事关全面建设社会主义现代化国家的大局。

为了全面准确在教材中落实党的二十大精神，充分发挥教材的铸魂育人功能，为培养德智体美劳全面发展的社会主义建设者和接班人奠定坚实基础，也为了“深入实施人才强国战略”“培养造就大批德才兼备的高素质人才”“努力培养造就更多大国工匠、高技能人才”，本教材践行“三全育人”的理念，落实立德树人根本任务，守正创新，强化素养，融入课程思政，将为党育人、为国育才的思想贯穿技术技能人才培养全过程。

烹调工艺基础是烹饪工艺与营养专业的核心课程。烹饪工艺学是学习中餐烹饪技术的主要课程，也是一门理论与实践并重的课程，结合我国烹饪职业教育的特点和实际情况，在各级领导的关心下，我们组织了具有烹饪专业实践经验的一线教师，结合职业教育的教学要求，共同编写了本书，旨在为我国烹饪工艺与营养专业职业教育的发展提供帮助。

本书阐述了烹饪技术的理论系统，力求理论与实践比例适当，并结合我国烹饪技术的发展，充分体现理论联系实际的特点。另外，本书的作者大多是从事烹饪工艺与营养专业的一线教师，同时又是活跃在生产第一线的专业技术人员，均以烹饪工艺为科研活动对象。因此，本书既具备理论上的专业性，又具备实际操作技能上的专业性。

烹调工艺基础是烹饪专业学生必须掌握的一门重要的基础理论课，它以行业认知、体质训练、刀工、勺工、司厨劳动和烹调方法历史一体化为主要内容，通过教师的讲解、演示和学生的模仿、练习，使学生掌握多项操作技能，为以后的烹饪实训工艺课教学及生产实习打下坚实的体能和技术基础。

烹饪专业入门课程的基本教学应围绕烹调入门、初加工工艺基础、分割与成形工艺基础、调味工艺基础和制熟工艺基础五个方面进行。

本书由江苏旅游职业学院苏爱国、许磊，长沙商贸旅游职业技术学院段辉煌担任主编。参加编写工作的还有江苏旅游职业学院曾兴林、沈晖、金龙翔、贡湘磊、周素文、田雨，太原技师学院刘建鹏，酒泉职业技术学院杨国斌，广西职业技术学院李哲峰，云南能源职业技术学院尹兆德，淄博市技师学院巩显芳。

由于编者水平有限，书中不妥之处在所难免，敬请读者批评斧正。

编　者

目录

项目一　烹调入门 1

任务一　烹调师作业程序 1

任务二　烹调师操作岗位要求 9

任务三　烹调设备 23

项目二　初加工工艺基础 39

任务一　果蔬原料的初加工工艺 39

任务二　水生动物原料的清理加工 43

任务三　陆生动物原料的清理加工 49

任务四　干制原料的涨发工艺 56

项目三　分割与成形工艺基础 67

任务一　分割工艺基础 67

任务二　刀工刀法及其应用 74

任务三　直刀法 82

任务四　平刀法 89

任务五　斜刀法 92

任务六　剞刀法 94

任务七　小型花刀块原料的成形及刀法运用 97

项目四　调味工艺基础 102

任务一　调味工艺基础知识 102

任务二　调香工艺基础 113

任务三　调色工艺的基本要求 121

任务四　菜肴的芡汁及勾芡工艺 131

项目五　制熟工艺基础 137

任务一　预熟处理工艺基础 137

任务二　水传热烹调技法基础 146

任务三　油传热烹调技法 157

任务四　汽传热及其他传热烹调技法 168

参考文献 177

项目一

烹调入门

导言

中华民族是世界上历史最古老的民族之一，我们的祖先不仅创造了中华民族灿烂的古代文明，同时也创造了光辉灿烂的古代饮食文化。在世界三大菜系之中，不论是菜肴的烹饪技法，还是菜肴种类以及菜肴的色、香、味、形、意、养等方面，中餐都远远走在世界前列。伟大的民主革命先行者孙中山先生在《建国方略》中曾说过："我中国近代文明进化，事事皆落人之后，唯饮食一道之进步，至今尚为文明各国所不及。"

在历史长河中，中国的烹饪经过数千年的发展，根据不同地域、不同民族的风俗习惯，已呈现出花样纷呈、菜系繁多、技艺精湛、做工考究、雅俗共赏的格局。

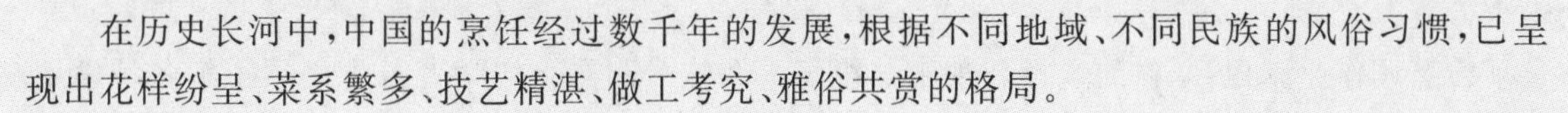

理论学习目标

（1）了解烹饪的基本含义和作用。

（2）了解和掌握中国烹饪工艺的形成与发展过程。

（3）了解和掌握中国烹饪技术的特点和区域性特征。

（4）掌握中国烹饪加工工艺的基本任务和研究内容。

实践应用目标

（1）能够简述中国烹饪工艺的形成与发展过程。

（2）能够阐述中国烹饪工艺技术的特点与区域性特征。

任务一 烹调师作业程序

任务描述

烹调师制作作业流程包括餐前的工作准备到最后的卫生安全检查，这些都需要明确任务职责。菜肴烹调作业流程包括原料的选择与加工工艺到制熟工艺，这些也都需要明确任务职责。烹调工艺

学贯穿整个加工流程。

任务目的

了解烹调师制作作业流程以及菜肴烹调作业流程。

任务驱动

除掌握烹调师厨房工作的基本程序外，还要熟悉菜肴制作的一般程序，熟知各流程的关键知识点。

知识准备

烹调师制作作业流程：准备工作—餐前检查—信息沟通—菜肴烹制—退菜处理—餐后收台—卫生安全检查。

菜肴烹调作业流程：原料的选择与加工—组配—调味—制熟。初学者首先必须了解各种常用烹调师制作和菜肴烹调的作业流程。

课程思政

在传授知识的过程中通过合适的载体，践行社会主义核心价值观，本课程的思政目标主要包括如下四个方面。

（1）具有爱岗敬业的职业道德和创业立业的本领。

（2）具有高尚的审美情趣。

（3）热爱烹饪事业，继承、发展、创新祖国的烹饪技艺。

（4）具有刻苦学习、钻研专业知识和技能的科学态度，具有改革意识和创新精神。

知识点导图

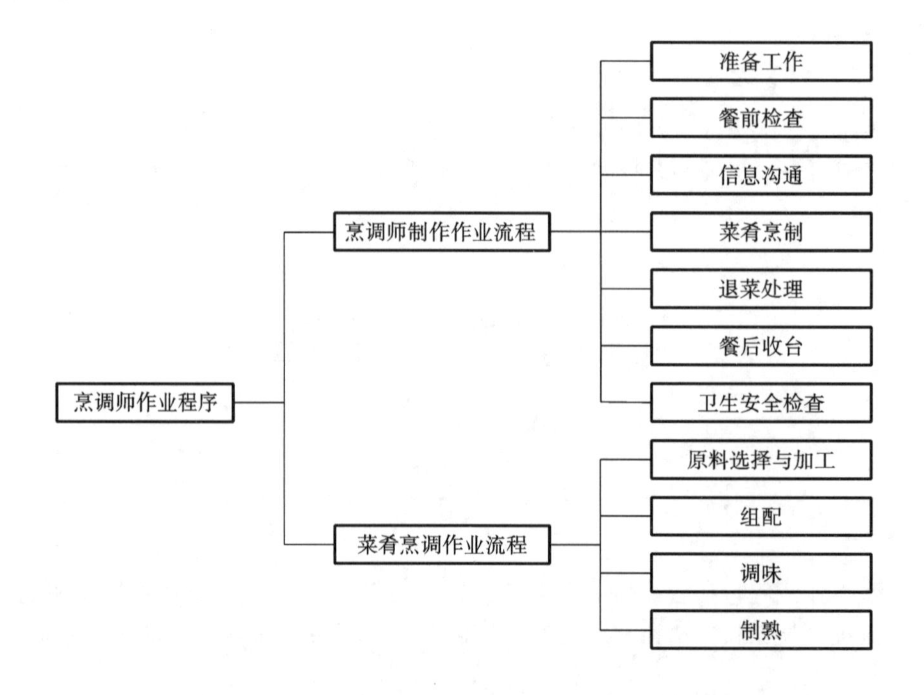

任务实施

一、烹调师制作作业流程

（一）准备工作

❶ 样品配份摆放

样品配份摆放有如下要求。

（1）各占灶厨师将自己所分阶段负责的菜肴品种，按《标准菜谱》中规定的投料标准和刀工要求进行配份，将一个配份完整菜肴的各种原料按主、辅料的顺序依此码放于规定的餐具中，用保鲜膜封严，作为菜肴样品。

（2）将加工好的所有菜肴样品摆放于餐厅冷藏式展示柜划定的区域内，并放好价格标签。

（3）样品的码盘、摆放要美观大方，引人注目。

（4）要保持好各展示柜内样品摆放区域的干净卫生。

（5）展示柜内样品摆放的数量为2～3份，样品的加工与摆放必须在规定的时间内完成，具体时间是上午10:30到下午5:00。

❷ 工具准备

（1）检查炉灶：通电通气检查炉灶、油烟排风设备运转功能是否正常，若出现故障，应及时自行排除或报修。

（2）炉灶用具：将手勺放入炒锅内，将炒锅放在灶眼上，漏勺放于油鼓上，垫布放入炒锅左侧，炊帚、筷子、抹布等用具备好，放于炒锅右侧。

（3）炉灶试火：打开照明灯，先点火放入灶眼中，再打开燃气（或油），调整风量，打开水龙头，注满水盒后，调整水速，保持流水降温，试火后仅留1～2个用于熟处理的公用火眼，其他关闭。

（4）调料用具，各种不锈钢、塑料调料盒。

（5）所有用具、工具必须符合卫生标准，具体卫生标准如下。

①各种用具、设备干净无污渍。

②炉灶清洁卫生、无异味。

③抹布应干爽、洁净，无污物、异味。

❸ 准备调料

在打荷厨师的协助下，将烹调时所需的各种成品调味品检验后分别放入专用的调料盒内。

❹ 制备调料

自制的调味料主要有调味酱、调味油、调味汁等。

（1）制作调味酱：按《标准菜谱》的要求制作煲仔酱、黑椒酱、XO酱、蒜蓉酱、辣甜豆豉酱、辣椒酱等常用的调味酱。

（2）制作调味油：按《标准菜谱》的要求制作葱油、辣椒油、花椒油、葱姜油、明油等常用的调味油。

（3）制作调味汁：按《标准菜谱》的要求制作煎封汁、素芡汁、精卤汁、西汁、鱼汁等常用的调味汁。

（二）餐前检查

❶ 餐前检查的项目

（1）炉灶是否进入工作状态。

（2）油、气、电路是否正常。

Note

(3) 提前30分钟将其他炉灶点燃。

❷ 准备工作过程的卫生要求

准备样品,工具与预热加工过程要保持良好的状况,废弃物与其他垃圾随时放置于专用垃圾箱内,并随时将盖盖严,以防垃圾外溢,炉灶台面随手用抹布擦拭,各种用具要保持清洁,做到每隔20分钟全面整理一次卫生。

❸ 准备工作结束后的卫生要求

具体要求:台面无油污,无杂物;炊具、抹布干爽,无污渍。所有准备工作结束后,应对卫生进行全面清理。

(1) 将一切废弃物放在垃圾箱内,并及时清理掉。

(2) 对灶面及各种用具的卫生进行全面整理、擦拭。

(3) 使用完的料盘要清洗干净放在规定的位置,一切与作业过程无关的物品均应从灶台上清理干净。

(4) 对灶前地面或脚踏板应进行清洁处理,发现油渍等黏滑现象应及时处理干净。

(三) 信息沟通

占灶厨师承担整个酒店占灶制作与供应的任务,开餐前必须主动与其他部门进行信息沟通,特别是了解当餐及当天宴会的预订情况,以便做好充分准备。

(1) 向订餐台了解当天宴席的预订情况。

(2) 了解会议餐预订情况。

(3) 负责电饼铛岗位的厨师应主动与明档的炸锅、焖鱼厨师进行联系,了解需要食材的预计数量。

(4) 了解前一天各个占灶品种的销售数量。

(四) 菜肴烹制

❶ 接料确认

接到打荷厨师传递配份好的菜肴原料或经过上浆、挂糊及其他处理过的菜料,首先确认菜肴的烹调方法,确认工作应在10~20分钟内完成。

❷ 菜肴烹调

(1) 根据《标准菜谱》的工艺流程要求,按打荷厨师分发的顺序对各种菜肴进行烹制,烹制成熟后,将菜肴盛放在打荷厨师准备好的餐具内。

(2) 占灶厨师烹制相同的菜肴时,每锅出品的菜肴为1~2份。

(3) 有催菜、换菜需优先烹制的菜肴应在打荷厨师的协调下优先烹制。

❸ 装盘检查

占灶厨师将烹制好的菜肴装盘后,应在打荷厨师整理、盘饰前进行质量检查,检查的重点是菜肴中是否有异物或明显的失饪情况,一旦发现应立即予以处理。

(五) 退菜处理

❶ 接受退菜

客人提出的退菜、换菜要求,不论什么原因都应立即接受并及时处理,占灶厨师不得寻找任何理由予以拒绝。

❷ 分类处理

对退菜原因事后要进行分析,并对分析结果进行分级处理。

(1) 退菜、换菜的直接责任完全是因为菜肴的质量问题,责任由占灶厨师承担,按厨师部的奖惩制度对责任人进行处罚。

（2）退菜的原因不完全属于菜肴出品质量，但占灶厨师有部分责任，则对占灶厨师进行部分处罚。

（3）属于客人故意找碴，菜肴没有质量问题，则无需对占灶厨师进行处罚。

③ 制定纠正措施

占灶厨师对出现的问题进行认真全面的分析，找出原因，由本人做出纠正或避免类似问题再次发生的措施，报告厨师长签字备案，确保不再发生同样或类似的事件。

（六）餐后收台

① 调味料整理

调味料整理程序与要求如下。

（1）将调料盒里剩余的液体调味料用保鲜膜封好后，放入恒温柜中保存。

（2）粉状调味料及未使用完的瓶装调味料加盖后存放在储藏橱柜中。

② 余料处理

没有使用完的食油、淀粉（液状）等在打荷厨师的协助下，分别进行过滤、加热处理，然后放置油缸或淀粉盒内。

③ 清理台面

将灶台上的调料盒、盛料盆及漏勺、手勺、炊帚、筷子等用餐洗净溶液洗涤，用清水冲洗干净，用干抹布擦干水分，放回固定的存放位置或储存柜内。

④ 清洗水池

先清除水池内的污物杂质，用浸过餐洗净的抹布内外擦拭一遍，然后用清水冲洗干净，再用干抹布擦干水分。

⑤ 清理垃圾桶

将垃圾桶内装有废弃物的塑料袋封口，取出放入公用垃圾箱内，然后将垃圾桶内外及桶盖用水冲洗干净，用干抹布擦拭干净，用消毒液喷洒垃圾桶的内外表面，不用擦拭，以保持消毒液干燥时的杀菌效力。

⑥ 清理地面

先用笤帚扫除地面垃圾，用浸渍过热碱水或清洁剂溶液的拖把拖一遍，再用干拖把拖干地面，然后把打扫卫生使用的工具清洗干净，放回指定的位置晾干，如果有脚踏板，也要进行同样的清洗过程。

⑦ 油烟排风罩、墙壁擦洗

炉灶上方的油烟排风罩，按从内到外、自上而下的顺序先用蘸过餐洗净的抹布擦拭一遍，然后用干净的湿抹布擦拭一遍，最后再用干抹布擦拭一遍。灶间的墙壁，按自上而下的顺序先用蘸过餐洗净的抹布擦拭一遍，然后用干净的湿抹布擦拭一遍，最后再用干抹布擦拭一遍。

⑧ 抹布清洗

所有抹布先用热碱水或餐洗净溶液浸泡、揉搓，捞出拧干后，用清水冲洗两遍，拧干后放入微波炉用高火加热3分钟，取出晾干。

⑨ 卫生清理标准

卫生清理标准如下。

（1）油烟排风罩、墙壁每一周彻底擦洗一次，其他工具、设备用品每餐结束后彻底擦拭一次，机械设备要保证无干结，无污渍。

（2）擦拭过的灶台、工具要求无油渍，无污迹，无杂物。

（3）地面无杂物、无积水。

（4）抹布清洁、无油渍、无异味。

（七）卫生安全检查

❶ **卫生检查**

按一定卫生清理标准进行检查，合格后进行设备安全检查。

❷ **安全检查**

检查电器设备、排油烟设备、照明设备功能是否正常；检查炉灶的气阀或气路总阀是否关闭。

❸ **消毒处理**

整个热菜厨房的卫生清理及安全检查工作结束后，由专人负责打开紫外线消毒灯，照射20～30分钟后，将灯关闭，工作人员离开工作间，然后锁门。

二、菜肴烹调作业流程

烹调工艺学是以烹调生产流程为基础的，针对烹调工艺的基本构成要素，根据烹调生产的特点，将烹调作业流程分为以下四大部分。

（一）原料选择与加工工艺

烹饪原料选择和初加工是烹调工艺学中的首道工艺环节，它是菜品正式烹调的前提和基础，原料品质的优劣，不仅会影响到菜品的质量，而且还关系到是否违反国家动植物保护的法律、法规。原料经初加工后是否清洁、卫生、无害直接关系到人体的健康、安全。对选择的原料进行加工，包括宰杀、清洗、整理、保鲜、分档、切割、涨发等流程。干制原料是烹调中重要的原料品种，许多高档菜品都是由干制原料加工而成的，如鲍鱼、鱼翅、燕窝等。干制原料涨发质量的好坏直接关系到菜品的烹调效果，对于高档原料，涨发不当还会造成重大损失，所以，掌握科学的涨发方法是十分重要的。原料的切割工艺包括分解取料、加工刀法两大类。分解取料可以突出原料部位特点，充分合理地利用原料，既有利于控制菜品的成本，提高制品质量，又能避免浪费，做到物尽其用（图1-1-1至图1-1-4）。

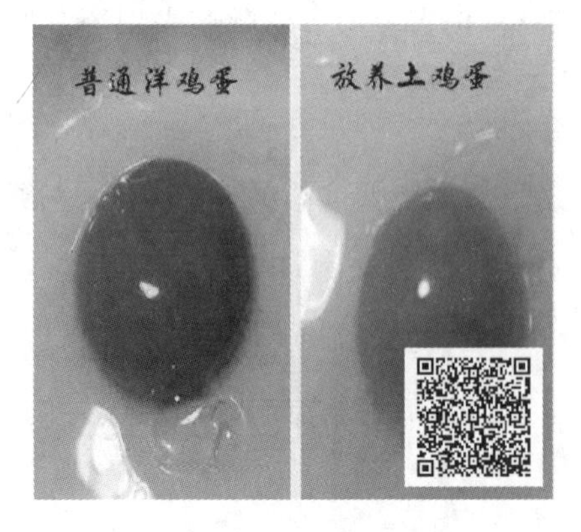

图1-1-1　禽蛋原料的选择

图1-1-2　果蔬原料的选择

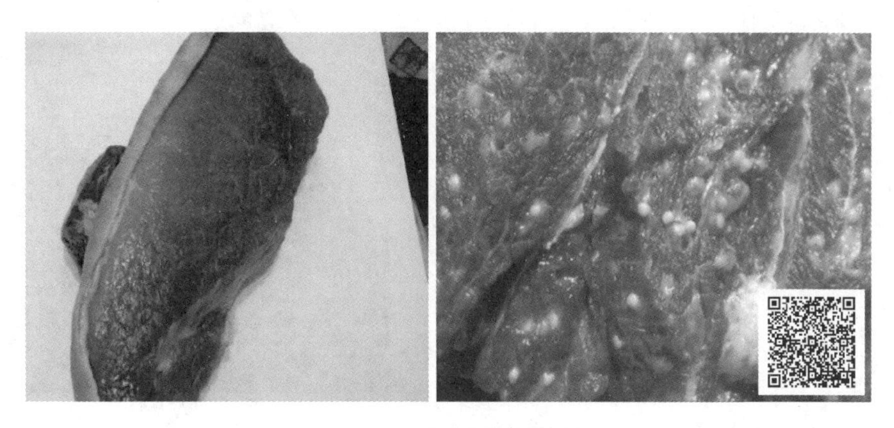

图 1-1-3　肉类原料的选择

图 1-1-4　面粉原料的选择

（二）组配工艺

组配工艺由几个独立、不连贯的主题内容组成，如糊浆工艺、制汤工艺、上色工艺、蓉胶工艺、制冻工艺、菜肴组配工艺等。从工艺流程上讲，组配工艺应该是初加工以后的精加工过程。糊浆工艺是菜肴烹制的重要流程，它对菜品色、香、味、形的完善有非常重要的决定作用，是菜肴做到更嫩、更香、更脆、更滑、更鲜的具体措施。其内容包括挂糊、上浆、勾芡、拍粉等工艺流程，常用糊浆的调配方法有发蛋糊、脆皮糊、蛋清浆、制嫩浆等。制汤工艺、上色工艺、蓉胶工艺、制冻工艺主要是掌握吊汤的原理、糖加热变色的原理、蓉胶调配原理等。菜肴组配工艺包括菜肴和宴席两大部分。根据宴席档次和菜肴质量的要求，把各种加工成形的原料加以适当配合，供烹调或直接食用的工艺叫菜肴和宴席的组配工艺。菜肴组配工艺是基础，宴席组配是菜肴、点心等组配工艺集中的体现，其目的是将各种相关的食物原料进行有规律的结合，为制熟加工提供对象，为食用与销售提供依据，并为定性、定量化生产提供标准。菜肴组配工艺对菜品的整体质量有决定性作用，是菜品开发、创新的主要途径（图 1-1-5 至图 1-1-8）。

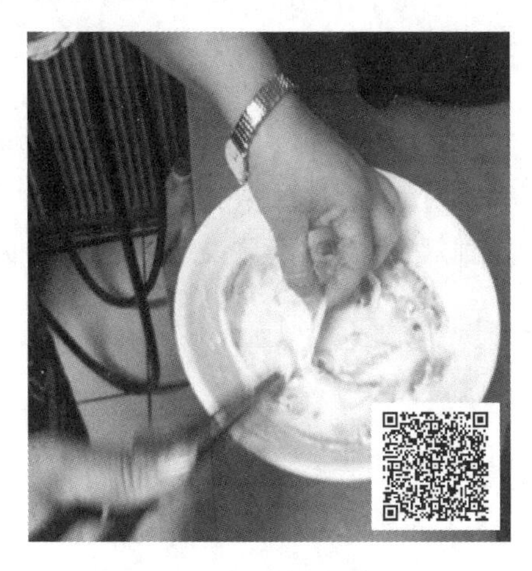

图 1-1-5　挂糊工艺

图 1-1-6　上浆工艺

图 1-1-7 拍粉工艺

图 1-1-8 勾芡工艺

（三）调味工艺

调味工艺分为调味理论和调味技术两大部分。调味理论是从生理和心理两个方面研究味觉的基本概念、味与味之间的相互关系以及影响味觉的各种因素，为准确把握调味技术提供理论依据。调味技术是三大烹调技术要素之一，是烹调技术的核心与灵魂(图 1-1-9)。

图 1-1-9 常见的调味料

（四）制熟工艺

制熟工艺是烹调加工中的一项重要技术环节，它的成功与失败直接影响到菜肴最后的色、香、味、形、质等诸方面，因而成为从业人员的基本技术要素之一。掌握和理解食物熟处理的基本原理和方法才能科学地运用，最终改进、完善菜肴，把握制作关键。制熟工艺主要分为两个方面：一是制熟工艺的基本原理及运用，包括火候、传热、传热介质等方面的原理和概念，是学习和掌握烹调方法的基础，是烹调方法分类和菜品风味特色形成的重要依据；二是制熟工艺的方法，烹调方法是历代厨师经长期实践总结出来的，可使菜肴形成多种风味，它不仅代表了一种技法，同时还反映菜肴风味的一般规律，针对不同的原料选用不同的方法，可以满足人们不同口味的需要。制熟工艺简单地说是制作菜肴的一种方法。由于我国地域广，加之物产丰富，菜肴成品要求的差异大，使人们大多按自己的思路去制作菜肴，形成了多种多样的口味。这样一来，既丰富了菜肴的品种，又提供了多种烹调方法，但同时也带来了技法、名称上的混乱，让人不易分辨。事实上，食物通过加热形成多样的风味是有规律可循的，研究制熟工艺，就是在寻找这种规律，进而以这种规律为主线，再去组合、交叉，推陈出新，形成更多的熟加工技法(图 1-1-10)。

作业与习题

（1）简述烹调师作业的基本程序。

（2）简述菜肴烹调作业流程。

（3）如何鉴别新鲜猪肉？

图 1-1-10　制熟工艺

（4）挂糊的目的是什么？

（5）常见的酸味调味品有哪些？

任务二　烹调师操作岗位要求

任务描述

怎样才能成为一名合格的烹调师？每一个餐饮业的成功人士都尊奉着一套未成文的行为准则和态度，这就是我们所说的职业标准。作为一名职业厨师，除了要掌握高超的专业技能外，还要具备积极进取的工作态度、勤学好问的学习精神、优秀的团队协作能力。通过本单元的学习，让学生了解烹调师操作岗位要求。

任务目的

了解中式烹调师的职业标准、中式厨房岗位基本要求以及烹调师的基本礼仪规范。

任务驱动

在掌握烹调师的职业标准、岗位基本要求以及基本礼仪规范后，在今后的实训和工作中用这些标准来要求自己。

知识准备

烹调师操作岗位要求：烹调师职业标准，它明确了烹调师所具备的各项能力和基本素质；厨房各岗位基本要求，它明确了厨房各个岗位的职能；烹调师基本礼仪规范，它明确了厨房工作者基本的服

装、卫生等的要求。初学者首先必须了解这些岗位要求，为今后的职业生涯明确要求和方向。

课程思政

在传授知识的过程中通过合适的载体，践行社会主义核心价值观，本课程的思政目标主要包括以下四个方面。

(1) 具有爱岗敬业的职业道德和创业立业的本领。

(2) 具有高尚的审美情趣。

(3) 热爱烹饪事业，继承、发展、创新祖国的烹饪技艺。

(4) 具有刻苦学习、钻研专业知识和技能的科学态度，具有改革意识和创新精神。

知识点导图

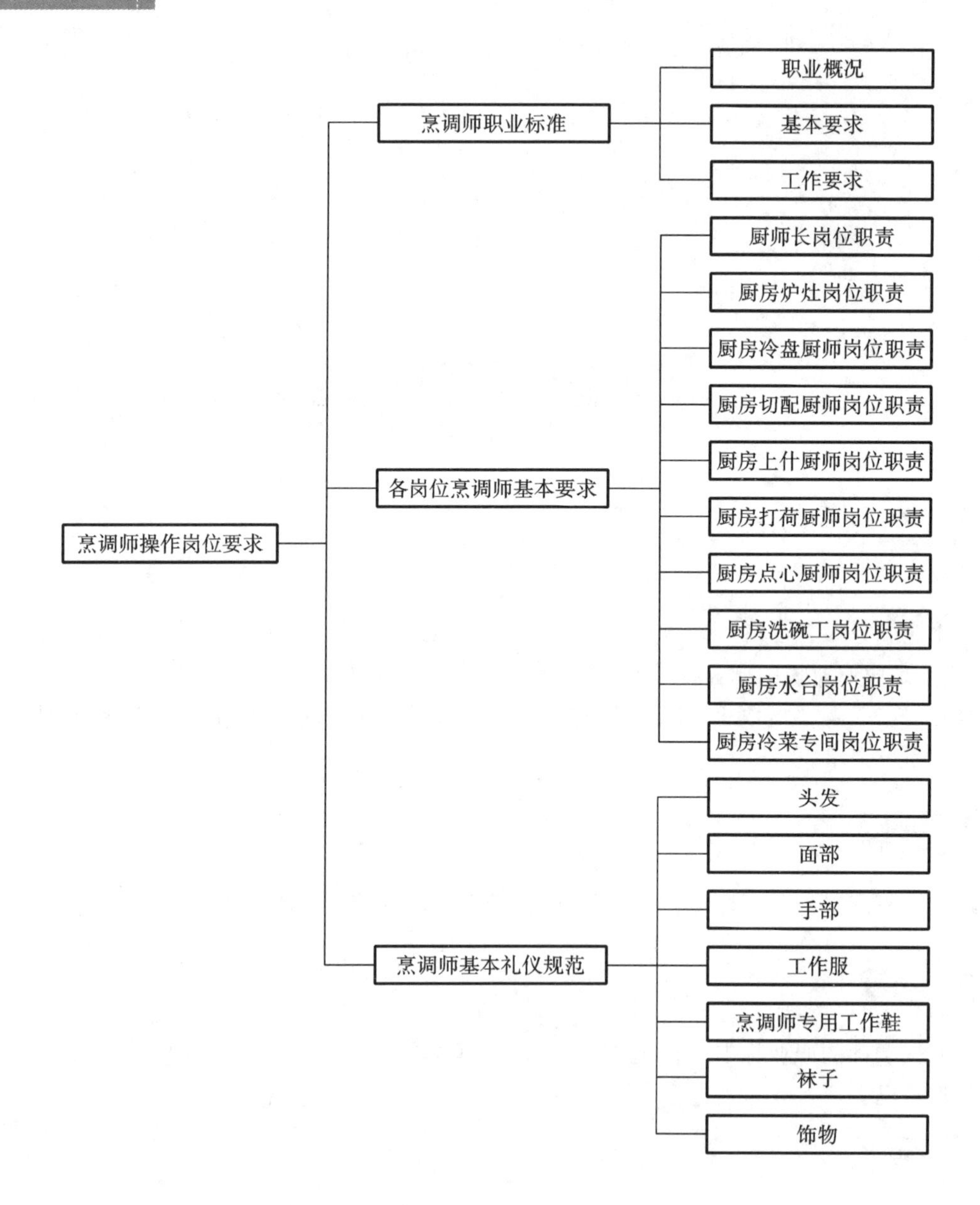

任务实施

一、烹调师职业标准

（一）职业概况

❶ 职业名称

中式烹调师(图 1-2-1)。

图 1-2-1　中式烹调师职业资格证书

❷ 职业定义

运用煎、炒、烹、炸、熘、爆、煸、蒸、烧、煮等多种烹调技法，根据成菜要求对烹调原料、辅料进行加工，制作中式菜肴的人员。

❸ 职业技能等级

本职业共设五个等级：分别为：五级/初级工、四级/中级工、三级/高级工、二级/技师、一级/高级技师。

❹ 职业环境

室内、常温。

❺ 职业能力特征

具有一定的学习和计算能力；具有一定的空间感和形体知觉；手指、手臂灵活，动作协调；无色盲，无嗅觉障碍和味觉障碍。

❻ 普通受教育程度

初中毕业(或相当文化程度)。

❼ 职业技能鉴定要求

(1) 申报条件

▲具备以下条件者，可申报五级/初级工：

①累计从事本职业或相关职业[①]工作 1 年(含)以上。

②本职业或相关职业学徒期满。

▲具备以下条件之一者，可申报四级/中级工：

①取得本职业或相关职业五级/初级工职业资格证书(技能等级证书)后，累计从事本职业或相关职业工作 4 年(含)以上。

②累计从事本职业或相关职业工作 6 年(含)以上。

③取得技工学校本专业或相关专业[②]毕业证书(含尚未取得毕业证书的在校应届毕业生)；或取

---

①　相关职业：中式面点师、西式烹调师、西式面点师，下同。

②　相关专业：中餐烹饪、西餐烹饪、烹调工艺与营养(烹饪工艺与营养)、烹饪与营养教育，下同。

得经评估论证、以中级技能为培养目标的中等及以上职业学校本专业或相关专业毕业证书(含尚未取得毕业证书的在校应届毕业生)。

▲具备以下条件之一者,可申报三级/高级工:

①取得本职业或相关职业四级/中级工职业资格证书(技能等级证书)后,累计从事本职业或相关职业工作 5 年(含)以上。

②取得本职业或相关职业四级/中级工职业资格证书(技能等级证书),并具有高级技工学校、技师学院毕业证书(含尚未取得毕业证书的在校应届毕业生);或取得本职业或相关职业四级/中级工职业资格证书(技能等级证书),并具有经评估论证、以高级技能为培养目标的高等职业学校本专业或相关专业毕业证书(含尚未取得毕业证书的在校应届毕业生)。

③具有大专及以上本专业或相关专业毕业证书,并取得本职业或相关职业四级/中级工职业资格证书(技能等级证书)后,累计从事本职业或相关职业工作 2 年(含)以上。

▲具备以下条件之一者,可申报二级/技师:

①取得本职业或相关职业三级/高级工职业资格证书(技能等级证书)后,累计从事本职业或相关职业工作 4 年(含)以上。

②取得本职业或相关职业三级/高级工职业资格证书(技能等级证书)的高级技工学校、技师学院毕业生,累计从事本职业或相关职业工作 3 年(含)以上;或取得本职业或相关职业预备技师证书的技师学院毕业生,累计从事本职业或相关职业工作 2 年(含)以上。

▲具备以下条件者,可申报一级/高级技师:

取得本职业或相关职业二级/技师职业资格证书(技能等级证书)后,累计从事本职业或相关职业工作 4 年(含)以上。

(2) 鉴定方式

分为理论知识考试、技能考核以及综合评审。理论知识考试以笔试、机考等方式为主,主要考核从业人员从事本职业应掌握的基本要求和相关知识要求;技能考核主要采用现场操作、模拟操作等方式进行,主要考核从业人员从事本职业应具备的技能水平;综合评审主要针对技师和高级技师,通常采取审阅申报材料、答辩等方式进行全面评议和审查。

理论知识考试、技能考核和综合评审均实行百分制,成绩皆达 60 分(含)以上者为合格。

(3) 监考人员、考评人员与考生配比

理论知识考试中的监考人员与考生配比不低于 1∶15,且每个考场不少于 2 名监考人员;技能考核中的考评人员与考生配比为 1∶10,且考评人员为 3 人(含)以上单数;综合评审委员为 3 人(含)以上单数。

(4) 鉴定时间

理论知识考试时间不少于 90 min;技能考核时间为:五级/初级工不少于 90 min,四级/中级工不少于 120 min,三级/高级工不少于 150 min,二级/技师和一级/高级技师不少于 180 min;综合评审时间不少于 30 min。

(5) 鉴定场所设备

理论知识考试在标准教室或计算机机房进行;技能考核在具有必要的烹饪设备及用具,并符合国家安全、卫生、环保规定标准的场所进行。

(二) 基本要求

❶ 职业道德

(1) 职业道德基本知识。

(2) 职业守则:①忠于职守,爱岗敬业;②讲究质量,注重信誉;③尊师爱徒,团结协作;④积极进取,开拓创新;⑤遵纪守法,讲究公德。

❷ 基础知识

（1）饮食卫生知识：①食品污染；②食物中毒；③各类烹饪原料的卫生；④烹饪工艺卫生；⑤饮食卫生要求；⑥食品卫生法规及卫生管理制度。

（2）饮食营养知识：①人体必需的营养素和热能；②各类烹饪原料的营养；③营养平衡和科学膳食；④中国宝塔形食物结构。

（3）饮食成本核算知识：①饮食业的成本概念；②出材率的基本知识；③净料成本的计算；④成品成本的计算。

（4）安全生产知识：①厨房安全操作知识；②安全用电知识；③防火防爆安全知识；④手动工具与机械设备的安全使用知识。

（三）工作要求

本标准对初级工、中级工、高级工、技师、高级技师的技能要求依次递进，高级别包括低级别的要求。

❶ 初级工

职业功能	工作内容	技能要求	相关知识
烹饪原料初加工	鲜活原料的初步加工	能按菜肴要求正确进行原料初加工	1. 烹饪原料知识 2. 鲜活原料初步加工原则、方法及技术要求 3. 常用干货的水发方法
	常用干货的水发	能够合理使用原料，最大限度地提高净料率	
	环境卫生清扫和用具的清洗	1. 操作程序符合食品卫生和食用要求 2. 工作中保持整洁	
烹饪原料切配	一般畜禽类原料的分割取料	能够对一般畜禽原料进行分割取料	1. 家畜类原料各部位名称及品质特点 2. 分割取料的要求和方法
	原料基本形状的加工，如丝、片、丁、条、段等	1. 操作姿势正确，符合要领 2. 合理运用刀法，整齐均匀 3. 统筹用料，物尽其用 4. 工作中保持清洁	1. 刀具的使用和保养 2. 刀法中的直刀法、平刀法、斜刀法
	配制简单菜肴	主配料相宜	冷热菜的配菜知识
	拼摆简单冷菜	配料、布局合理	
菜肴制作	烹制一般菜肴	1. 熟练掌握翻勺技巧，操作姿势自然 2. 原料挂糊、上浆、勾芡适度 3. 菜肴芡汁使用得当 4. 菜肴基本味适中	1. 常用烹调技法 2. 挂糊、上浆、勾芡的方法及要求 3. 调味的基本方法
	烹制简单的汤菜	能够烹制简单汤菜	简单汤菜的烹制方法

❷ 中级工

职业功能	工作内容	技能要求	相关知识
烹饪原料的初加工	鸡、鱼等的分割取料	剔骨手法正确，做到肉中无骨，骨上不带肉	动物性原料的剔骨方法
	腌腊制品原料的加工	认真对待腌腊制品原料加工和干制原料涨发中的每个环节，对不同原料、不同用途使用不同方法，做到节约用料，物尽其用	1. 腌腊制品原料初加工方法 2. 干制原料涨发中的碱发、油发等方法
	干制原料的涨发		
烹饪原料切配	各种原料的成形及花刀的运用	刀功熟练，动作娴熟	刀工美化技法要求
	配制本菜系的菜肴	能按要求合理配菜	配菜的原则和营养膳食知识
	雕刻简易花形，对菜肴做点缀装饰	点缀装饰简洁、突出主题	烹饪美术知识
	维护保养厨房常用机具	能够正确使用和保养厨房常用机具	厨房常用机具的正确使用及保养方法
菜肴制作	对原料进行初步熟处理	正确运用初步熟处理方法	烹饪原料初步熟处理的作用、要求等知识
	烹制本菜系风味菜肴	1. 能准确、熟练地对原料挂糊、上浆 2. 能恰当掌握火候 3. 调味准确，富有本菜系的特色	1. 燃烧原理 2. 传热介质基本原理 3. 调味的原则和要求
	制作一般的烹调用汤	能够制作一般的烹调用汤	一般烹调用汤制作的基本方法
	一般冷菜拼盘	1. 冷菜制作、拼摆、色、香、味、形等均符合要求 2. 菜肴盛器选用合理，盛装方法得当	1. 冷菜的制作及拼摆方法 2. 菜肴盛装的原则及方法

❸ 高级工

职业功能	工作内容	技能要求	相关知识
烹饪原料初加工	整鸡、整鸭、整鱼的剔骨	整鸡、整鸭、整鱼剔骨应下刀准确，完整无破损，做到综合利用原料，物尽其用	鸡、鸭、鱼骨骼结构及肌肉分布
	珍贵干制原料的涨发	1. 能够鉴别珍贵原料质量并选用 2. 能够根据干制原料的产地、质量等，最大限度地提高出成率	1. 珍贵干制原料知识及涨发方法 2. 干制原料涨发原理

续表

职业功能	工作内容	技能要求	相关知识
烹饪原料切配	制作各种蓉泥	蓉泥制作精细，并根据需要准确达到要求	各种蓉泥的制作要领
	切配宴席套菜	冷菜造型完美，刀工精细	宴席知识
	食品雕刻与冷菜拼摆造型	食品雕刻及拼摆造型形象逼真	烹饪美术知识
菜肴制作	烹制整套宴席菜肴	菜肴的色、香、味、形符合质量要求	1. 合理烹饪知识 2. 少数民族的风俗和饮食习惯
	（二）制作高级清汤、奶汤	清汤、奶汤均达到质量标准	制汤的原理

❹ 技师

职业功能	工作内容	技能要求	相关知识
菜肴设计与创新	使用新原料、新工艺	1. 使用新原料，运用新加工工艺创新菜肴品种，做到口味多样化 2. 借鉴本地区以外的菜系，不断丰富菜肴款式，且得到宾客好评	1. 中式各菜系知识 2. 中国烹饪简史和古籍知识 3. 中华饮食民俗 4. 营养配膳知识
	科学合理配膳，营养保健		
	推广新菜肴		
宴席策划主理	宴席策划	1. 参与策划高档宴席，编制菜单 2. 主理制作高档宴席菜点 3. 高档宴席菜点能在色、香、味、形、营养等诸方面达到较高的水平，满足宾客的合理需求	1. 宴席菜单编制的原则 2. 中式面点制作工艺
	主理高档宴席菜点的制作		
厨房管理	人员管理	调配本部门人员，完成日常经营任务，并调动全员的工作热情；要求员工严格遵守岗位责任制	企业管理有关知识
	物品管理	把好部门进货质量和菜品质量关，能节约用料，降低成本	
	安全操作管理	安全操作，防止各类事故发生	
培训指导	对初级、中级中式烹调师进行培训	1. 基本功训练严格、准确并有耐心和责任心，同时根据培训目标和培训期限，组织实施培训 2. 指导工作随时随地进行，并亲自示范，指出关键要领，做到言传身教	生产实习教学法
	指导初级、中级中式烹调师的日常工作		

❺ 高级技师

职业功能	工作内容	技能要求	相关知识
菜肴设计与创新	开发新原料和调味品	继承传统，保持中国菜特色并开拓创新	1. 世界主要宗教和主要国家、地区饮食文化 2. 国外烹饪知识
	改革创新	改革创新，使烹调菜肴工艺快捷、简便、营养、科学	
宴席策划主理	独立策划宴席，编制菜单	1. 能主理各种形式、不同规模的餐饮活动 2. 根据宴席功能主理制作富有特色的宴席	1. 宴席营养知识 2. 中西饮食文化知识 3. 稀有珍贵原料方面的知识
	烹制稀有珍贵原料的菜肴		
厨房管理	厨房人员分布	1. 合理分布厨房各部门人员 2. 保证经营利润指标的完成 3. 加强巡视，全面指导各级中式烹调师的工作 4. 能够使用计算机查询相关信息，并进行厨房管理	1. 公共关系学的有关知识 2. 餐厅服务知识 3. 消费心理管理知识 4. 饭店经营管理知识 5. 计算机使用基本知识
	参与全店经营管理		
	协调餐厅与厨房的关系		
	解决厨房中的技术难题		
培训指导	对各级中式烹调师进行培训指导	1. 能编写对各级中式烹调师进行培训的培训大纲和教材 2. 指导各级中式烹调师的日常工作	1. 教育学方面的知识 2. 心理学方面的知识

（四）比重表

❶ 理论知识

项目		初级工	中级工	高级工	技师	高级技师
基本要求	职业道德	10	—	—	—	—
	基础知识	10	15	10	—	—
相关知识	烹饪原料知识	20	15	10	—	—
	烹饪原料的初加工	20	15	15	—	—
	烹饪原料切配	20	25	30	—	—
	菜肴制作	20	30	35	30	20
	菜肴设计与创新	—	—	—	40	40
	宴席策划主理	—	—	—	20	30
	厨房管理	—	—	—	5	5
	培训与指导	—	—	—	5	5
合计		100	100	100	100	100

❷ 技能操作

项　　目		初级工	中级工	高级工	技师	高级技师
工作要求	烹饪原料的初加工	10	10	5	—	—
	烹饪原料切配	30	30	25	—	—
	菜肴制作	60	60	70	—	—
	菜肴设计与创新	—	—	—	20	30
	菜点制作	—	—	—	50	25
	宴席策划主理	—	—	—	20	30
	厨房管理	—	—	—	5	10
	培训与指导	—	—	—	5	5
合计		100	100	100	100	100

二、各岗位烹调师基本要求

（一）厨师长岗位职责

(1) 在餐饮部经理领导下，负责厨房的各项管理工作。

(2) 主持制定厨房各项规章制度，不断加强厨房管理。

(3) 负责菜单的筹划、更新及菜肴价格的制定。

(4) 掌握好厨房核心人员的技术特长，合理安排各部门的技术力量搭配。

(5) 掌握每天营销情况，统筹各环节的工作，负责大型宴会的烹制工作。

(6) 把好菜肴质量关，现场指挥，督促检查，保证菜肴的质量，保证出菜速度要求。

(7) 负责厨房食品卫生工作，督促检查食品、餐具、用具和厨房的个人卫生，杜绝食物中毒事故，做好厨房安全消毒工作。

(8) 掌握餐饮市场信息，熟悉和掌握货源供应和库存情况，经常检查食品仓库的保管工作，防止货物变质、短缺和积压，实行计划管理。

(9) 抓好成本核算和控制，掌握进货品种、质量、数量、价格，加强对食品原材料、各类物料、水、电、煤的管理，堵塞各种漏洞，降低成本，提高效益。

(10) 抓好业务交流，重抓技术培训，做好传、帮、带，组织厨师不断研制各个时令新菜式，翻新品种，提高技术素质。

(11) 抓好厨房的精诚团结、工作积极性。

(12) 厨房每天工作例会要按时举行，掌握每天的工作情况。

(13) 掌握原材料耗用、食品加工情况和储备情况，负责制定食品原料申领计划及采购计划，抓好领货、进货的验收手续，防止原材料变质。

(14) 负责检查各环节厨师操作规范和质量要求。

(15) 加强与楼面的沟通,紧密配合,收集和听取客人对菜肴质量的意见和反映,掌握信息,适时对菜式进行调整和补充。

(16) 负责对厨房的各类设施设备和财产管理,检查厨师对厨房设备的使用和保养情况,做好厨房的安全消防工作及消防培训,保证安全出品,提高安全意识。

(17) 制定点心专间、冷菜专间、卫生间(厨房员工使用)、厨房间卫生制度。

(二) 厨房炉灶岗位职责

(1) 服从厨师长的工作安排,遵守酒店及厨房各项制度,做好菜肴的烹调制作,保证菜肴口味稳定。

(2) 掌握不同菜肴的烹饪方法,努力钻研技术,积极创新。

(3) 了解每天的预订情况,做好各种准备,包括工具、用具的准备工作,营业前做好必要的半成品加工工作,并检查准备工作情况。

(4) 营业时认真、用心,操作规范,菜肴装盆美观大方,色、香、味、形俱佳。

(5) 注意节约水、电、煤,避免不必要的浪费。

(6) 保持环境整洁,各种用具摆放整齐。

(7) 正确使用灶具、用具及设备,注意操作安全。

(8) 与同事团结协作,起带头作用,不断提高自身素质。

(9) 保管高档调味料,调配各种复合调味料。

(10) 负责涨发工作,对烹调质量进行监督检查。

(三) 厨房冷盘厨师岗位职责

(1) 服从厨师长的工作安排,遵守酒店及厨房各项制度。

(2) 负责冷菜间的日常管理,协助厨师长抓好管理。

(3) 了解每天预订情况及要求,及时做好准备工作。

(4) 熟悉掌握各种菜品口味及制作方法,正确使用各种原料和盛器。

(5) 严格执行冷菜操作程序及质量标准,加工中严把质量关。

(6) 经常变换品种,不断创新。

(7) 精通刀工的各种刀法运用及装盘造型技术。

(8) 注意综合利用各种原料,降低消耗,减少浪费。

(9) 严格执行各项卫生制度,做好冷菜间的清洁卫生和消毒工作,确保食品安全。

(10) 注意冰箱管理及冰箱库存保鲜,生熟分开。

(11) 正确使用设备及用具,做好保养和保管工作。

(12) 与同事团结协作,不断提高自身素质,积极参加培训。

(13) 把好原料进货质量关,并指导粗加工人员对原料进行正确加工。

(14) 正确掌握烧烤技术、口味、卤水口味操作技术,卤水、烧烤装盘、色面要控制稳定。

(15) 刺身工艺要严格管理,用具消毒,做到专人专用。

(16) 督促其他操作人员,使他们的操作符合规范及卫生要求,技术运用合理。

(17) 变质食品决不出售。

(18) 确保冷菜间无蚊蝇、蟑螂和老鼠。

(四) 厨房切配厨师岗位职责

(1) 服从厨师长工作安排,遵守酒店及厨房各项规章制度。

(2) 加强对冰箱的管理及冷库区域的管理,共同搞好切配工作。

(3) 负责做好食品原料的切配、上浆保管工作。

(4) 了解每天预订情况,及时做好准备工作,并检查预订宴会切配准备,每天验收情况上报厨房办公室,严把质量关,拒收有疑问的原料。

Note

(5) 严格执行工作规程，确保质量要求，熟悉掌握技术，选料、用料注意节约，做到整料整用，次料次用。

(6) 切配主管应每天对申购工作的库存原料检查后再申购，掌握各类菜肴的标准数量，严格控制成本，防止缺斤缺两。

(7) 加强对蔬菜间的管理及洗菜要求。

(8) 做好食品原料的保存、保洁、保鲜，存放冰箱需用保鲜盒和保鲜膜。

(9) 加强各档口的联系，做到心中有数，正确做好切配工作及各档口边角料的运用。

(10) 严格执行各项卫生制度，保证食品安全，做好切配场地台面、各种用具、盛器的清洁卫生和垃圾的处理。

(11) 珍惜各种设备及用具，做好保养、保管工作。

(12) 菜品送出要及时、新鲜，减少浪费并仔细核对菜单木夹是否有误。

(13) 冰箱内生熟分开，做到定时清洗，保证无异味，食品摆放整齐，冰箱温度要掌握好。每天检查冰箱，工作细致。

(14) 与同事团结协作，积极参加培训，不断提高自身素质。

(15) 掌握每天畅销品种请购情况，做好请购工作，对蔬菜要不时检查其新鲜度及水样新鲜度，保证无异味。

(16) 督促其他人员操作符合规定及卫生要求，技术运用合理。

(17) 不洁或变质食品坚决不出售，控制领料数量。

(五) 厨房上什厨师岗位职责

(1) 服从厨师长工作安排，遵守酒店及厨房各项规章制度。

(2) 了解每天的预订情况，做好准备工作并检查宴会准备情况。

(3) 做好各复合调味料调制工作，并妥善保管。

(4) 制作足量汤料，满足当天营业需要且不浪费。

(5) 做好燕窝、鲍鱼、鱼翅、海参、鱼肚的涨发工作，保管要做到专人专冰箱。

(6) 对冰箱内库存要做到心中有数，运用正确，加强冰箱管理。

(7) 抓好原料进货质量关，做好请购工作和验收工作。

(8) 保证菜肴质量，口味稳定。

(9) 运用技术正确，操作合理。

(10) 掌握成本，节约水、电、煤，提高效率(工作效率、毛利率)。

(11) 环境卫生，台面、垃圾桶要注意清理。

(12) 与同事团结协作，不断提高自身素质。

(13) 做到与各档口紧密配合。

(14) 煲汤档口的准备工作要及时掌握，保证正常供应，汤色、口感稳定。

(15) 督促并监督，严把出品质量关。

(六) 厨房打荷厨师岗位职责

(1) 服从厨师长管理，遵守酒店及厨房各项规章制度。

(2) 了解每天预订情况，做好准备工作，掌握出菜程序，具有应变能力，对围边工作既要控制成本又要有新意，每天的围边原料要准备充足。

(3) 负责准备餐具和盛器，摆放合理，注意保洁及备用数量。所有荷台应指定专人管理，调料、用具摆放整齐。

(4) 开市时，协助厨师长检查菜肴质量，发现不符要求或有异味的原料应及时汇报厨师长调整并处罚切配。

(5) 根据菜肴的急、缓与炉灶协调，保证制作及时。

(6) 打荷指定专人负责,出菜时夹子编号准确。

(7) 厨房的备用仓库由打荷主管负责维护,保证用物摆放整齐,地面卫生。

(8) 打荷部门的冰箱由主管负责管理,定期清洗,每天检查。

(9) 打荷人员负责清洗炉灶,每天两次;调料缸统一归类后清洗。

(10) 注意工作区域的环境卫生和个人卫生。打荷人员要对排烟机进行定期清洗,并指定专人负责。

(11) 指定专人负责排风机的使用,在无菜情况下应及时关闭。

(12) 要保证已装盘菜肴盘边清洁,围边到位,及时出菜。每天收市后对抹布进行消毒、浸泡,调料加盖。

(13) 每天领料要够用,但不得浪费,要有计划性。

(14) 要准确掌握菜肴的小料,合理保管复合调味料。

(15) 打荷人员不得偷吃酱料(成品),不得浪费员工餐,应爱惜厨房设备、用具并负责保管、保养。

(16) 打荷人员应合理分配周转箱内马斗、餐具、瓷器。

(17) 与同事团结协作,提高自身素质。

(七) 厨房点心厨师岗位职责

(1) 服从厨师长工作安排,遵守酒店及厨房各项规章制度。

(2) 负责各种点心的加工制作和供应。

(3) 了解每天预订情况,做好准备工作。

(4) 熟悉各种点心的制作方法,掌握制作技巧。

(5) 做好原料和工具、盛器的准备工作。

(6) 认真执行点心加工制作规程,坚持质量标准。

(7) 配料比例恰当,成品外形精致美观,大小均匀,口味正宗。

(8) 操作过程中,注意各种原料的合理使用,杜绝浪费,提高工作效率。

(9) 严格执行卫生制度,做好点心间的环境卫生工作,确保食品卫生和安全。

(10) 正确使用设备和用具,保洁、保养、保管工作认真到位。

(11) 冰箱管理要认真、用心。

(12) 配合厨师长做好大型及高档宴会的点心制作。

(13) 与同事团结协作,提高自身素质。

(14) 抓好进货质量关,控制领料数量。

(八) 厨房洗碗工岗位职责

(1) 服从厨师长工作安排,遵守酒店及厨房规章制度。

(2) 负责餐具、厨具的清洁、整理、消毒工作,保持工作场所的清洁卫生。

(3) 严格执行卫生法规定的洗碗操作规程:一刮、二洗、三过、四消毒、五保洁。

(4) 爱护各种餐具、厨具,做到谨慎操作,减少损耗。

(5) 熟悉各种消毒剂的性能及使用方法,能进行设备消毒。

(6) 餐具、用具破损情况要做好记录。

(7) 抓好环境卫生及个人卫生,与同事团结协作,提高自身素质。

(8) 合理清洗蔬菜。

(九) 厨房水台岗位职责

(1) 服从厨师长工作安排,遵守酒店及厨房各项规章制度。

(2) 对加工的原料数量做好验收工作。

(3) 根据厨房对原料加工的规格、时间的要求,做到及时供货。

(4) 加工时严格掌握拆卸率，减少损耗，提高效率。
(5) 加工后要及时清理场地，确保场地清洁、整齐、卫生。
(6) 抓好环境卫生、个人卫生，对用具的保管要认真负责。
(7) 与同事团结协作，提高自身素质。

(十) 厨房冷菜专间岗位职责

(1) 遵守酒店管理制度，听从厨师长的工作安排。
(2) 冷菜出品应做好色、香、味、刀面、装盘、围边的统一工作，保持稳定。
(3) 冷菜专间工作人员应佩戴口罩、手套，保持衣、帽的整齐、整洁。
(4) 每天对刀具、抹布、砧板进行消毒并配制消毒水备用。
(5) 加强对冰箱内的管理，定期清洗，每天检查成品质量，保证出品质量。
(6) 冰箱内生熟应分离，做好保鲜工作。
(7) 了解每天预订情况，做好准备工作。
(8) 冷菜专间不得有私人物品，保持专间整齐、整洁，垃圾桶应加盖。
(9) 冷菜主管应加强对冷库所有区域的日常管理，每天检查工作。
(10) 做好玻璃的每天清洗工作。
(11) 冷菜主管应做好成本计划，合理控制成本。
(12) 出样展示冷菜应注意色、量、形、新鲜度。
(13) 冷菜主管和烧腊主管共同对烧腊专间进行管理，保持整齐、整洁。

三、烹调师基本礼仪规范

(一) 头发

(1) 头发要求前不过眉，侧不过耳，上岗前必须戴工作帽，并且要求头发全部在工作帽内。
(2) 烹调师在进入工作区域前要求对工作服和帽子上的头发进行检查(图 1-2-2)。

(二) 面部

(1) 面部必须干净，直接接触食品的员工不许化妆，男士不许留胡须。
(2) 明档和直接接触客人的员工必须戴口罩(鼻孔不外露)。

(三) 手部

手部表面干净、无污垢。所有烹调师的指甲外端不得超过指尖，指甲内无污垢，不允许涂指甲油。

(四) 工作服

(1) 餐前要求烹调师工作服干净、整洁，无异味、无褶皱、无破损。
(2) 上衣与工作裤(图 1-2-3)均应干净，无油渍、污垢，上衣保持洁白卫生。
(3) 非工作需要，任何人不得在工作区域外穿着工作服，亦不得带出工作区域。
(4) 纽扣要全都扣好，不论男女，第一颗纽扣须扣上，不得敞开外衣，也不得卷起裤脚，领口必须使用不同颜色的标志带打结。

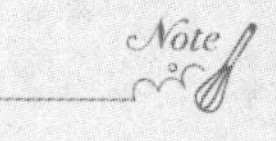

图 1-2-2　烹调师标准发型

图 1-2-3　烹调师专用工作裤

(5) 衣口、袖口均不得显露个人衣物，工作服外不得有个人物品，如纪念章、笔等，工作服衣袋内不得多装物品，以免鼓起。

(6) 各岗位员工按本岗位的规定穿鞋，任何时候都禁止穿凉鞋、拖鞋进入厨房。

(7) 女性员工不得穿短裙、高跟鞋进入厨房。

(8) 白色的上衣、工作帽、套袖、围裙要求 1～2 天洗涤一次。

(9) 工作帽要按规定戴好，一次性的工作帽应每班换新一次，棉制工作帽则应 1～2 天洗涤一次。

(10) 开餐期间严格按照操作规范工作，尽量避免溅油迹、血迹，保持工作服干净、整洁，定期清洗并更换工作服。

(五) 烹调师专用工作鞋

烹调师应穿按岗位配发的工作鞋(图 1-2-4)，工作鞋应清洁光亮。未配发工作鞋的，一律穿着黑色皮鞋。

图 1-2-4　烹调师专用工作鞋

烹调师专用工作鞋的重要性：在所有职业病类别里，烹调师职业病排名第二，仅次于消防员。烹调师需要长期、长时间在高温、湿滑环境中站立工作。一双不专业的工作鞋，会导致烹调师出现下肢静脉曲张、腰椎劳损、骨关节炎等职业病。烹调师的手艺是随着岁月的积累而升值的。很多烹调师在年轻的时候使用不恰当的劳保鞋，多年后虽练就一身好手艺，却因为腰肌劳损、骨关节炎、下肢静脉曲张而不得不离开厨房。

缓解烹调师疲劳的方法有多种，工作间隙踢腿、跺脚、抬脚跟等运动，可促进腿部血液循环；弯腰拉伸腰部骨骼和肌肉，可缓解腰部疲劳；下班后听音乐、坚持每天热水泡脚，都可以缓解疲劳。但要避免烹调师职业病，仍然需要一双烹调师专用工作鞋。

烹调师专用工作鞋的鞋底设计应该符合人体工程学，根据人体脚底骨骼的位置，计算出最舒适的鞋底高度，而鞋底不应该是水平面的。鞋底内部的形状完全贴合脚底骨骼高度，烹调师身体重量科学分布在鞋底上。鞋底的材质还必须具备防滑、减震的功能，确保烹调师在湿滑厨房中不会滑倒。烹调师在站立和走动的时候，减震功能可缓解身体重量对膝关节和腰椎的损伤。鞋垫、鞋内衬必须

采用防臭、透气的真皮材质，具备排汗功能，确保烹调师不会因为厨房高温而导致捂脚、湿脚、臭脚，让烹调师的脚始终处于干燥舒适的状态，烹调师在忙碌中才不会产生焦虑感。

（六）袜子

黑色或深蓝色袜子，无破洞，裤角不露袜口。

（七）饰物

不得佩戴手表以外的其他饰物且手表款式不能夸张（在欧美一些国家可以戴结婚戒指）。

（八）特别提示：初加工岗位

初加工烹调师上岗时，除要按通用部分的规定着装外，还应做到如下几点。

（1）进入工作区应穿戴高腰水鞋、塑胶围裙、乳胶手套。

（2）工作时要保持工作服及防水用品的干净卫生。

（3）防水用品使用结束后，应清洗干净并放在固定的位置。

作业与习题

（1）高级中式烹调师需要具备哪些技能？

（2）厨房切配岗位职责是什么？

（3）厨师长需要具备哪些素质？

（4）烹调师的工作鞋有什么要求？

（5）烹调师的工作发型有什么要求？

学习小心得

任务三　烹调设备

任务描述

孔子曰："工欲善其事，必先利其器。"方便实用的设备与工具是烹调师完成厨房工作任务的基本条件。正确使用设备是厨房工作顺利运行的前提。通过本单元学习，使学生了解厨房的基本设备设置，以及如何正确使用和维护这些设备。

任务目的

在日常的烹调作业中，正确地选择和使用烹调设备，并采用正确的方法对它们进行维护和保养。

任务驱动

认识和了解厨房基本设备的配置，在今后的学习和工作中能够正确使用和维护这些设备。

知识准备

厨房设备包括热加工设备、初加工设备、制冷设备以及洗涤消毒设备。每一种设备的功能、使用方法和维护方法各不相同，初学者必须了解它们的适用范围和使用方法，然后正确使用并对它们进行合理的管理和维护。

课程思政

在传授知识的过程中通过合适的载体，践行社会主义核心价值观，本课程的思政目标主要包括以下四个方面。

（1）具有爱岗敬业的职业道德和创业立业的本领。

（2）具有高尚的审美情趣。

（3）热爱烹饪事业，继承、发展、创新祖国的烹饪技艺。

（4）具有刻苦学习、钻研专业知识和技能的科学态度，具有改革意识和创新精神。

知识点导图

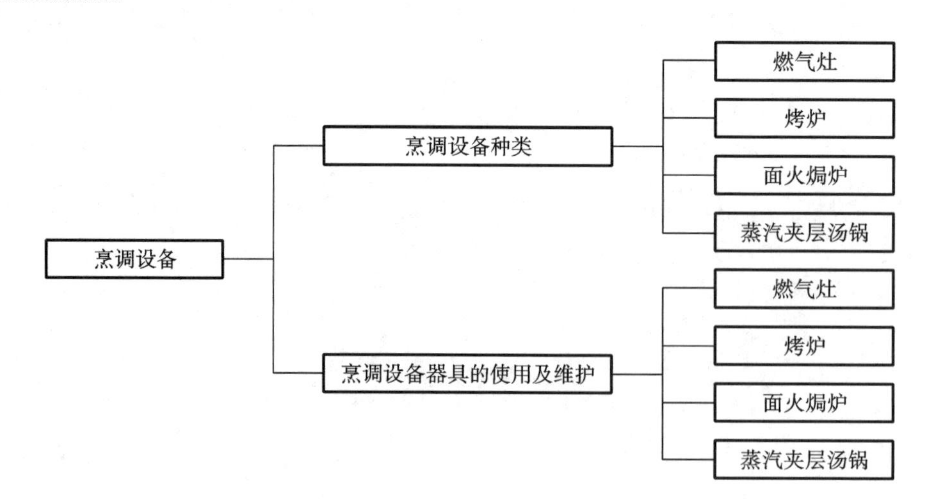

任务实施

全面地了解烹调工具与设备对于烹调师在厨房中制作食品是非常重要的。除了炉具、各种锅盘、刀具和其他一些手工操作使用的工具以外，现代厨房中少不了使用一些现代化的设备，这些设备的科技水平越来越高，越来越专业化，大大地减轻了后厨的手工操作压力。

一、烹调设备种类

（一）燃气灶

燃气灶是中餐烹调师最常用的灶具，应用在餐饮行业的燃气灶具种类很多。根据不同的加热要求和用途可分为炒菜灶、煲仔灶、汤灶、烤箱灶等；根据燃气喷头的数量，有两组燃气喷头的称为双头

炒灶，具有三组燃气喷头的称为三头炒灶，还有四头炒灶、六头炒灶，甚至有十二头炒灶等多种类型；根据一次空气的供给方式，可分为直燃式燃气灶（引射式燃烧器）和鼓风式燃气灶（一般为铸铁鼓风式旋流燃烧器）。

燃气炒菜灶，适合应用在采用煎、炒、熘、爆、炸等烹制方法的中餐菜肴制作，可以提供足够的火力来保证菜肴出品的色、香、味，具备火力集中、热效率高、火焰大等特点，这里主要以该类燃气灶为代表进行介绍。

由于燃气炒菜灶火力猛，不适合对火力要求小的菜点进行加工，适合炖、焖、煨、扒烹饪工艺的可用煲仔灶（图 1-3-1）。煲仔灶一般使用天然气或煤气作为燃料。炉头有单炉头、双炉头、四炉头、六炉头等多种类型，厨房完全可以根据自己的需要进行选择。煲仔灶一般紧靠炒菜灶，由上杂的厨师负责，制作砂锅或煲锅类的炖烧菜。

汤灶（图 1-3-2），又称矮子灶，它比一般的炉灶低，主要是便于烧制汤料，一般汤桶加水后自重较大，不适宜经常移动，多数汤桶加满水后或炖成汤后，汤桶直接放置在灶上。正是因为汤灶的特殊性，一般汤灶的灶口为正方形，炉眼比煲仔灶要大，火力相对较猛。

图 1-3-1　煲仔灶

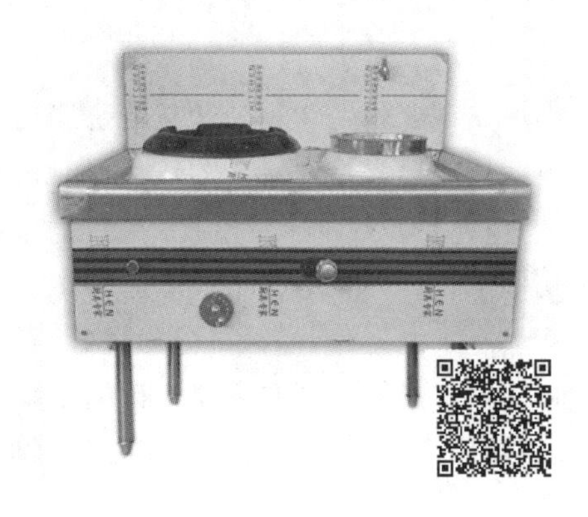

图 1-3-2　汤灶

❶ 燃气炒菜灶的选择

常见的燃气炒菜灶有单眼燃气炒菜灶、双眼燃气炒菜灶（图 1-3-3）和既可用气又可用油的两用灶。应根据用户的性质、就餐人数、菜肴的种类特点、厨房的位置及大小、炒菜灶的安装位置、厨房内排烟系统及通风情况、当地的气源情况等因素综合考虑进行选择。例如，广式灶的总体特点是火力

图 1-3-3　双眼燃气炒菜灶

猛、易调节、好控制，适合于旺火速成的粤菜烹制。淮扬菜擅长炖、焖、煨；海派菜浓油赤酱，讲究火功，需要炉灶有火眼配合猛火使用等。不考虑这些因素，不仅成品风味、质地难以地道，而且对燃料、厨师劳动力的浪费也是惊人的。

对于普通饭店和餐馆来说，就餐人数相对较少，大多数中餐灶使用炒勺，其热负荷取 21～24 kW 为宜；对于就餐人数较多的大宾馆或高级饭店，开饭时间比较集中，每锅要炒的菜多，又要保证质量，因此，使用煸锅的中餐炒菜，其热负荷按 35 kW 确定。个别烹调师认为热负荷 42 kW 左右更合适，但其能量浪费太大，热效率降低很多，不宜采用。

❷ 燃气炒菜灶的主要结构

燃气炒菜灶由燃气供应系统、灶体和炉膛等几大部分组成。燃气供应系统包括进气管、燃气阀、主燃烧器、常明火和自动点火装置等；灶体包括灶架、后侧板、灶面板等；炉膛由特级的耐火砖、锅圈组成。

鼓风式燃气灶还有鼓风系统（鼓风机、风管、调风开关）。此外，还有附属设施，如灶面上有调料板、后侧板上有供水龙头，还有排水槽等。高档的燃气灶为防止长时间加热引起灶体不锈钢板变形，还有喷淋装置，以降低温度。

（二）烤炉

烤炉又称烤箱。烤箱和灶是传统厨房中的两大主力军，这就是为什么这两种设备总是同时出现的原因。烤箱通常是内嵌式的，通过燃烧、微波、红外线辐射等产生热量，给食物加热。除能烤制食物外，烤箱还具备灶的一些功能。食物可以放在烤箱里炖、煮，从而节省时间、空间，使烹调师有时间去做其他工作。

从热能来源上分，烤箱可分为燃气烤箱和远红外电烤箱。从烘烤原理上分，烤箱可分为对流式烤箱和辐射式烤箱。现在主要流行的是辐射式电烤箱，其工作原理主要是通过电能的红外线辐射产生热能，烘烤食品。其主要由烤箱外壳、电热管、控制开关、温度仪、定时器等构成（图 1-3-4）。

图 1-3-4　层架烤箱

❶ 普通型烤箱

普通型烤箱主要通过燃烧产生热量，在封闭式的空间内烹调食物，最常见的烤箱是与灶连在一起的。层架烤箱是由一层层的网架摞在一起组成的。烤盘直接放在烤箱上板上，而不是放在金属层架上。每层温度都可以调节。

❷ 对流式烤箱

对流式烤箱（图 1-3-5）内装有风扇以利于烤箱内空气对流，其传热速度快，各层间空隙小。

图 1-3-5　对流式烤箱

❸ 旋转式烤箱

旋转式烤箱又称卷式烤箱，是一种大型炉具，在炉膛内摆放着多层架子或烤盘，这种装置可以来回旋转，避免了炉内热量不均的现象。旋转式烤箱主要用于烤制面包和需大量制作的食物。

❹ 慢烤和保温烤箱

一般来说普通型烤箱只相当于安装了温度计的加热箱。而现代的烤箱要先进得多，有多种使用功能，比如它有电脑控制系统和特殊的探测器，可以分辨出烤制的食品是否烤好，如果烤好了，可以自动发出指令，把箱内的温度调整到保温温度。

这类烤箱主要用于低温烤制食品。它敏感的控制系统可以使烤箱稳定在 95 ℃或稍微低一点的温度进行烤制，食品烤好后，还可以自动调节温度到 60 ℃以长时间保存食物。大块肉在 95 ℃烘烤需要好几个小时，甚至可以过夜烘烤，而无需看管，很普及。

❺ 多功能烤箱

多功能烤箱是一种新型的烤箱，具有三种功能，它可以当作对流式烤箱，也可以当作蒸柜，还可以同时具有以上两种功能。当作高温烤箱可随时往烤箱内加水，以减少食品收缩和干化。

❻ 烧烤烤箱或烟熏烤箱

烧烤烤箱或烟熏烤箱(图 1-3-6)与普通型烤箱非常相似，不同之处在于烧烤烤箱会产生烟以增添食物的味道，并且一般要根据制造商的要求，不同型号、不同品牌的烤箱使用不同的木炭、木柴，如

图 1-3-6　烟熏烤箱

有的要求用山核桃木，有的要求用牧豆木，还有的要求用果树木柴，如苹果树、樱桃树等。这种烤箱与一般加热器的原理一样，都是使热量达到一定的高度，既可使木炭产生烟，又不使木柴燃烧起来，产生火焰。

不同类型的烤箱，具有不同的特点。有的为无烟烧烤，有的为冷烟循环，有的为储存循环。

❼ 红外线烤箱

红外线烤箱（图 1-3-7）内装有石英管或石英板，产生强烈的红外射线，主要用于化解冷冻食品。它能在很短的时间内使大量的食物达到可食用的温度，热量均匀，可以调节。

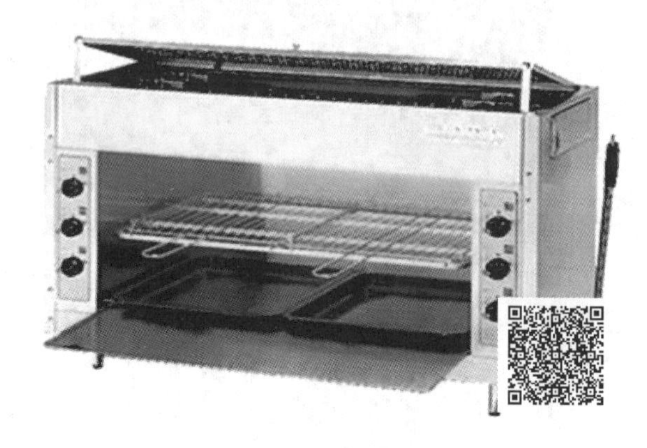

图 1-3-7　红外线烤箱

❽ 微波炉

微波炉（图 1-3-8）的工作原理是利用磁控管将电能转换成微波，通过高频电磁场使被加热体产生热量，加热效率高。微波电磁场由磁控管产生，微波穿透原料，使加热体内外同时受热。微波炉加热均匀，食物营养损失少，成品率高，并具有解冻功能。但微波加热的菜肴缺乏烘烤产生的金黄色外壳，风味较差。

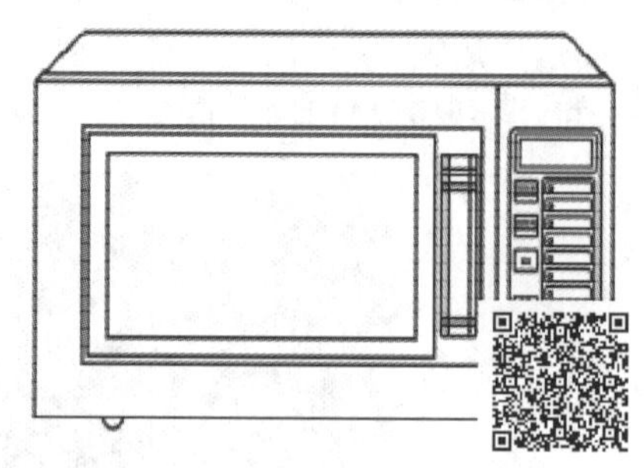

图 1-3-8　微波炉

❾ 特殊功能的烤箱

还有许多其他种类的烤箱，有的具有特殊用途，有的适宜大量制作。如传送带上的烤箱，可用来把在钢制传送带上烹调的食物运送到其他地方；储存式烤箱或保温炉（包括可以先烹调然后自动保温的烤箱）可以长时间保温多种食物，直到它们被送到餐桌上；还有适合大批量制作的烤箱，其容量大，可以将满载食物烤盘的手推车直接装入炉内烹调。

（三）面火焗炉

面火焗炉（图 1-3-9）是一种立式的扒炉，中间炉膛内有铁架，一般可升降。热源在顶端，一般适用于原料的上色和表面加热。

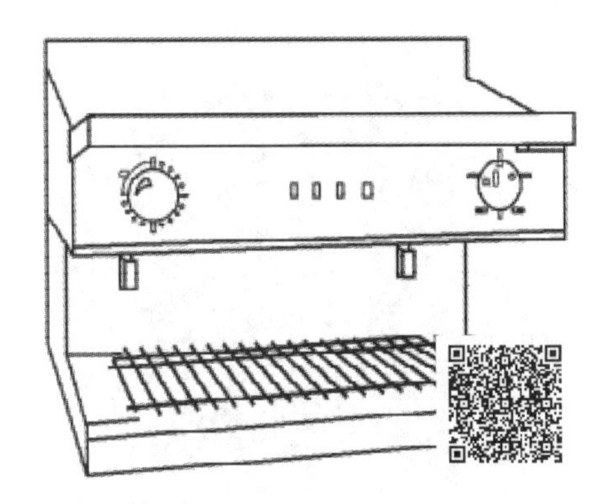

图 1-3-9　面火焗炉

面火焗炉有燃气焗炉和电焗炉两种，是将食物直接放入炉内受热、烘烤的一种西餐厨房常用设备。该炉具有自动化控制程度较高、操作简便的特点。用其烤制食物时，食物表面易于上色。面火焗炉可用于烤制多种菜肴，还适用于各种面包、点心的烘烤制作。

（四）蒸汽夹层汤锅

蒸汽夹层汤锅（图 1-3-10）主要由机架、蒸汽管路、锅体、倾锅装置组成。主要材料为优质不锈钢，符合食品卫生要求，外观造型美观大方，使用方便省力。倾锅装置通过手轮带动蜗轮蜗杆及齿轮传动，使锅体倾斜出料。翻转动作也有电动控制的，使整个操作过程安全且省力。

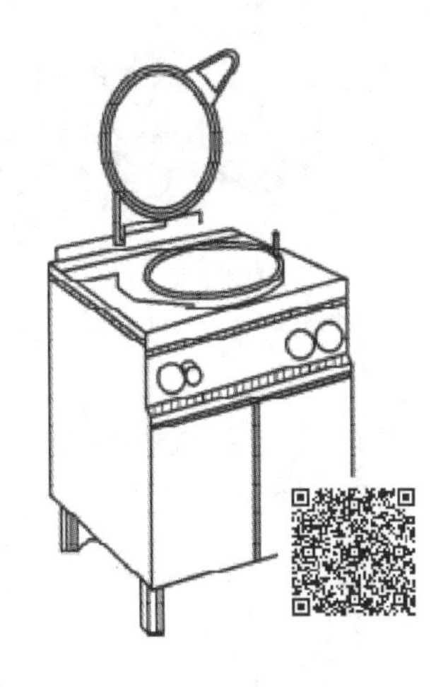

图 1-3-10　蒸汽夹层汤锅

采用蒸汽为热源，其锅身可倾覆，以方便进卸物料。此设备为间隙式熬煮设备，适用于酒店、宾馆、食堂及快餐行业，常用于布朗基础汤的熬制，肉类的热烫、预煮，配制调味液和熬煮一些粥和水饺类食物。此锅对于处理粉末及液态物料尤为方便。

（五）蒸汽炉

蒸汽炉（图 1-3-11）有高压蒸汽炉和普通蒸汽炉两种，主要是利用封闭在炉内的水蒸气对被加热体进行加热。高压蒸汽炉最高温度可达 182 ℃，食品营养成分损失少、松软、易消化。

（六）油炸炉

油炸炉（图 1-3-12）由不锈钢结构架、不锈钢油锅、温度控制器、加热装置、滤油装置等构成，一般为长方形，以电加热为主，也有气加热的，能自动控制油温。

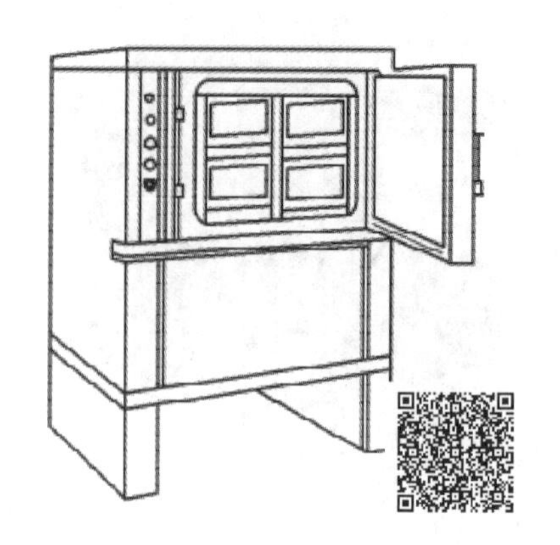

图 1-3-11　蒸汽炉

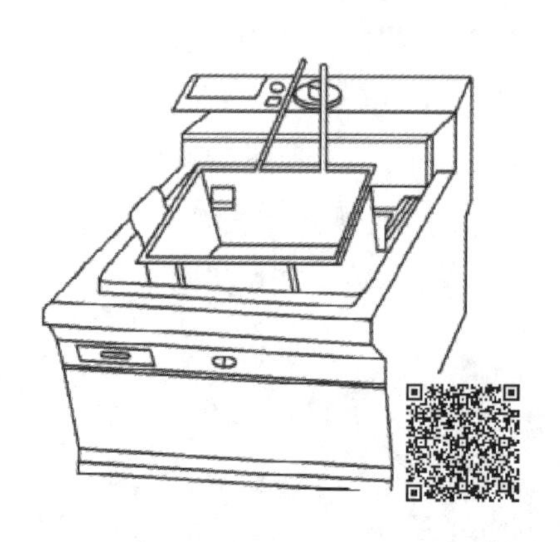

图 1-3-12　油炸炉

（七）和面机

和面机又称调粉机或搅拌机(图 1-3-13)，主要用于原料的混合和搅拌，并以此调节面团面筋的吸水胀润，控制面团韧性和可塑性面机。和面机各部件结构强度非常大，工作轴转速较低，一般为 20～80 r/min，广泛用于面包、饼干、糕点、面条及一些饮食行业的面食生产中。

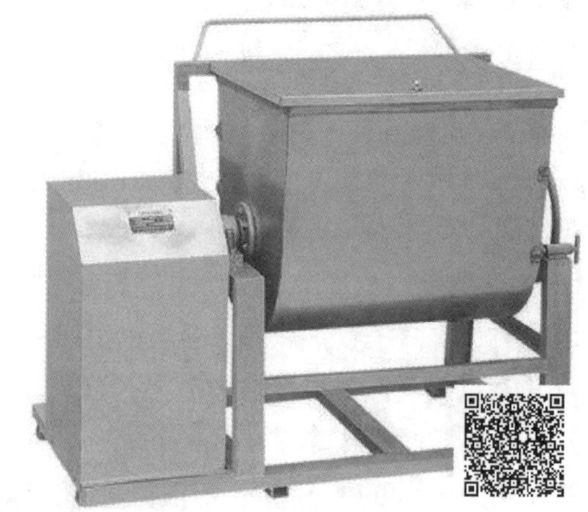

图 1-3-13　和面机

和面机主要有两种类型，即卧式和面机和立式和面机，卧式和面机结构简单，加工量大，使用较为普遍。

（八）多功能搅拌机

图 1-3-14　多功能搅拌机

多功能搅拌机（图 1-3-14）在面制品加工中主要用于液体面糊、蛋白液等黏稠性物料的搅拌，如糖浆、蛋糕面糊和裱花乳酪等的搅拌与充气都广泛使用搅拌机，也可以用于调制面团。

根据多功能搅拌机的结构特点，可将其分为立式和卧式两种。中西点小型企业主要使用立式搅拌机，广泛用于液体面浆、蛋液等的搅拌，且通过更换搅拌器，可适用于不同黏稠度的物料，达到一机多用的目的。

（九）冷藏设备

厨房中常用的冷藏设备主要有小型冷藏库、冷藏箱和小型电冰箱（图 1-3-15、图 1-3-16）。这些设备的共同特点是都具有隔热保温的外壳和制冷系统。冷藏设备按冷却方式分类可分为冷气自然对流式（直冷式）和冷气强制循环式（风扇式）两种，冷藏的温度范围为 −40～10 ℃，其具有自动恒温控制、自动除霜等功能，使用方便。

图 1-3-15　冷藏箱

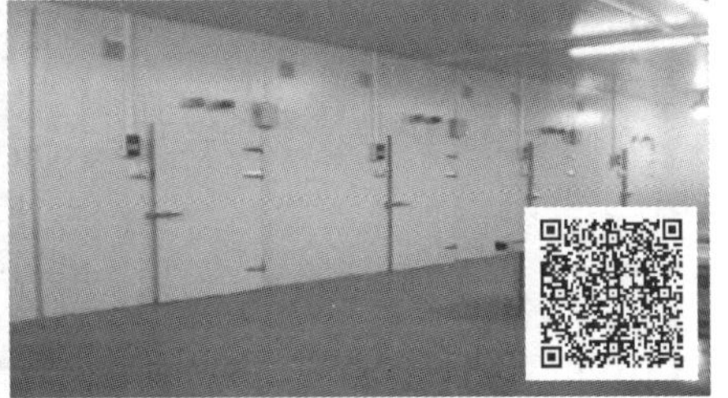

图 1-3-16　冷藏库

（十）制冰机

制冰机（图 1-3-17）主要由蒸发器的冰模、喷水头、循环水泵、脱模电热丝、冰块滑道、储冰槽等组成。整个制冰过程是自动进行的，先由制冷系统制冷，循环水泵将水喷在冰模上，逐渐冻成冰块，然后停止制冷，用电热丝加热使冰块脱模，沿滑道进入储冰槽，再由人工取出冷藏。制冰机主要用于制备冰块、碎冰和冰花。

图 1-3-17　制冰机

（十一）洗碗碟机

洗碗碟机(图 1-3-18)，主要由机壳、清洗系统、加热系统、漂洗系统、洗涤剂和干燥剂自动供料装置、自动程序控制系统、进水电磁阀、温度传感器和操作显示屏等部件组成，清洗水箱是储水加热式。

图 1-3-18　洗碗碟机

（十二）蒸汽消毒柜

蒸汽消毒柜(图 1-3-19)主要有两种结构：一种是用管道将锅炉产生的蒸汽导入柜内对碗碟消毒；另一种是蒸汽和电加热两用消毒柜，除了可使用锅炉蒸汽外，还可在消毒柜底部安装电加热管，加水通电后，利用电加热产生的蒸汽消毒。蒸汽消毒柜由上部箱体、蒸盘、下部蒸汽发生装置组成。箱体内胆和外壳用不锈钢制作，之间是绝热材料起保温作用，下部蒸汽发生装置由蒸汽产生箱、进水补水箱、电气系统等部分组成。

图 1-3-19　蒸汽消毒柜

学习小心得

二、烹调设备器具的使用及维护

（一）燃气灶

❶ 燃气灶具的使用及保养

（1）燃气灶具的安放位置：灶具的安放环境要通风良好，应远离易燃物品，并要求放置在不易燃烧的物体上，如水泥板、石板等。灶台高度一般为 70 厘米，灶具之间的净距离应不小于 40 厘米。钢瓶应放置于通风良好和尽量干燥的地方，严禁钢瓶靠近明火的煤炉或柴油炉；一般距燃气炉 1 米以上，并且确保钢瓶可被搬动，以便遇到危险时，能迅速关紧角阀或移走钢瓶。

（2）准备工作：打开排烟气系统，如是鼓风式燃烧器，要打开鼓风机开关和炉头的风阀，排除灶内余气后，再关闭炉头风阀；关闭炒菜灶的全部燃气阀，然后打开石油气钢瓶角阀或燃气管道上的总阀。

（3）点火操作顺序：人工点火的单灶，应先打火后着火，做到火等气，再扭动燃气开关，燃气一出来遇到火种立即燃烧。商用燃气炒菜灶通常是打开点火棒气阀并将其点燃，再将点火棒接近炉头的常明火处，打开火种气阀并点燃火种，再打开主燃烧器阀，点燃；对于鼓风式燃烧器，最后打开鼓风机和风阀并将其点燃。

（4）火焰的调节：可调节风门，使火焰呈淡蓝色，如果火焰发红或冒烟，表明进风量小，应调大风门。反之，如果出现离焰，表明进风量过大，应调小风门。如果发生回火，可关闭灶具开关，稍停片刻，适当调小风门后再点火，着火后，适当调节风门使火焰恢复正常。对于鼓风式燃烧器，可调节炉头气阀和风阀。

（5）停火操作顺序：先关掉燃气总开关，如使用液化石油气则先关掉钢瓶角阀，再依次关闭风机开关（如果是鼓风式）、炉头气阀（及常明火气阀）和风阀，最后拔下风机电源插头（对于鼓风式燃烧器）。

（6）不允许自行改变燃气种类：由于液化石油气与人造煤气的特性（相对密度、燃烧速度、理论空气量、发热量等）不同，所以不能将液化石油气用于使用人造煤气的燃气灶。用户在选择灶具时，应查看产品说明书，弄清楚灶具适用哪一种气源，以免出差错。

（7）保养要求：每班烹调完毕后，要注意保持灶台的清洁卫生。对燃烧器头部上的污物要定期清理，以免堵塞部分出火孔而产生黄焰。在清洗灶体时，不要用水冲洗，以免水进入风机电机内。如出现火孔或喷嘴堵塞现象，可用孔径相适合的钢针疏通，但要注意切勿用力过猛而将喷嘴孔扩大。定期擦拭排烟罩的油污以免影响排烟效果。应经常检查输气管头、燃气阀、液化石油气减压阀是否有漏气现象，软管是否老化，接头固定卡是否松动。经常检查角阀上面的压母是否松动，其标志线是否位移。不能自行拆卸角阀，也不能在角阀转动部位加注润滑油，并且禁止用明火试燃进行检查。

❷ 燃气炒菜灶使用中一般故障的排除

（1）供气系统常见故障：供气系统的主要故障是泄漏或堵塞，其原因有多种，可能是使用时间较长，自然损坏，或因安装不良、使用不当等原因造成的。如果是气阀阀体的密封磨损或有灰尘进入而

Note

造成的漏气，则应更换气阀；如果是供气管与灶体接头拧不紧造成的漏气，则要更换接头或密封垫；对于使用管道燃气的用户，燃气管接头腐蚀穿孔、渗漏，燃气表外壳破裂，应及时通知有安装和维修资质的单位进行检查和维修，严禁自行修理；对于使用液化石油气的用户，由于钢瓶、减压阀、角阀、胶管等地方破损而造成的漏气，应及时通知有关单位进行维修，千万不可懈怠或自行修理，以免发生事故。

（2）灶具点不着火或火焰很小：燃烧室内的喷嘴孔堵塞，发火碗内的小孔被积炭堵塞，使燃气和空气流出受阻，火焰小而无力。排除故障的方法是，可将喷嘴取下用通针疏通喷嘴，并用钢刷清理发火碗内的小孔。燃烧器这样处理之后，火焰很小的故障一般可排除。气源快用尽，使用液化石油气的燃气灶，应及时更换新的气源。使用管道煤气的燃气灶，灶火焰变小的原因还可能是管道口径较小、发生锈蚀堵塞或燃气表内通气不良造成燃气不足等。此外，燃气使用点集中，在燃气使用高峰时间内，管内的燃气压力低，也会使火焰小而无力。处理的方法视具体情况而定，例如，检修管道，更换大直径的管道，检查燃气表是否畅通，或避开高峰时间用气。对于大面积地区供气压力不足，则应由供气部门调整压力。

（3）发生黄火、离焰或脱火、回火：①黄火是由于风量不够，引起空气供给不足，导致燃烧不良的现象。此时，可以通过调节风量来解决。燃气灶使用一段时间后，由于有积炭、铁锈、杂质等脏物，把进风口堵塞，造成进风量不足，产生黄火。此时把风门通道内的脏物清除干净，黄火即可排除。此外，当喷嘴孔径过大时，往往使燃气流量超过额定流量，引起空气补给不足，燃烧所需要的空气量不够，从而产生黄火，当空气量严重不足时，甚至还会积炭冒出黑烟，此时，应更换适合该种气源的合格喷嘴。燃气质量不稳定也会形成黄火。②离焰或脱火：通常是由一次空气量过多而造成的。只要调节调风板，减少风门进气面积，降低一次空气的进气量，就可以使火焰恢复正常。如果燃气压力过高，也容易产生离焰和脱火。遇此情况，使用液化石油气的用户，可请专业人员检查和调整调压器，以降低燃气的压力至正常使用范围；使用管道煤气的用户，应与煤气公司联系，通过调整气喷，适当减压来解决。另外，二次空气流速大也是造成离焰和脱火的另一个原因。当燃烧器周围风量过大时，有时还易将火焰吹灭，应设法改善炊具的使用环境，降低二次空气的流速。如果烟道抽风过猛，也易产生离焰与脱火。可调整烟道抽力，避免抽风口对准燃烧器的火焰。③回火：当燃气离开火孔的速度小于燃烧速度时，火焰将缩入内部，导致混合物在燃烧器内进行燃烧，不仅破坏了燃烧的稳定性，形成不完全燃烧，而且易损坏灶具。如果燃气压力过低，易发生回火。使用液化石油气的用户，应检查瓶内燃气是否快用完。换新气瓶后，仍有回火现象时，应请专业人员检查减压阀的功能是否正常；对于使用管道煤气的用户应与煤气公司联系解决。

（4）燃气管道内产生负压：当燃气供应不足产生负压时，或突然中断燃气供应，空气侵入管道内，如果管道遇上火种，会产生爆炸。或者刚通气的管道内，空气没有完全释放出来，空气与燃气组合而成的混合气体也可能发生爆炸。此时，应先将空气排放出来，再使用燃气。要特别注意，严禁用风焊切割或修补燃气管。

（二）烤炉

❶ 一般烤箱使用及保养

（1）烤箱充分预热，但不要超时以节约能源。

（2）避免能量损失，不要中途停炉，不需要时不要打开烤箱。

（3）注意各层间和食物间要留有空隙，以利于热量流通。

（4）打开煤气开关前要看看点火器是否已点燃。

❷ 微波炉使用及保养

（1）微波炉应放在平稳、干燥、通风的地方；顶部、背部和两侧均应留出 10 厘米以上的空隙，以保持良好的通风环境。

（2）微波炉附近不要有磁性物质，以免干扰炉腔内磁场的均匀状态。微波炉与电视机、收音机都要保持一定距离，否则会影响它们的视、听效果。

（3）微波炉内不能使用金属或带金属配件的容器，也不能使用木制、竹制、塑料、漆器等不耐热的容器及凹凸状的玻璃制品、镶有金银花边的瓷制碗碟等。应使用耐热玻璃、耐热陶瓷等制成的专用器皿。

（4）炉内未放烹饪食物时，不要通电工作，加热至半熟的肉类不宜再用微波炉加热。

（5）微波炉工作时，不要把脸贴近微波炉观察窗，防止眼睛因微波辐射而受伤；炉内应经常保持清洁。

（6）不要碰撞、扭曲微波炉的门，以免微波泄漏超标。万一炉门有损坏，应请专业人员检修合格后再使用。同时注意炉门应轻开轻关。

（7）微波炉清洁前，将电源插头从电源插座上拔掉。

（8）日常使用后应马上用半干湿布将炉门上、颅腔内和玻璃盘上的脏物擦掉，此时最容易擦干净。

（9）污垢较多时，可用中性洗涤剂或肥皂水擦洗；顽固污垢不易清除时，可以利用塑料卡片来刮除。

（10）禁用香蕉水、汽油以及硬质的布或毛刷擦洗，更不能用金属片来刮除顽垢，以防破坏漆层，导致炉腔生锈。

（11）微波炉炉腔内用干布擦干或稍开炉门使其通风干燥，可延长微波炉的使用寿命。

（三）面火焗炉

❶ 焗炉的使用

（1）打开燃气阀门或电闸。

（2）调节焗烤距离：根据食物原料所需焗烤的程度，调整好焗炉架子与炉膛顶部间的距离。

（3）点燃焗炉：打开开关，调节温度大小。

（4）烹制食物：将装有食物原料的容器放在铁架上焗烤。焗烤完成后，将食物从焗炉中取出。

（5）不再继续使用焗炉时，关闭开关。

（6）切断煤气阀门（电闸）。

❷ 焗炉的维护

（1）稳固悬挂于墙上，或放置在平稳的案台上。

（2）焗炉内外做到无油污、无水迹、无食物残渣。

（3）经常检查水箱，及时注水、撤水。

（4）严格按安全操作说明书操作。

（四）蒸汽夹层汤锅

❶ 蒸汽夹层汤锅的使用

（1）接通电源，打开开关。

（2）温度功能键调节：按住温度键，旋转滚轮调节所需要的温度。右转调高温度，左转调低温度。

（3）时间功能键调节：按住时间键，旋转滚轮调节所需要烹制的时间。右转增加时间，左转减少时间。

（4）预设定时间功能键调节：按住闹钟键，旋转滚轮调节预定开启的时间。右转增加时间，左转减少时间。

❷ 蒸汽夹层汤锅的维护及保养

（1）平稳放在固定位置。

(2) 锅体内外各部位做到无油污、无水迹、无食物残渣。

(3) 严格按安全操作说明书操作。

(五) 蒸汽炉

(1) 为防止锅炉内产生负压,排污后,在下次锅炉运行前,不要关闭排污阀。

(2) 为确保蒸汽发生器正常运行及安全,锅炉运行时应经常观察锅炉的压力、水位及加热状况是否正常。

(3) 当蒸汽发生器发生故障时,应立即停机检查,排除故障后才可重新启动。

(4) 电控箱不得进水或蒸汽及易燃易爆气体,在锅炉运行时必须关好电控箱门。切勿将任何液体或水流入系统的电控部件,如电机、电控箱等。

(六) 油炸炉

❶ 油炸炉的使用

(1) 打开炸炉盖,倒入植物油。

(2) 打开开关,选择温度挡位和烹饪时间。

(3) 炸制原料,成熟后可将网筐架起,控油。

(4) 炸制结束后,所有旋钮回零关闭。

(5) 清洗油槽:打开底部柜门,见到两个控油槽,按住红色扳手右侧按钮,同时向下扳动红色扳手,炸炉的油就可通过滤网滤到油槽中,清洗滤网中的残渣。过滤完后,按住按钮使红色扳手复位。根据油的使用情况,继续使用或更换新油。

(6) 关闭柜门。

❷ 油炸炉的维护及保养

(1) 平稳放在固定位置。

(2) 操作台各部位做到无油污、无水迹、无食物残渣。

(3) 严格按安全操作说明书操作。

(4) 适时清洗油槽。

(七) 和面机

(1) 使用前应对机器进行全面检查:传动部位是否有障碍物,转动部位应定期加注润滑油,和面料斗是否干净。

(2) 检查电源电压是否同本机要求电压相符,外壳接地是否牢固,接地电阻不能超过 1 kΩ,以免漏电而发生触电事故。

(3) 接通电源时,以点动方法,检查机器旋转是否与转向箭头一致,如果相反,则可调换电源线接头,校正方向。

(4) 机器运转正常后,投料应根据型号规定进行投料,不得超载。在主轴旋转时,严禁卸料,更不能将手伸入料斗内,以免受伤。

(5) 工作完毕,及时清理料斗内残余物料,并对整机进行清洁、保养。

(八) 多功能搅拌机

(1) 整机清洁:工作前后,应做好整机清洁工作,特别是接触食品原料的容器和搅拌桨,以保证食物卫生。

(2) 润滑:对传动机、升降机要定期检查,需要润滑的部位,应注意定期加油。

(3) 容器的定位:开机前,注意容器的定位装置是否正确稳固,确保搅拌桨在容器内转动与容器壁之间没有碰撞。

(4) 搅拌桨叶和速度的选择:不同的搅拌物料应注意选择不同形状的桨叶和不同的搅拌速度;

应避免将块大、强度高的物料(如冰蛋)直接投入搅拌机中,以免机器负载过大,造成机器毁坏。

(九)冷藏设备

(1)电源电压不能过低:若电源电压过低,则会使电动机的转矩减小而造成电动机难以启动。电源电压的允许波动范围一般在±5%。

(2)严禁久不除霜:冰箱工作一段时间后,冷冻室内外会结上一层凝霜,它像一层棉被,覆盖了冷冻室壁的吸热管,影响了管道对周围热量的吸收。

(3)不得将热食品放入冰箱内:直接将热食品或其他高温物品放入冰箱,会使箱内温度骤然升高,造成压缩机长时间运转,不仅费电,而且热蒸汽还会使冷冻室结霜速度加快。

(4)严禁碰损管道系统:冰箱制冷管道系统长达数十米,其中有些细管外径只有1~2毫米。拆装或搬运时不慎碰撞,都可能造成管道破损、开裂,使制冷剂泄漏或使电气系统出现故障。

(5)冷藏设备在运行时不得频繁切断电源。

(6)严禁硬捣冰箱内的冻结物品:易冻结物品可用铁架放置。发生冻结现象时,如不急用可通过除霜将物品取出,如急用则可用温热毛巾,将冻结部位化开。

(7)冰箱运行时,应尽量减少开门次数:无计划地频繁开箱门或开箱门的时间过长,箱门关闭不严,都会使箱内冷空气大量逸出,造成压缩机运转时间过长或不易制冷。

(8)存放物品的限制:冷藏冰箱内不宜存放酸、碱和腐蚀性化学物品。不得存放挥发性大、有怪味的物品。

(十)制冰机

(1)使用前检查设备是否完好。

(2)制冰前,先做好卫生消毒工作,再打开电源制冰。

(3)停止使用时,应先切断电源,再做清理工作。

(4)定期请专业人员对设备进行保养。

(十一)洗碗碟机

(1)尽快洗涤:餐具使用后应尽快洗涤,不要让残渣晾干。

(2)清理杂物:洗涤的餐具中切不可夹带其他杂物,如鱼骨、剩菜、米饭等,不然的话,容易堵塞过滤网或妨碍喷嘴旋转,影响洗涤效果。

(3)餐具适量:不要在洗涤筐内放置过量餐具,不要相互重叠、碰撞,往机内放餐具时,餐具不应露出金属篮外。比较小的杯子、勺等器具要避免掉落和防止碰撞,以免破碎。必要时,可使用更加细密的小篮子盛装这些小器具。

(4)水温符合要求:当洗碗碟机的洗涤和喷淋温度达到要求时,开始洗涤。

(5)餐具保洁:不要人工将餐具擦干,因为毛巾或抹布本身含有细菌,会将细菌重新带到餐具上。干净的餐具不要放置在潮湿的环境中,最好放置在干燥的保洁柜内以防止沾上水气和灰尘。

(十二)蒸汽消毒柜

❶ 蒸汽消毒柜的使用

(1)检查安全阀和输气管:由于蒸汽有一定的压力,在使用之前,本岗位操作人员要检查安全阀和输气管有无异常。

(2)碗碟摆好:将洗净的碗碟摆好,碗碟之间要有一定的间距,保证蒸汽的顺畅流通,保证消毒质量。

(3)输入蒸汽:输入的蒸汽压力必须在规定的范围内,不能超出最大值。

❷ 蒸汽消毒柜的维护

蒸汽消毒柜必须由专人操作,专人管理。定期检查安全阀有无堵塞和输气管有无泄漏,随时保

Note

持蒸汽消毒柜的卫生。

作业与习题

（1）烤箱的种类有哪些？
（2）和面机的功能是什么？
（3）燃气灶点火顺序是什么？
（4）微波炉使用注意事项有哪些？
（5）冷藏设备如何进行维护？

学习小心得

初加工工艺基础

扫码看课件

导言

本项目对鲜活原料的宰杀、洗涤、清理等工艺流程进行了详细的讲解，包括各类畜禽原料的部分分档，烹饪原料既要根据原料的特点进行加工，又要根据菜肴的要求进行加工。在清除原料杂质、异味的同时，要采用合理的加工方式，确保菜肴的品质。

理论学习目标

（1）了解原料加工的目的。
（2）加工对菜品质量的影响。
（3）掌握各种原料的加工方法。

实践应用目标

（1）掌握常用的果蔬原料的去皮、清理、洗涤的方法。
（2）掌握鱼类原料的黏液洗涤、畜类原料内脏洗涤等方法。
（3）掌握动物原料的内脏分布。
（4）了解果蔬原料的摘剔加工方式和原则。

任务一 果蔬原料的初加工工艺

任务描述

果蔬原料在烹调加工时一般具有加热时间短、容易成熟的特点，有许多果蔬原料可以直接生食，所以果蔬原料的初步加工非常重要，是否符合卫生要求，取决于加工方法的正确性。掌握摘剔加工时果蔬原料首要的加工程序。

任务目的

了解果蔬原料初加工工艺的目的与要求，在未来的操作中熟练运用，并减少不必要的浪费。

任务驱动

鲜活原料的初加工是烹饪工艺学中的首道工艺环节，它是菜品正式烹调的前提和基础，原料经初加工后是否清洁、卫生、无害直接关系到人体的健康、安全。通过本单元学习，重点掌握原料的初步加工、洗涤的方法。

知识准备

果蔬原料种类繁多，首先要清楚对应果蔬的基本形状及样式，并对其烹饪口感和形状要求有一定的认识，只有对这些条件有了基本的了解之后，才能选用合适的初加工方法，才能达到缩短烹调时间的目的。

课程思政

在传授知识的过程中通过合适的载体，践行社会主义核心价值观，本课程的思政目标主要包括以下三个方面。

（1）烹饪原料种类繁多，要培养学生们“终生学习”的观念，不断提升自身的专业水平来应对行业的快速发展。

（2）培养学生吃苦耐劳、不畏艰苦的精神。

（3）原料的初加工是最容易被人们忽略的一部分，要培养学生们专注、精益、敬业的新时代“工匠精神”。

知识点导图

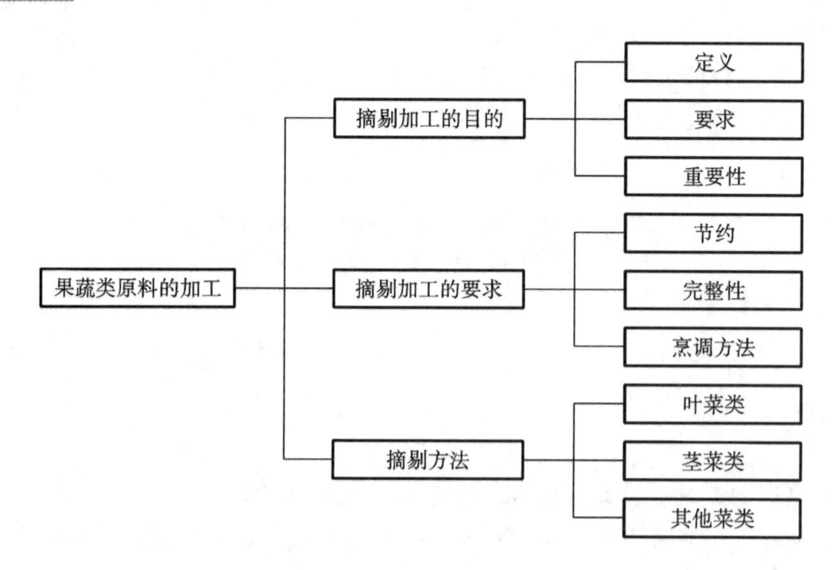

任务实施

一、摘剔加工的目的与要求

果蔬原料的摘剔加工是去除不能食用的根、叶、筋、籽、壳、虫卵及残留的杂物、农药等，通过修理料形，使之清洁、光滑、美观，基本符合制熟加工的各项标准，为下一步加工打下基础。

摘剔加工时首先要注意节约，去皮时不能带很多肉，取菜心时对摘剔下来的可食部分应合理使用，避免浪费。摘剔加工时还要根据原料的特征进行加工，摘剔时要尽量保持可食部位的完整性，使原料的成形功能不受破坏。例如黄瓜，既可以加工成片、丝、条等形状，也可以加工成筒、篮、船等花色造型，但如果在去瓤加工时方法选择不当，就会破坏这些成形功能。同时还要根据成菜的要求进行加工，同一种原料因成菜的要求不同而要采取不同的摘剔方法。如南瓜、香瓜等原料，在制作一般菜肴时都是先去皮后去瓤，而制作南瓜盅或香瓜盅时就不能去掉外皮；再如芋头，在用于油炸或炒菜时应该先去掉外皮，在用于煮或蒸时应该后去皮，因为这样可以更好地保存芋头的香味。

二、摘剔加工的常用方法

（一）叶菜类原料

叶菜类原料（图 2-1-1）一般采用摘、剥的方法，去掉外层的黄叶、根部的根系，以及吸附的杂物。有时为了菜肴的需要（如选菜心），摘下的叶片比较多，但不能浪费，应合理利用。

（二）去皮类原料（图 2-1-2）

根茎类原料多采用削、刨、刮等方法，主要目的是去皮。有些原料可采用沸烫去皮法：将需要去皮的原料放入沸水中短时间加热烫制，使果蔬原料的表皮突然受热松软，与内部组织脱离，然后迅速冷却去皮，此法一般适用于成熟度较高的桃、番茄、枇杷等果蔬原料。烫制时的水温要求达到 100 ℃，时间控制在 5～10 秒，时间过长会影响肉质的风味。如果用量较大可采用碱水去皮法，碱水去皮法就是将原料放入配制好的碱水中加热，同时用竹刷搅拌去除原料的表皮。但碱水浓度、加热温度和时间要控制得当，应根据原料表皮的组织结构和原料种类而定，处理过度不仅使果肉受损，还会使原料的表皮粗糙不光滑。采用此法加工去皮的原料并不太多，常见的如莲子、杨花萝卜等，大量的土豆、胡萝卜的去皮加工也可以采用此法。采用边搅拌边加热的方法去皮，去皮后的原料应立即投入流动的水中彻底漂洗，去除残余的碱水防止变色，大批量加工时还需要用 0.1%～0.3%的酸液进行中和。随着科学技术的发展，快速方便的去皮方法不断出现，如激光去皮法，已经实验成功，不久将在食品工业中应用。

图 2-1-1　叶菜类原料

图 2-1-2　去皮类原料的加工

（三）瓜类原料

瓜类原料（图 2-1-3）常见品种有黄瓜、冬瓜、南瓜、丝瓜、笋瓜、西葫芦等。加工时，对于丝瓜、笋瓜等除去外皮即可；外皮较老的瓜，如冬瓜、南瓜等刮去外层老皮后再由中间切开，挖去种瓤，洗净。

（四）茄类原料

茄类原料（图 2-1-4）常见的有茄子、辣椒、番茄等。这一类原料加工时，去蒂即可，个别蔬菜如辣椒还需去籽瓤。

图 2-1-3　瓜类原料

图 2-1-4　茄类原料

（五）豆类原料

豆类原料（图 2-1-5）常见品种有青豆、扁豆、毛豆、四季豆等。豆类原料的整理有两种情况。

（1）荚果全部食用的，掐去蒂和顶尖，撕去两边的筋络。

（2）食用种子的。剥去外壳，取出籽粒。

（六）花菜类原料

花菜类原料（图 2-1-6）常见品种有西兰花、花椰菜、黄花菜等。花菜类原料在整理时只去掉外叶和花托，将其撕成便于烹饪的小朵即可。

图 2-1-5　豆类原料

图 2-1-6　花菜类原料

（七）干果原料

干果原料（图 2-1-7）一般是去皮去壳加工，去壳采用剥和敲的方法，去皮可采用浸泡去皮法和油炸去皮法。将桃仁、松仁等干果原料放入温水中浸泡，去皮后放入油中炸透。油炸去皮法是将带有薄皮的原料放入温油锅中加热浸炸，待原料成熟后捞出晾透，然后用手轻轻搓去表皮，如花生、桃仁、松仁等，

经油炸去皮后的原料一般都已成熟，可以直接食用或作为配料，保管时需要密封，以防回软变味。

图 2-1-7　干果原料

作业与习题

（1）简述果蔬原料初加工的基本要求。

（2）如何根据原料的不同选择不同的清洗加工方法？试举例说明。

学习小心得

任务二　水生动物原料的清理加工

任务描述

鱼类原料的品种很多，根据其生长的环境可分为淡水鱼和海水鱼，根据其体表结构可分为有鳞鱼和无鳞鱼。它们形态多样，品种繁多，加工和处理方法也因具体品种的不同而各有差异，但归纳起来有体表加工和内脏加工两大类。其加工程序是去鳞或黏液—开膛—去内脏—洗涤。

体表的清理加工就是将鳞片、黏液、沙粒等不能食用的部位去除干净，加工时要根据鱼的体表特征选择具体方法，不能破坏鱼体表的完整性。

任务目的

了解水生动物原料初加工工艺的目的与要求，在未来的操作中熟练运用，并减少不必要的浪费。

任务驱动

鲜活原料的初加工是烹饪工艺学中的首道工艺环节，它是菜品正式烹调的前提和基础，原料经初加工后是否清洁、卫生、无害直接关系到人体的健康、安全。通过本单元学习，重点掌握原料的初步加工、洗涤的方法。

知识准备

水生动物原料种类繁多，首先要清楚对应原料的基本形状及样式，并对其烹饪口感和形状要求有一定的认识，只有对这些条件有了基本的了解之后，才能选用合适的初加工方法，才能达到缩短烹调时间的目的。

课程思政

在传授知识的过程中通过合适的载体，践行社会主义核心价值观，本课程的思政目标主要包括以下三个方面。

(1) 培养学生们“终生学习”的观念，不断提升自身的专业水平来应对行业的快速发展。

(2) 培养学生吃苦耐劳、不畏艰苦的精神。

(3) 原料的初加工是最容易被人们忽略的一部分，要培养学生们专注、精益、敬业的新时代“工匠精神”。

知识点导图

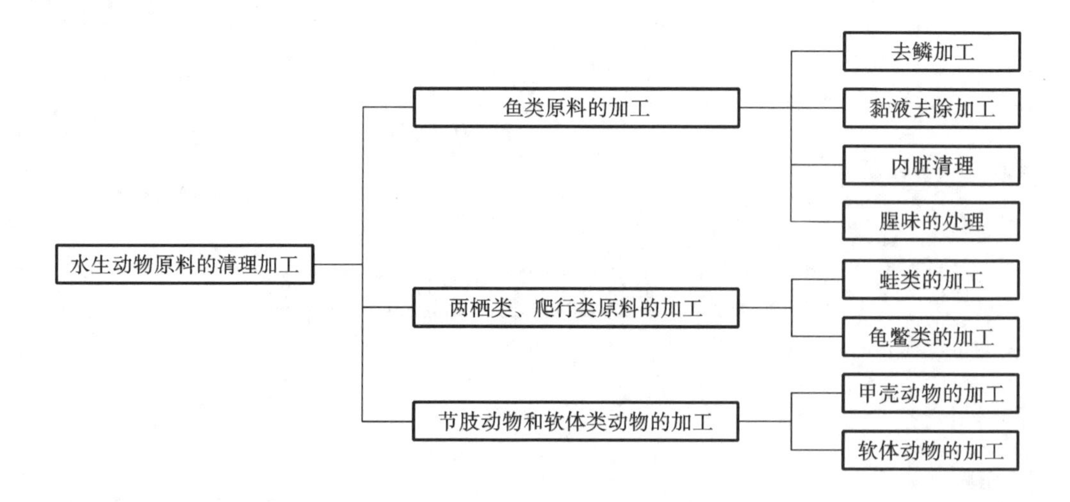

任务实施

一、鱼类原料的加工

鱼类原料的品种很多，从生长环境来看，有淡水鱼和海水鱼之分；从体表结构区分，有有鳞鱼和无鳞鱼之分。它们形态多样，品种繁多，加工和处理的方法也因具体品种的不同而各有差异，但归纳起来有体表加工和内脏加工两大类。其加工程序是去鳞或黏液—开膛—去内脏—洗涤。

体表的清理加工就是将鱼体表的鳞片、黏液、沙粒等不能食用的部分去除干净。加工时要根据鱼的体表特征选择具体方法，不能破坏鱼体表的完整性。

（一）褪鳞加工

绝大多数鱼体的外表都有鳞片，这些鳞片能起到保护鱼体的作用，所以质地较硬，一般不具有食用价值，加工时应首先去除（图 2-2-1）。另有一些特殊鱼类的鳞片，如鲥鱼，鳞片中含有较多脂肪，烹调时可以改善鱼肉的嫩度和滋味，根据物性加工方法和烹调原理应该予以保留。

（二）黏液去除加工

无鳞鱼的体表有发达的黏液腺。这些黏液有较重的腥味，非常黏滑，不利于加工和烹调。黏液去除的方法应根据烹调要求和鱼的品种而定。一般有搓揉去液法和熟烫法两种。

❶ 搓揉去液法

有一些菜肴，如生炒鳗片、炒蝴蝶片等，在去除黏液时不能采用熟烫的方法，否则会影响成菜的嫩度，而且不便于剔骨加工，所以只能采用搓揉的方法将黏液去除。加工方法是将宰杀去骨的鳗鱼肉或鳝鱼肉放入盆中，加入盐、醋后反复搓揉，待黏液起沫后用清水冲洗，然后用干抹布将鱼体擦净即可。

❷ 熟烫法

熟烫法就是将表皮带有黏液的鱼，如泥鳅、鲶鱼、鳝鱼、鳗鱼等，用热水冲烫，使黏液凝结脱落然后再用干抹布将黏液抹尽（图 2-2-2）。烫制的时间和水温要根据鱼的品种和具体烹调方法灵活选择。一般用于红烧或炖汤时，可用 75～85 ℃的热水浸烫 1 分钟，水温过低，黏液不易去尽，水温过高，易使表皮突然收紧而破裂，影响成形的美观。另有一些特殊菜肴，如软兜鳝鱼、脆鳝等江苏名菜，在烫除黏液的同时还要使肉质成熟，以便于进行剔骨加工，所以烫制的温度和时间有所不同。下面介绍软兜鳝鱼氽烫的操作过程：清水煮沸后，水和鳝鱼体积比是 3∶1，加入葱、姜、黄酒、醋、盐，然后将用纱布包好的活鳝鱼倒入，迅速盖上锅盖，调低热源温度，低于沸点，否则鱼皮将会破裂，如要沸腾时应注入少量凉水控制温度，烫制过程中用刷子轻轻推动鳝鱼，使黏液从体表脱落，一般在 90 ℃左右的水中烫制 15 分钟即可。葱、姜、黄酒主要起去腥增香的作用，醋除了有去腥增香的作用外，还有利于黏液的脱落和增加鳝背光泽，盐主要是防止鳝鱼烫制过程中肉质松散，使鳝鱼保持弹性和嫩度。氽好后的鳝鱼立即捞入清水中漂洗，将残留的黏液和杂物洗净备用。通常情况下醋的浓度在 4%左右，盐的浓度在 3%左右。

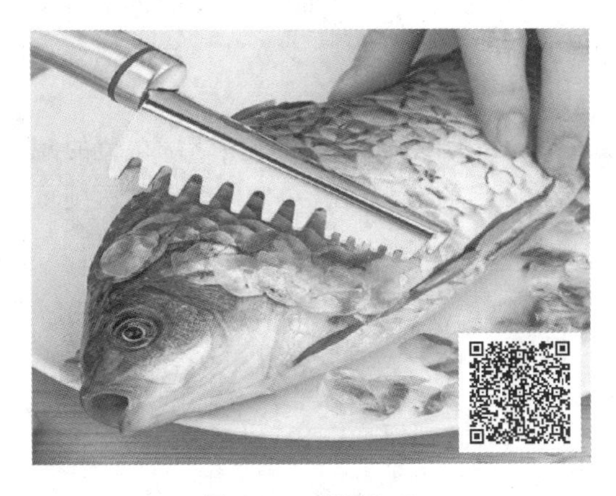

图 2-2-1　褪鳞加工

图 2-2-2　熟烫法

（三）内脏清理

❶ 开膛去内脏

（1）脊出法：用刀从鱼背处沿脊骨剖开，将内脏从脊背外掏出。此法适用于纺锤形鱼的加工，荷包鲫鱼、清蒸鲥鱼等菜品制作就是采用此法。

（2）腹出法：用刀从腹部剖开，将内脏从腹部取出。红烧鱼、松鼠鱼、炒鱼米等菜品采用此法。

其操作要点为不能划破鱼胆。

(3) 鳃出法:先切断鱼的肛肠,然后用两双筷子从嘴部插入,通过两鳃进入腹腔将内脏搅出。叉烤鳜鱼、八宝鳜鱼等菜品均采用此法。

❷ 内脏清理

鱼的内脏除鱼子、鱼鳔外一般都不作为烹饪原料,个别原料用于制作特色菜时可保留某些部位,但必须经过卫生性的加工处理后才能使用。

(1) 鱼鳔加工:鱼鳔是位于鱼的体腔背面的大面中空的囊状器官,多数硬骨鱼类都有鱼鳔(图 2-2-3),但轻骨鱼类则无鱼鳔。鱼鳔的胶原蛋白含量丰富,是很好的食用原料,特别是鮰鱼鳔、黄鱼鳔更是鱼鳔中的上品。加工时应先将鱼鳔剖开,用少量的盐搓揉一下,再用沸水略烫,洗净后即可。

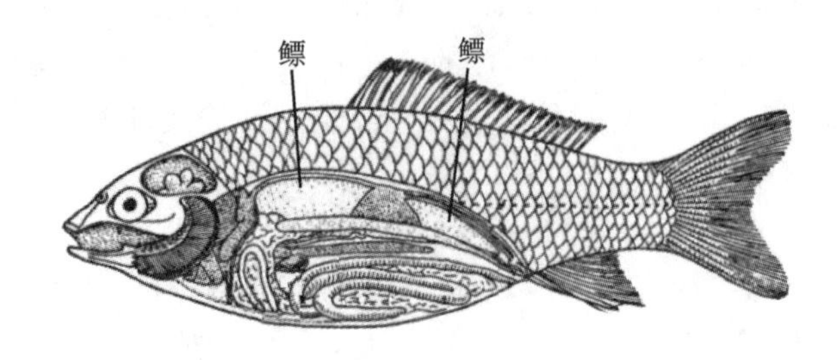

图 2-2-3　鱼的内脏

(2) 鱼肠加工:鱼肠一般不作为食用的原料,只有少数菜肴需要保留,如扬州名菜将军过桥,但也只取咽部下端较肥厚的一段。加工时用剪刀剖开,加盐搓洗后入沸水略烫,再用清水洗净。

(3) 鱼子加工:鱼子有一层薄膜包裹,清理时动作要轻,防止破裂松散。

(四) 腥味的处理

河鱼大都生长在腐殖质较多、土质肥沃的池塘或河流湖泊里,池塘或河流的腐殖质分解后会滋养放线菌的繁殖。放线菌通过鱼鳃进入鱼体血液中,在鱼体内分泌一种有恶臭(即腥味)的褐色物质。若不加以清除,会影响河鱼的鲜美。现将清除河鱼腥味的方法介绍如下。

(1) 用 250 克食盐溶于 2500 克清水中,把活鱼放在盐水中静养 1～2 小时后,即可减少腥味。

(2) 在宰鱼时,要尽量将鱼的血液冲洗干净,把鱼腹中的黑膜洗去,以减少腥味。然后把洗净的鱼再放入盐水中浸泡约 10 分钟,效果更佳。

(3) 鲤鱼背两侧各有一条白筋,它是造成鲤鱼特殊腥味的物质。剖肚除净内脏后,在鱼的鳃尾处开一小口,将鱼体用刀拍一下,使鱼肉松弛,用镊子夹住显露出的白筋,轻轻拉出,经烹制后则可减少腥味。

(4) 烹调时,加入黄酒、葱、姜、蒜等调味,可以减少或除去腥味。

二、两栖类、爬行类原料的加工

两栖类动物的主要特征:身体分为头、躯干、四肢三部分;皮肤裸露而潮湿,皮肤腺丰富,腹部肌肉薄而分层,四肢肌肉发达,尤以后肢肌肉特别发达。用于烹饪的典型代表原料是蛙类。爬行动物的特征:身体分为头、颈、躯干、四肢、尾五部分,皮肤干燥,体被角质鳞片,龟鳖类在背腹面覆盖有大型的角质板。可作为烹饪原料的主要是蛇类、龟类和鳖类。由于它们的形体结构比鱼类、畜类要复杂,加工方法只能以具体品种加以说明。

(一) 蛙类的加工

蛙类常见品种有青蛙、牛蛙、哈土蟆、棘胸蛙(石鸡)等,加工方法基本一致,现以牛蛙的加工为例加以说明:先将牛蛙摔昏或用刀背将其敲昏,然后从颈部下刀开口,沿刀口剥去外皮,剖开腹部,摘除

内脏(肝心油脂可留用),然后用清水洗净(图 2-2-4)。加工的一般程序:摔死或击昏→剥皮→剖腹→内脏整理→洗涤。也有一些菜肴不需去皮,如爆炒牛蛙、八宝牛蛙等,但需要用盐搓揉表皮,再用清水冲洗干净。

(二) 龟鳖类的加工

在这类原料中常用的是中华鳖,又称甲鱼、水鱼、团鱼等。对甲鱼的加工必须要活宰,因为死甲鱼不能食用,甲鱼死后,其内脏极易腐败变质,肉中的组氨酸转变成有毒的组胺,对人体有害。甲鱼加工的方法一般有两种:一种是清蒸、红烧、炖汤的加工方法;另一种是生炒、酱爆的方法。前一种方法的加工程序:将甲鱼腹部朝上,待头伸出即从颈根处割断气管、血管,也可用手捏紧颈部,再用刀切断颈部;将其放入 80 ℃左右的热水中浸烫 2 分钟左右,取出后趁热用小刀刮去背壳和裙边上的黑膜;如果几只甲鱼同时加工,要将甲鱼放在 50 ℃左右的水中进行刮膜,因为裙边胶质较多,凉透后黑膜会与裙边重新粘在一起,很难刮洗干净。去膜后,用刀在腹面剖一个"十"字,再入 90 ℃左右的热水中浸烫 10～15 分钟,捞出后揭开背壳,并将背壳周围的裙边取下,再将内脏掏出,除保留心、肝、胆、肺、卵巢、肾外,其余内脏全部除去;特别注意其体内的黄油,它腥味较重,如不去除干净,不仅使菜肴带有腥味,还易使汤汁混浊不清,黄油一般附在甲鱼四肢当中,摘除内脏时不能遗漏。最后剪去爪尖,剖开尾部泄殖道,用清水冲洗后沥干水分即可(图 2-2-5)。后一种加工方法是在刮膜以后不再入热水中浸烫,而是直接用刀划开背壳,清除内脏后改刀成块,用清水冲洗后沥干水分备用。

图 2-2-4 牛蛙的加工

图 2-2-5 甲鱼加工

三、节肢动物和软体类动物的加工

(一) 甲壳动物的加工

用于烹调加工的甲壳类原料主要包括虾、蟹两大类。可作为烹饪原料的虾类:①海水虾:龙虾、新对虾、仿对虾、鹰爪虾、白虾、毛虾、美人虾等,平常所说的竹节虾、基围虾都属于对虾;②淡水虾:中华新米虾、日本沼虾;③半淡水产的罗氏沼虾等。蟹类品种也十分丰富,常见的海产蟹有梭子蟹、锯缘青蟹、日本蚂等,淡水蟹有中华绒螯蟹、溪蟹等。

❶ 虾的加工

虾的加工主要是剪去额剑、触角、步足,体型较大的需要剔去背部沙虫(图 2-2-6)。大龙虾一般不需剪去触角,因为触角中也带有肉质,而且装盘时还有美化作用。加工时要将虾卵保留,经烘干后可制成虾子,它是非常鲜美的调味料。

❷ 蟹的加工

蟹的加工,可先将其静养于清水中,让其吐出泥沙,然后用软毛刷刷净骨缝、背壳、毛钳上的残存污物,最后挑起腹脐,挤出粪便,用清水冲洗干净即可(图 2-2-7)。

加热前可用棉线将蟹足捆扎,以防受热后蟹足脱落,保持造型完整。死蟹不能食用,易引起组氨酸中毒。

图 2-2-6　虾加工

图 2-2-7　蟹的加工

（二）软体动物的加工

软体动物的特征是身体柔软不分节，身体由头、足、内脏囊、外套膜和贝壳五部分组成。可用来作为烹饪原料的品种很多，许多名贵的海产原料都在其中。加工方法依类型不同而有区别，现分别介绍如下。

❶ 田螺的加工

先将田螺静养 2～3 日，吐尽泥沙，静养时可在水中放少量植物油，便于泥沙排出，然后刷洗外壳泥垢，用铁钳夹断尾壳，便于吸食。如果需要直接取肉，可将外壳击碎然后逐个选摘（切不可将碎壳带入肉中），然后去除残留的沙肠，再用盐轻轻搓洗，最后用清水冲洗即可（图 2-2-8）。

❷ 河蚌的加工

用薄型小刀插入两壳相接的缝隙中，向两侧移动，割开前、后闭壳肌，然后再沿两侧壳壁将肉质取出，摘去鳃瓣和肠胃，用木棍轻轻地将蚌足推松，由于蚌足肉质鲜味很强，所以应连同蚌肉一起烹调（图 2-2-9）。

图 2-2-8　田螺的加工

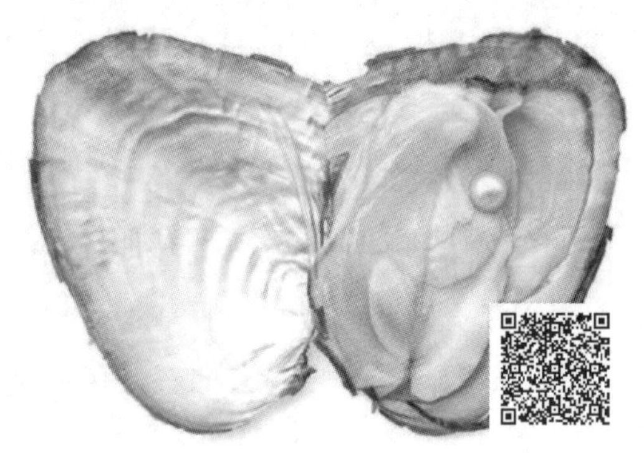

图 2-2-9　河蚌的加工

❸ 蛏、蛤蜊的加工

先将鲜活的蛏、蛤蜊用清水冲去外壳的泥沙，然后浸入 29％的食盐水中，静置 40～80 分钟，使其充分吐沙，体型较瘦的吐沙速度慢一些，烹调前用清水冲洗即可。此类原料既可带壳烹调（将闭壳肌割断），也可取净肉烹调，但外壳破裂或已死的应剔除（图 2-2-10）。其他海产瓣鳃动物的加工方法基本与此相似。

❹ 乌贼的加工

乌贼、鱿鱼（枪乌贼）、章鱼等加工方法基本相同。对乌贼加工，除保留外套膜和足须外，其他皮膜、眼、吸盘、唾液腺、胃肠、墨囊、胰脏、腮片和齿舌都要去除，包埋于外膜内的内壳可保留作药用。在批量加工时要将体内的生殖腺保留，雄性生殖腺可干制成墨鱼穗，雌性产卵腺可干制成乌鱼蛋，两

者都是著名的海味原料。鱿鱼与乌贼加工相同，章鱼的头足有 8 条腕，故称八爪鱼，其嘴、眼中有少量泥沙，加工时要挤尽，并用水冲洗(图 2-2-11)。

图 2-2-10　蛏的加工

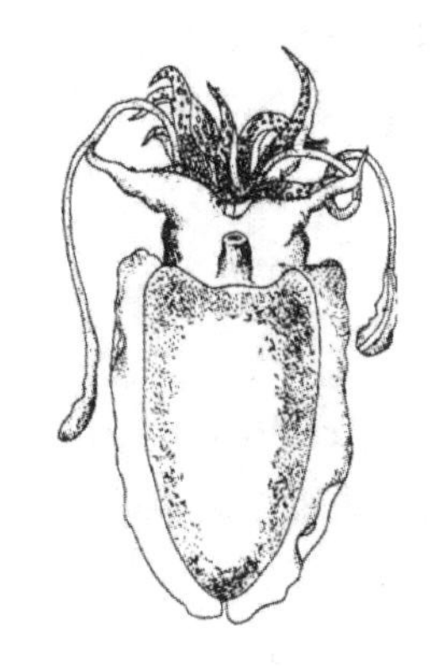
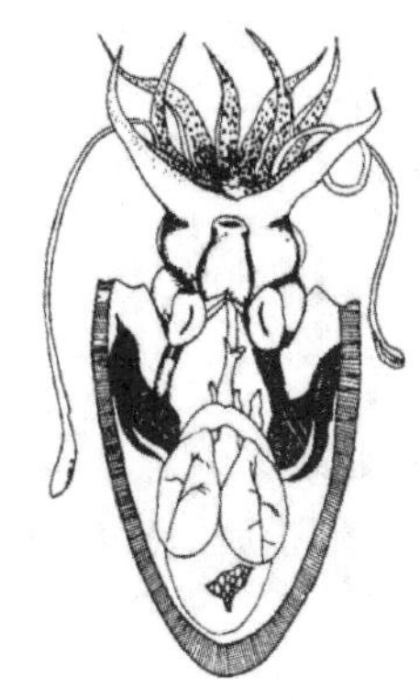

图 2-2-11　乌贼的加工

作业与习题

(1) 简述水产品原料初加工的基本要求。

(2) 如何根据原料的不同选择不同的清洗加工方法？并举例说明。

(3) 列举出三种软体动物的加工方法。

(4) 列举出三种鱼的初加工步骤。

学习小心得

任务三　陆生动物原料的清理加工

任务描述

畜类动物原料的加工大多在专门的屠宰加工场进行，从宰杀到内脏的初步整理几乎都不在厨房中进行，烹饪加工只对内脏进行卫生性处理。

任务目的

了解陆生动物原料初加工工艺的目的与要求，在未来的操作中熟练运用，并减少不必要的浪费。

任务驱动

鲜活原料的初加工是烹饪工艺学中的首道工艺环节，它是菜品正式烹调的前提和基础，原料经初加工后是否清洁、卫生、无害直接关系到人体的健康、安全。通过本单元学习，重点掌握原料的初步加工、洗涤的方法。

知识准备

本项任务要求学生对于各类陆生动物的内部组织结构要有一定的认识，陆生原料的宰杀不会发生在厨房，因此学生要对陆生动物内脏的加工处理及烹调方法有一定的了解。

课程思政

在传授知识的过程中通过合适的载体，践行社会主义核心价值观，本课程的思政目标主要包括如下三个方面。

（1）烹饪原料种类繁多，要培养学生们“终生学习”的观念，不断提升自身的专业水平来应对行业的快速发展。

（2）培养学生吃苦耐劳、不畏艰苦的精神。

（3）原料的初加工是最容易被人们忽略的一部分，要培养学生们专注、精益、敬业的新时代“工匠精神”。

知识点导图

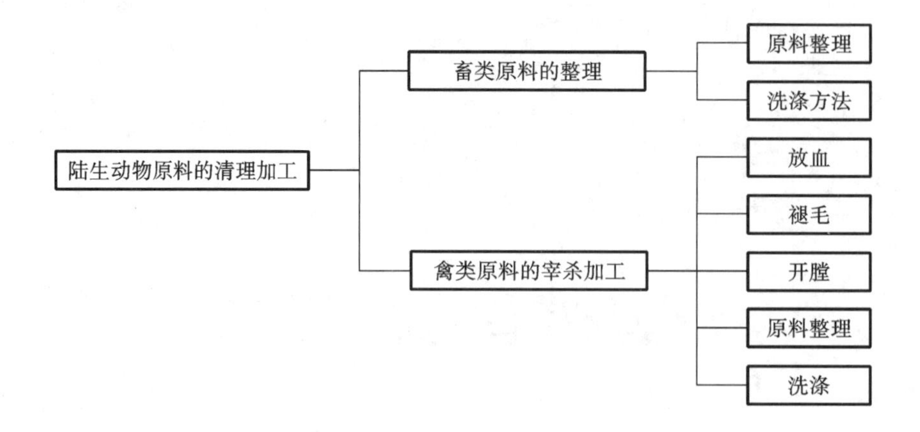

任务实施

一、畜类原料的整理

（一）原料整理

畜类动物原料的加工大多在专门的屠宰加工场进行，从宰杀到内脏的初步整理几乎都不在厨房

中进行，烹饪加工只对内脏进行卫生性处理(图 2-3-1)。

图 2-3-1　畜类动物内脏

❶ 肾脏整理

行业中称之为“腰子”，是动物的肾脏器官，内部的腰臊有很浓的腥臊味，加工时先撕去外表膜，然后用刀从侧面平批成两半，再用刀分别批去腰臊，但要掌握好刀法，既要去尽腰臊也不能带肉过多，同时还要保证腰肌平整。有些特殊菜品需要保留腰臊，如炖酥腰、拌酥腰等，加工时应先在猪腰上划几道深纹，刀深至腰臊，然后放入凉水中加热，大约 30 分钟，使腰肌收缩并将血污和腥臊味从刀纹处排出，再用清水洗净后进行炖制。如果生腰需要短暂保存，也必须将腰臊去尽、洗净后才能保存，否则时间一长会影响腰子的风味(图 2-3-2)。

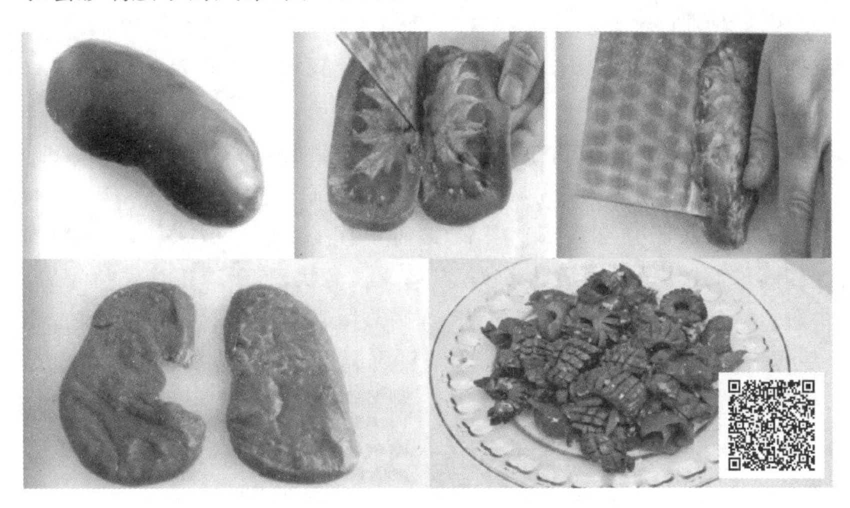

图 2-3-2　腰子的整理

❷ 心脏整理

先撕去外皮，用刀修理顶端的脂肪和血管，剖开心室，并用清水洗去瘀血。

❸ 肺部整理

肺是动物的呼吸器官，许多毛细血管分布在组织内部，要想去除沉积在体腔的瘀血和杂质，必须采用灌洗的方法进行洗涤，将水从主管注入通过血管向外表溢出，直到外表银白、无血斑时将水排出，焯水后将主要肺管切除洗净(图 2-3-3)。

❹ 肠、胃整理

肠、胃的外表附着很多黏液，内壁也残留一定的污秽杂物，加工时要采用里外翻洗的方法进行洗

图 2-3-3　肺的整理加工

涤,同时加入盐和醋反复搓揉,以除去黏液和异味,并用小刀修去内壁的脂肪,用清水反复冲洗。

⑤ 脑的清洗

动物脑髓非常细嫩,外表有一层很薄的膜包着,加工时如果破坏了保护膜,脑髓便会溢出,给洗涤带来不便,而且成熟后不能成形,所以洗涤时要采用漂洗法,先将原料放入容器中,缓缓注入清水,浸泡一会以后将水连同杂物一起流出,也可反复多次进行,直至漂洗干净。

⑥ 附肢整理

脚爪、耳朵、舌头等部位因形态不规则,夹缝或凹的地方不易洗净,加工时应先用刀反复刮洗,待杂毛、老皮刮净以后再用水冲洗。

加工时要防止肉质和风味的变化,因为这种状态下的原料极易受温度影响而使肉质恶化,例如在 30 ℃左右氧化酶和微生物的作用非常迅速,很快使肉色变深并产生异味。

⑦ "网油"等原料的处理

裹着胃的腹膜从胃大弯下垂形成折襞状,折襞中充满脂肪,而且遮盖着大肠的部分,称为大网膜,俗称"网油",呈渔网状,在网眼间由透明薄膜连接。"网油"是制作花色风味菜的重要包装材料,质地娇嫩易破,并有一定的肠脏分泌气味。加工时,需将其浸于用花椒、葱、姜、黄酒调制的混合液中约 15 分钟,去除异味,取出铺平,裁去破边碎头,再卷成长筒状,置于冷柜冷藏待用。

另外,尚有牛鞭、牛睾、羊睾、牛脊髓、猪脊髓等,亦常用于制作菜肴,具有特殊的营养与风味。牛鞭用大量水将其焯透,剖开尿道,刮尽尿道皮膜,反复用温水冲漂、洗漂至无味。宜炖、焖使用。牛、羊睾,形似鸭蛋,用沸水焯烫,剥去外皮薄膜,浸入 1%盐开水中待用。牛、猪脊髓有皮膜包住,青白色,质细嫩易碎。用 80 ℃热水浸烫,撕去外膜,浸入 1%盐开水中待用。

（二）洗涤方法

❶ 里外翻洗法

里外翻洗法是将原料里外轮流翻转洗涤,这种方法多用于肠、肚等黏液较多的内脏的洗涤。以肠的洗涤为例:肠表面有一定的油脂,里面黏液和污物都较多,有恶臭味。初加工时把大肠口大的一头倒转过来,用手撑开,然后向里翻转过来,再向翻转过来的周围灌注清水,肠受到水的压力就会渐渐翻转,等到全部翻转完后,就可将肠内的污物去除,加盐、醋反复搓洗,如此反复将两面都冲洗干净。

❷ 盐、醋搓洗法

盐、醋搓洗法主要用于洗涤油多、污秽重和黏液较多的原料,如肠、肚等。因在清水中不易洗涤干净,因而洗涤时加入适量的盐和醋反复搓洗,去掉黏液和污物。以猪肚为例:先从猪肚的破口处将肚翻转,加入盐、醋反复搓洗,洗去黏液和污物即可(图 2-3-4)。

图 2-3-4　猪肚的洗涤

③ 刮剥洗涤法

刮剥洗涤法是用刀刮或剥去原料外表的硬毛、苔膜等杂质，将原料洗涤干净的一种方法。这种方法适用于家畜脚爪及口条的初加工。

(1) 猪脚爪的初加工：用刀背敲去爪壳，将猪脚爪放入热水中泡烫。刮去爪间的污垢，拔净硬毛。若毛较多或较短不易拔除时，可在火上燎烧一下，待表面有薄薄的焦层时，将猪脚爪放入水中，用刀刮去污物即可。

(2) 牛蹄的初加工：将牛蹄外表洗涤干净，然后放入开水锅中小火煮焖 3～4 小时后取出，用刀背敲击，除去爪壳、表面毛及污物，再放入开水中，用小火煮焖 2 小时，取出除去趾骨，洗净即可。

④ 清水漂洗法

清水漂洗法是将原料放入清水中，漂洗去表面血污和杂质的洗涤方法，这种方法主要用于家畜的脑、筋、骨髓等较嫩原料的洗涤。在漂洗过程中可用牙签将原料表面血衣、血筋剔除。

⑤ 灌水冲洗法

此法主要用于洗涤家畜的肺。因为肺中的气管和支气管组织复杂，灰尘和血污不易除去，故用灌水冲洗法。具体方法有两种：一是将肺管套在水龙头上，将水灌进肺内，使肺叶扩张，大小血管都充满水后，再将水倒出，如此反复多次至肺叶变白，划破肺叶，冲洗干净，放入锅中加料酒、葱、姜烧开，浸出肺管的血污洗净即可；二是将肺和食管剪开，用清水反复冲洗干净，放入开水锅中汆去血污，洗净即可。

二、禽类原料的宰杀加工

大部分禽类原料(图 2-3-5)都可采用放血宰杀的方法，其加工程序是放血—煺毛—开膛—内脏整理—洗涤。

(一) 放血

用刀在鸡颈处割断气管和血管，刀口要小，血要放尽(图 2-3-6)。放血时可将血放入预先调好的盐水中，搅匀后蒸熟，改刀后备用。

(二) 煺毛

煺毛分湿煺和干煺两种。家禽一般都用湿煺法，野禽既可用湿煺法也可用干煺法。煺毛时还应将爪外的鳞皮、嘴上的外壳去掉。

① 湿煺法

将宰杀后原料放在热水中浸烫，水温根据原料的老嫩和季节来确定，一般老的禽类原料水温控

图 2-3-5　禽类原料

制在 85～95 ℃，嫩的禽类原料控制在 70～85 ℃。烟毛时应先将爪子放入水中烫制，然后将身体浸在水中，由腿至头将毛烟净，并用清水洗净。

② 干烟法

不需浸烫，直接从动物体表烟去羽毛。一般要等原料完全死后趁体温还热时把羽毛烟掉，摘毛时要逆向逐层进行，一次摘毛不宜太多，否则费力并容易破坏表皮。一些被猎杀的野禽，枪口破坏了表皮的完整性，或死后存放时间过长，在对这些野禽进行加工时可用剥皮法烟毛（图 2-3-7）。

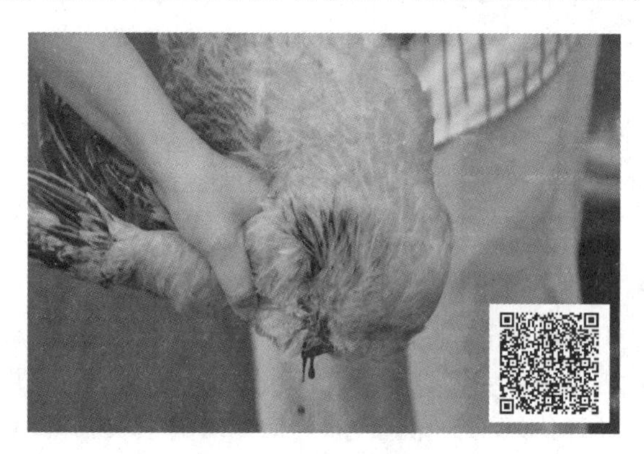

图 2-3-6　放血

图 2-3-7　烟毛

（三）开膛

开膛的目的是清除内脏，但开膛的部位则需根据具体菜肴的要求进行选择，常见的方法如下。

① 腹开

从胸骨以下的软腹处开一刀口，将内脏掏出（图 2-3-8），主要用于整形的凉菜。如“盐水鸭”“白斩鸡”“酱鸭”等。

② 背开

沿背骨从尾至颈剖开，将内脏掏出，主要用于整形的热菜。如“扒鸡”（图 2-3-9）、“清蒸鸡”等。

③ 肋开

从翅腋下开刀，将内脏掏出，主要用于整形的菜品制作。如“烤鸭”“风鸡”等。

无论哪种开膛方法都必须将所有内脏全部掏出，然后进行分类整理，掏除内脏时一定要小心有序，如果破坏了内胆或肠嗦会给清理工作带来很大麻烦。禽类的肺部一般都紧贴肋骨，不容易去除干净，但如果残留体内就会影响汤汁质量，如炖汤时会出现汤汁混浊变暗。

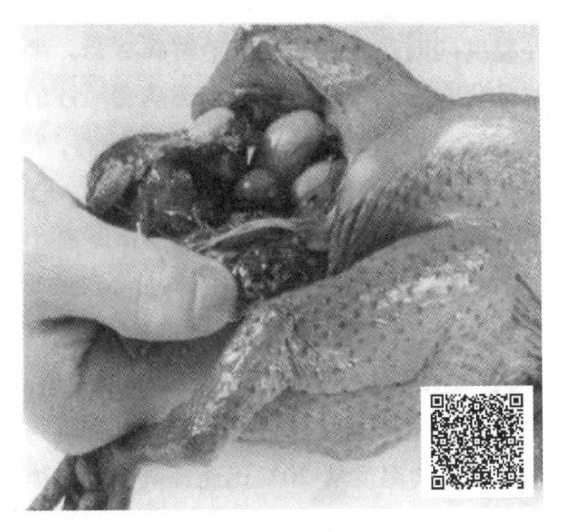

图 2-3-8　掏出内脏

图 2-3-9　扒鸡

（四）原料整理

禽类原料的内脏中最常用的是肝、心、胃三个部位，在体型较大的家禽中其肠、脂肪、睾丸、卵等也都可以加工食用。

❶ 心脏

撕去表膜，切掉顶部的血管，然后用刀将其剖开，放入清水中冲洗即可。

❷ 肝脏

用小刀轻轻摘去胆囊，用清水洗净，如果胆汁溢出应立即冲洗，并切除胆汁较多的部位，以免影响整个菜肴风味。

❸ 胃

胃又称肫，是禽鸟类原料特有的消化器官，加工时先从侧面将其剖开，冲去残留的食物，然后撕去内层的角质膜（亦称鸡内金或鸡肫皮），洗净。用于爆炒时，还需铲去外表的韧皮，取净肉加工成片或剞上花刀待用。

❹ 肠

先挤去肠内的污物，用剪刀剖开后冲洗，再用刀在内壁轻轻刮一下，然后加盐、明矾反复搓揉，用清水冲洗干净即可。

❺ 脂肪

一般老鸡或老鸭的腹中积存大量的脂肪，它们对菜肴的风味起着很重要的作用，一般制作汤菜时要将脂肪与原料一起炖制，但脂肪不能与原料一起焯水，否则将大量流失。当鸡、鸭用来制作其他菜肴时，可将它提炼成油，但不能像猪脂一样下锅煎熬，而是放在碗中加葱、姜上笼蒸制出油，经过滤以后其油清、色黄、味香。行业中称为“明油”。

❻ 睾丸

睾丸在行业中也称为“鸡腰”“鸭腰”，先用盐轻轻搓揉，用清水冲洗，食用前应加葱、姜上笼蒸，撕去外皮方可食用。一般可作烩菜或炖汤之用。

❼ 卵

在老鸡或老鸭的腹中常残留一些尚未结壳的卵，因外皮很薄且容易破裂，加工时先用水将其煮熟，然后撕去筋络，洗净后可与主料一同烹制。

❽ 舌

在加工批量较大的时候，除以上内脏可以归类单独成菜外，头、颈、舌头、翅膀、脚爪也都可以归类成菜。鸭舌是经常使用的特色原料之一，加工时要剥去舌表的外膜，加热成熟后抽去舌骨即可备用。

⑨ 颈

鸭颈或鹅颈如果单独成菜，一定要将刀口的瘀血处理干净，颈部毛孔细密、细毛很多，应清理干净。有些花色菜品制作时需将颈肉与颈皮分离，分别制成特色菜品，可将颈肉抽出。

（五）洗涤

禽类原料的洗涤主要是冲尽血污，进一步去尽体表的杂毛。洗涤方法多采用流水冲洗法，洗涤时要特别注意嘴部、颈内、肛门等部位。

作业与习题

（1）简述陆生动物原料初加工的基本要求。
（2）如何根据原料的不同选择不同的清洗加工方法？并举例说明。
（3）列举出三种畜类的加工方法。
（4）列举出三种禽类的初加工步骤。

学习小心得

任务四 干制原料的涨发工艺

视频：涨发

任务描述

干制原料是烹饪中重要的原料品种，许多高档菜品都是由干制原料加工而成的，如鲍鱼、鱼翅、燕窝等，干制原料涨发质量的好坏直接关系到菜品的烹调效果，对于高档原料，涨发质量差还会造成重大损失，所以，掌握科学的涨发方法是十分重要的。学生首先应了解干制原料涨发的定义，并掌握水发、油发、碱发的基本原理和涨发方法，学习时可结合自己的实践经验掌握常用的干制原料（如海参、鱼肚、鱼翅、鱿鱼、蹄筋等）的涨发流程和技术要领，学习时应注意对水发和油发原理的理解，并注意碱发的种类和碱水配制比例。

任务目的

了解干制原料涨发工艺的目的与要求，在未来的操作中熟练运用，减少不必要的浪费。

任务驱动

干制原料的涨发也属于原料初加工工艺的一部分，随着时代的发展，更多的干制品走进人们的生活，只有熟练了解每一种涨发方法，才能更好地涨发干制原料，也能更加简便地进行烹任。

知识准备

干制原料种类繁多，加上不同的干制原料所对应的涨发方法也有所不同，所以对于学生们的操作要求也比较高，学生们必须了解各类原料的干制过程，并能针对各种不同的干制过程选用不同的涨发方法。

课程思政

在传授知识的过程中通过合适的载体，践行社会主义核心价值观，本课程的思政目标主要包括以下三个方面。

（1）烹饪原料种类繁多，要培养学生们"终生学习"的观念，不断提升自身的专业水平来应对行业的快速发展。

（2）培养学生吃苦耐劳、不畏艰苦的精神。

（3）原料的初加工是最容易被人们忽略的一部分，要培养学生们专注、敬业的新时代"工匠精神"。

知识点导图

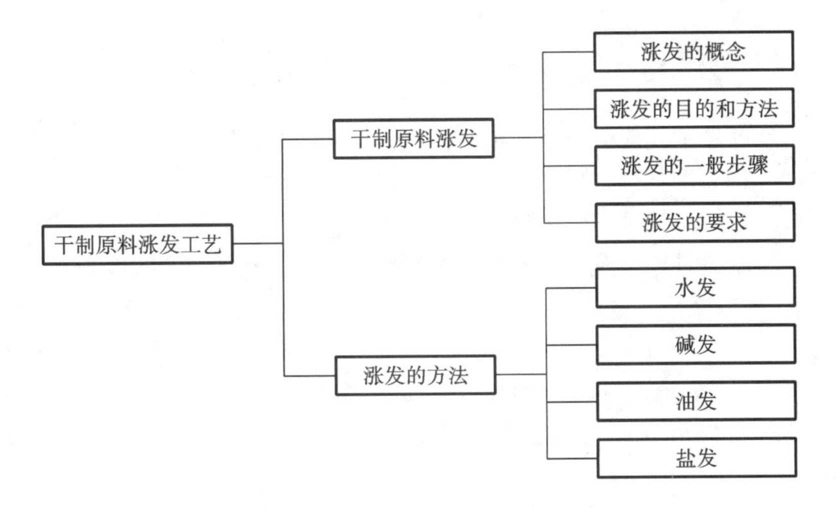

任务实施

一、干制原料涨发的概念及一般步骤

（一）原料涨发的概念

烹饪原料经干燥或脱水后，其组织结构紧密，表面硬化、老韧，还具有苦涩、腥臭等异味，不符合食用要求，不能直接用来制作菜肴，必须对其进行涨发加工。烹饪原料干燥或脱水的逆过程简称"发料"。干制原料的涨发加工目的就是利用烹饪原料的物性，进行复水和膨化加工，使其恢复原状，除去异味和杂质，合乎食用要求，利于人体的消化吸收。干制原料一般都在复水（重新吸回水分）后才能食用。干制原料复水后恢复原来新鲜状态的程度是衡量干制品品质的重要指标。干制品的复原性是指干制品吸水后重量、大小、形状、质地、颜色、风味、成分等恢复原来新鲜状态的程度。

（二）原料涨发的目的和方法

中国地广物博，气候环境差异很大，造成烹饪原料的区域性明显，为了使地区的特色原料推广到

全国乃至世界，需对原料进行加工处理，确保原料的储藏、运输以及风味的保存。原料处理的方法很多，有腌制、发酵、干制等，其中干制是最便于储藏、运输的，而且是对风味影响最小的一种方法。常用的干制方法有日晒、风干、烘烤、灰炝等，它们可使新鲜原料脱水干燥成干制品，行业上称为干制原料（图 2-4-1）。在这些干制方法中以日晒、风干的效果最好。

图 2-4-1　干制原料

（三）干制原料涨发的一般步骤

一般来讲，干制原料涨发的加工程序分以下三个阶段。

❶ 预发加工

预发加工是指原料在正式膨大前的加工，目的是为膨胀扫除障碍、提供条件。其主要包括浸洗、烘焙乃至烧烤，以及对原料的干修整等。

❷ 中程涨发

中程涨发是指干制原料涨大形成疏松、饱满、柔嫩质态的过程。这是最关键的过程，主要有碱溶液浸发和煮、焖、蒸、泡以及炸、(盐)炒等方法。

❸ 总结涨发

总结涨发是涨发过程的最后阶段，干制原料完成最终充分膨胀、吸水而达到松软的质量要求，并通过进一步的清理，去除杂质从而符合卫生的需要，实现涨发加工的最后目的。此过程仅限于用纯净水浸泡。

不同的助发介质会产生不同的发料品质，发料操作的最终目的是使干制原料重新吸收水分，因此，纯净水的浸发是其根本，当水的自然溶胀不能使原料充分涨发，或需用较长时间才能达到目的时，才采用强化控制，从不同程度上在温度、介质、时间、工具、添加剂方面进行调整，以达到提高涨发率、缩短涨发时间的目的，而这些强化方法大多数集中在中程涨发阶段，因此，中程涨发尤为重要。

（四）干制原料涨发的要求

❶ 熟悉干制原料的产地和品种性质

同一品种的干制原料，由于产地、产期不同，其品种质量存在差异。如灰参和大乌参同是海参中的佳品，但因其性质不同，灰参一般采用直接水发的方法，大乌参则因其皮厚坚硬需要先用火发再用水发的方法。又如山东产的粉丝与安徽产的粉丝，由于所用原料不同，发制时耐水泡的程度也就不一样，山东产的粉丝，用绿豆粉制成，耐泡；安徽产的粉丝用甘薯粉制成，不耐泡。

❷ 能鉴别原料的品质性能

各种原料因产地、季节、加工方法不同，在质量上有优劣等级之分，质地上也有老、嫩、干、硬之别。准确判断原料等级、正确鉴别质地，是涨发干制原料成功的关键因素。如鱼翅中淡水翅、咸水翅在涨发时就不能同等对待；又如海参有老有嫩，只有鉴别其老嫩，才能适当掌握涨发的方法及时间，以保证涨发的质量。

③ 必须熟悉和掌握各项涨发技术，认真对待涨发过程中的每一环节

干制原料的涨发过程一般分为原料涨发前的初步整理、正式涨发、涨发后处理三个环节。每个环节的要求、目的不同，而它们又相互联系、相互影响、相辅相成，无论哪个环节失误，都会影响整个涨发效果。在操作中，要认真对待涨发过程中的每一个环节，掌握每一种涨发方法所适用的原料范围、工艺流程、操作关键点。

④ 掌握干制原料涨发的成品标准

干制原料涨发的成品标准一般包括原料涨发后的质地、色泽、口味和涨发率等。

二、水发工艺

（一）冷水发

冷水发是指用室温的水，直接涨发干制原料，主要适用于一些植物性干制原料，如银耳、木耳、口蘑、黄花菜、竹荪（图 2-4-2）等。

（二）温水发

温水发是指用 60 ℃左右的水，对干制原料进行涨发。适用的干制原料与冷水发的大致一样。其比冷水发的速度要快一些，适用于冬季用冷水发的干制原料。

（三）热水发

① 煮发

煮发是将涨发水锅由低温到高温逐渐加热至沸腾状态的过程，主要适用于体大厚重和特别坚韧的干制原料，如海参（图 2-4-3）、蹄筋等。时间一般为 10～20 分钟。有的还需适当保持一段微沸状态，有的还需反复煮发。

图 2-4-2　竹荪

图 2-4-3　海参

② 焖发

焖发是指将干制原料置于保温的密闭容器中，保持在一定温度，不继续加热的过程。这实际上是继煮发之后的配合方法。其温度因物而异，一般为 60～85 ℃。

③ 蒸发

蒸发是将干制原料置于笼中，利用蒸汽加热涨发的过程，主要适用于一些体小易碎或具有鲜味的干制原料。蒸发可有效地保持干制原料的形状和鲜味，可避免鲜味汤汁流失。对一些高档干制原料，蒸发还可增加风味和去除异味，如干贝、蛤士蟆、乌鱼蛋及去沙的鱼翅、燕窝等。

④ 泡发

泡发是将干制原料置于容器中，用沸水直接冲入容器中涨发的过程，主要适用于粉条、腐竹、虾

米和经碱水发后的鱿鱼。

（四）水发的工艺原理

将干制原料放入水中，干制原料就能吸水膨胀，质地由质硬坚韧变得软嫩或黏糯，达到烹调加工及食用的要求。那么水为什么会进入干制原料体内呢？有如下三个方面的因素。

❶ 毛细管的吸附作用

许多原料干制时由于水分的失去会形成多孔状，浸泡时水会沿着原来的孔道进入干制原料体内，这些孔道主要由生物组织的细胞间隙构成，呈毛细管状，具有吸附水并保持的能力，生活常识告诉我们，将干毛巾的一部分浸入水中稍过片刻，露在水外面的部分也会潮湿，其道理是一样的。

❷ 渗透作用

这是存在于干制原料细胞内的一种作用，由于干制品内部水分少，细胞中可溶性的固形物的浓度很大，渗透压高，而外界水渗透压低，这样就导致水分通过细胞膜向细胞内扩散，外观上表现为吸水涨大。

❸ 亲水性物质的吸附作用

烹饪原料中的糖类（主要是淀粉、纤维素）及蛋白质分子结构中，含有大量的亲水基团（如—OH、—COOH、—NH_2），它们能与水以氢键的形式结合。蛋白质的吸附作用通常又称为蛋白质的水化作用。

（五）影响水发的因素

水发的原理是以上三个方面吸水作用综合的结果。不同的原料，不同的环境，是影响吸水作用发挥的重要因素。原料的组织结构特点是涨发方法的依据，组织结构不易改变，而环境因素可以改变，通过环境因素的改变可以影响原料的组织结构，从而利于干制原料涨发。

❶ 干制原料的性质与结构

经过高温处理的干制原料，蛋白质变性严重，坚硬而固结，淀粉也严重老化，基本上失去了重新吸附水分的能力。因此这类干制原料的复水性差，复水的速度也慢。有些干制原料干制时经过适宜的前处理或储存时间短，蛋白质仅部分变性。像真空冷冻干燥的干制原料，蛋白质几乎不变性，淀粉不老化，大量的亲水基团没有变化，仍然具有良好的吸附水分的能力，其复水性能就比较好，复水速度也比较快。

有些干制原料结构特别紧密，而且外表还有一层疏水性物质，水分难以向内扩散和渗透。若蛋白质等亲水性物质变性严重，水分的传递就极为困难，如海参、鱿鱼、鱼翅等许多海味就存在这种情况。有些干制原料结构疏松，内部分布着大量的毛细管，水分向外扩散比较容易。毛细管还具有吸附凝集水分的能力，如香菇、木耳在冷水中浸泡就能涨发。

❷ 溶液的温度

有些鱼类在冷水中不易涨发，而升高温度则能吸水涨发，其原因如下。

（1）水分向干制原料内部的传递速度与温度有关，升高温度可加快水分向干制原料内部传递速度，缩短涨发时间。

（2）高温作用下可以改变干制原料的组织结构，使其致密程度降低，从而有利于吸水涨发。对于富含蛋白质的干制原料来说，水中加热可使干制原料由干硬变得松软，微观上是蛋白质胶体网状结构改变，由致密变得松软，同时暴露出部分亲水集团，使其吸水性提高。由于蛋白质受热变化的速度较慢，需要高温、长时间作用，因此对于富含蛋白质的致密、坚硬、体大的干制原料，要长时间煮焖，这就是涨发工艺中常用的焖发。对于富含淀粉、纤维素的植物性干制原料而言，涨发相对比较容易，高温作用同样可以改变其结构，使表层软化，降低致密程度，而利于吸水作用的充分发挥，提高涨发速度。

❸ 涨发时间

水发的时间越长，干制原料水分的增量就越大，复水率就越高。水发的时间以多长为宜，与要求的复水率及复水速度有关，而复水速度又取决于原料的性质和水温，在一定复水率和水温条件下，

老、坚、韧的干制原料需要较长的时间，小、嫩、软的干制原料需要的时间较短。

❹ 干制原料的体积

体积大小不同的同一干制原料在相同条件下涨发，体积大的比体积小的难以发透，这是因为水发是水分向原料内部传递的过程，体积大的原料，从表面到中心的距离大，体积小的原料，从表面到中心的距离小。水分传递所需的时间，前者较长，后者较短，所以在相同的条件下，小块原料发透，大块原料未必发透；若大块原料发透，小块原料可能因水发过度导致软烂。因此水发时要尽量使干制原料大小一致。不一致时，大块原料应进行适当的分割，以缩短水分进入干制原料体内的距离，提高吸水速度，同时使干制原料表面积增大，暴露出大量的亲水基团，吸水作用增强，使所有干制原料同时发透。

（六）水发工艺的操作关键

（1）依据原料的性质及其吸水能力，控制涨发时的水温。在冷水中能发好者，则尽量在冷水中涨发，因用冷水发可减缓高温所引起的变化，如香气的逸散、呈味物质的溶出、颜色的变化等。一些体积较小、质地松软的植物性干制原料，如银耳、木耳、口蘑、黄花菜等适用于冷水发，在冬季或急用时，可加些热水以加快水分的传递。绝大部分肉类干制原料及珍贵的干制原料适用于热水发。

（2）干制原料的预发加工不可忽视。预发加工的目的是为干制原料吸水扫除障碍，提高干制原料的复水率，保证出品质量，如浸泡、烧烤、修整等。体大质硬的干制原料，在热水涨发之前要先在冷水中浸至回软后再加热，以免在煮发时表面破裂。

（3）凡是不适用煮发、焖发、焖后仍不能发透的干制原料，可以采用蒸发，如一些体小易碎或具有鲜味的干制原料。蒸发可有效地保持干制原料的形状和鲜味，使其鲜味不流失，对一些高档干制原料，蒸发还可以增加风味和去除异味。

（4）原料在水中煮沸的时间过长，容易造成外层皮开肉烂而内部却仍未发透的现象。焖发可避免这一现象。现在行业中多采用电饭锅焖发，它可获得恒定的温度，效果较好。

（5）在不同类型的涨发过程中，要对原料进行适时的整理，如海参去内脏、鱼翅去沙、剔除杂质等。要勤于观察、换水、分质提取，最后漂水。这样可去除残存的异味，使干制原料经复水后保持大量的水分，最终达到膨润、光滑、饱满的效果。

（6）干制原料的性质相差很大，有些原料经一次热水涨发就可发透，而有些体质坚硬、老厚、带筋、夹沙或腥臊气味较重的原料就要多次反复涨发才能发透。例如，粉丝、银鱼等只要加上适量开水泡一段时间即可，干贝、龙虾干、鲍鱼要先用冷水浸几小时后上笼蒸发才可达到酥软的要求，鱼翅、海参、干笋等，都要经过几次泡、煮、焖、蒸等热水涨发过程。

（七）水发工艺实例

❶ 温水发

（1）海蜇：有两种不同涨发方法。其一，沸水浸烫至收缩，取出洗净，再用 80 ℃热水泡发 4～6 小时，至软嫩、两头垂下取出。常用于汤羹烩菜。其二，海蜇用沸水烫至收身洗净，切成薄片，浸于凉开水中 8～10 小时，至松酥涨大，这种海蜇称为“酥蜇”，常用于拌食。

（2）香菇：先用温水浸泡，待回软后剪去菇柄，用清水洗净，并浸泡在清水中备用（图 2-4-4）。浸泡香菇的水不能倒掉，它有很浓的香味，经沉淀或过滤后可用于菜肴的调味。

❷ 热水发

（1）鹿茸：将茸片洗净后用热水浸泡回软，然后放入容器中，加鸡汤、葱、姜、料酒，用保鲜纸封口，上笼蒸透，并浸泡在原汤中备用，使鹿茸充分吸收汤的鲜味。涨发时不宜在火上加热，否则鹿茸养分会流失，另外在蒸制过程中不宜加盐，放盐会使鹿茸不易发透。

（2）广肚：又称鳖肚，是一种鳖鱼肚。涨发时将广肚洗净，放入容器中用清水浸泡 12 小时，取出，擦干水分，再放入砂锅中用热水加热，水沸后离火焖 2 小时，如此 3 次，将广肚发透，发好的广肚要浸泡在清水中备用。

图 2-4-4　泡发(香菇)

三、碱发工艺

碱发是将干制原料置于碱溶液中进行涨发的过程，是在自然涨发基础上采取的强化方法，一些干硬、老韧、含有胶原纤维和少量油脂的原料，难以在清水中完全发透，为了加快涨发速度，提高成品涨发率和质量，可在介质溶剂中适量添加碱性物质，改变介质的酸碱度，造成碱性环境。碱发主要适用于一些动物性原料，如蹄筋、鱿鱼等。但碱发的方法对原料营养及风味物质有一定的破坏作用，因此选择碱发方法时要谨慎。

（一）碱发用水

❶ 生碱水

在 10 千克冷水(冬秋季可用温水)中加入 500 克碱面(又称苏打，主要成分为碳酸钠)和匀，溶化后即为 5%的生碱水。在使用时还可根据需要调节浓度。

❷ 熟碱水

在 9 千克开水中加入 350 克碱面和 200 克石灰拌匀，使其冷却，沉淀后取上清液，称为熟碱水，可用于干制原料的涨发。在配制熟碱水的过程中，碱面和石灰混合后发生化学反应，其中生成物有氢氧化钠。氢氧化钠为强碱，碳酸钠为弱碱。所以用熟碱水发料比用生碱水发料效果好。干制原料在熟碱水中涨发的程度和速度都优于生碱水。熟碱水对大部分性质坚硬的原料都适用；涨发时不需要“提质”，原料不黏滑、色泽透亮，出率高；主要用于鱿鱼、墨鱼的涨发。涨发后的鱿鱼、墨鱼多用于爆、炒等菜肴的制作。

❸ 火碱水

在 10 千克冷水中加入 35 克火碱(又称氢氧化钠)，拌匀即成。氢氧化钠为白色固体，极易溶于水，并放出大量的热，它的腐蚀和脱脂性很强。浓度一定要根据情况掌握好，取用时必须十分小心，不能直接用手取，以免烧坏皮肤。它适用于大部分老而坚硬原料的涨发，可代替熟碱水。它的涨发力，包括使干制原料回软的速度都比其他碱水强得多。

（二）碱发关键

(1) 根据原料性质和烹调时的具体要求，确定使用哪一种碱水及浓度。强碱浓度要低，反之则要高。对同一种碱水来说，浓度不同涨发的效果不同。浓度过低，干制原料发不透，浓度过高，腐蚀性太强，轻则造成腐烂(图 2-4-5)，重则报废。

(2) 认真控制碱水的温度。在碱发过程中，碱水的温度对涨发效果影响很大，碱水温度越高，腐蚀性越强。如燕窝，碱水温度高时，轻则重量减轻，重则报废；鱿鱼，碱水温度在 50 ℃左右时，放入后会卷曲，严重影响质量。

(3) 严格控制时间。及时检查，发好时立即取出，直至发完。

(4) 碱水涨发前，一定要用清水将干制原料涨软，减少碱溶液对原料的腐蚀。

图 2-4-5　碱发（鲍鱼）

(三) 碱发工艺原理

这些干制原料的内部结构是以蛋白质分子相联结搭成骨架，形成空间网状结构的干胶体，其网状结构具有吸附水分的能力，但由于蛋白质变性严重，空间结构歪斜，加之表皮有一层含有大量疏水性物质（脂质）的薄膜，所以在冷、热水中涨发，水分子难以进入。若把干制原料在碱水中浸泡，碱水可与表皮的脂质发生皂化反应，使其溶解在水中。泡胀的表层具有半透膜的性质，它能让水和简单的无机盐透过，进入凝胶体内的水分子即被束缚在网状结构之中。另一方面，原料处在碱性较强的环境中，蛋白质带负电荷，由于水分子也是极性分子，从而增强了蛋白质对水分子的吸附能力，加快水发速度，缩短涨发时间。

(四) 影响碱发的因素

❶ 浓度

以鱿鱼为例，碱水浓度是影响其碱发的最主要因素，在涨发温度较低的条件下，碱水浓度越大，涨发时间越短，反之则较长，但碱水浓度也不能太大，否则过高浓度的碱水会使鱿鱼“烂掉”。实验结果表明，火碱水浓度以 0.4%～0.6%为宜。

视频：
碱发鱿鱼

❷ 温度

涨发温度对原料的碱发也有很大的影响。在碱水浓度一定的条件下，温度越高，涨发时间越短，但温度不能过高或过低。过高会加速碱对原料的腐蚀，过低则涨发时间太长，一般以 15～30 ℃为宜。

❸ 时间

涨发时间的长短受碱水浓度和涨发温度的制约，一般以 4～10 小时为宜。时间短，就要提高碱水浓度和涨发温度；时间太长，从操作角度来看不利于节省时间，同时易使原料产生异味甚至变质。在涨发过程中要及时检查，先发好的先取出，直至发完。

❹ 漂洗

干制原料碱发过程中，最后一道工序是用清水漂洗。漂洗不但能去除碱味，还可以促进原料进一步涨发，其机理是碱水浸泡后的原料和清水可以看作两个分散体系。当将碱水浸泡后的原料放入清水中时，相当于一个半透膜，溶液的渗透压取决于所含质点的浓度。由于碱水浸泡后的原料中含有大量的碱及盐类，其渗透压对水来说是高渗透压性的一侧，因此水要通过原料表面进入原料内部，而碱通过原料表面进入水中，这样既达到了去除碱味的目的，又可使原料进一步涨发。

(五) 碱发操作

(1) 碱发必须根据季节和干制原料的形状、质地、硬度确定碱水浓度和涨发温度。一般来说，碱

Note

水浓度高，涨发时间短，碱水浓度低、水温高，涨发时间短。但水温不宜超过 60 ℃，否则碱水易使原料表面糜烂，达不到原料内外碱浓度平衡的要求，严重影响涨发，并造成不必要的损失。

（2）碱发必须根据干制原料的等级分别处理。干制原料用清水浸泡回软，可避免碱溶液对原料表面的直接腐蚀，有利于水分子向原料内部渗透。由于原料等级不同，渗透的速度也不相同，为了使涨发后的原料达到富有弹性、体态饱满、质地脆嫩、软滑的半透明状，就必须分等级进行涨发。

（3）碱发过程中避免油、盐等其他物质的混入和使用不洁的容器。油、盐等物质易使碱发的原料表面糜烂，其主要原因是油由脂肪构成，盐是电解质，碱发时混入了这些物质，易产生化学变化，导致原料表面糜烂。因此在碱发过程中应避免上述情况发生。

（六）碱发实例

以鱿鱼或墨鱼为例：鱿鱼或墨鱼的涨发有三种方法，现以火碱涨发为例，首先是火碱水的调配，在 5 千克水中加入 17 克火碱和匀，当碱水温度在 20～30 ℃时，将已由清水泡软的墨鱼或鱿鱼浸入碱水内，一般在 4～6 小时内可发好，以鱼体增厚约一倍，有透明感，指甲能捏动为度。涨发好的原料随时取出放入清水，没有涨发好的继续涨发。质地较老，色发暗，不明净的原料仍要继续加热（80～90 ℃）涨发，离火，加盖保温焖发。1 小时后仍按上法检查，挑出发好的鱿鱼或墨鱼，没有发好的仍按上法焖发，直至全部发好。其烹调时，以大量开水反复冲洗除去碱质，一般多用于热菜肴的烧、烩等。

四、油发工艺

❶ 油发过程

油发分为三个阶段：一是低温油焐制阶段；二是高温油膨化阶段；三是复水阶段。第一阶段：将干制原料浸没在冷油中，加热至油温达到 100～115 ℃，时间根据物料的不同而异，如鱼肚（提片）20～40 分钟，猪皮 120 分钟，猪蹄筋 50～60 分钟。经过第一阶段的干制原料体积缩小，冷却后更加坚硬。有的具有半透明感。第二阶段：将经低油温焐制后的干制原料，投入至 180～200 ℃的高温油中，使之膨化。经第二阶段的干制原料体积急剧增大，色泽呈黄色，孔洞分布均匀。第三阶段：将膨化的干制原料放入冷水中（冬季可放入到温水中，切勿放入热水中）进行复水，使物料的孔洞充满水分，处于回软状态（图 2-4-6）。

视频：
油发鱼肚

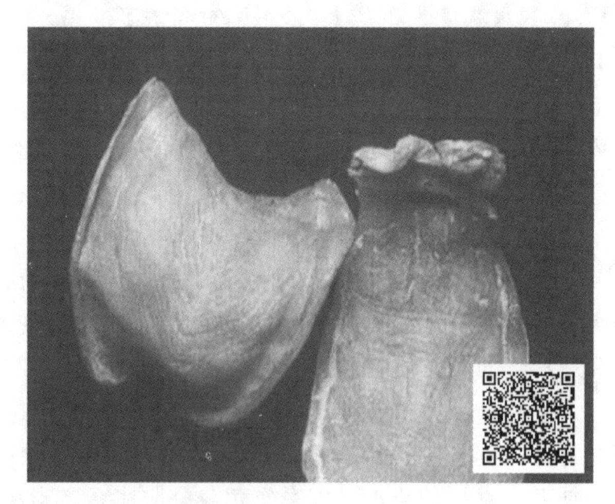

图 2-4-6 油发（鱼肚）

❷ 油发注意事项

油发的操作方法主要是将干制原料放在适量的油锅内炸发。

（1）用油量要多。要浸没干制原料，同时要翻动原料，使原料受热均匀。

（2）检查原料的质量。油发前要检查原料是否干燥，是否变质。潮湿的干制原料须先晾干，否

则不易发透，甚至会炸裂、溅油。已变质的干制原料禁止使用，以保证食用的安全。

(3) 控制油温。油发干制原料时，原料要于冷油或低于 60 ℃的温油下锅，然后逐渐加热，这样才容易使原料发透。如原料下锅时油温太高或加热过程中火力过急、油温上升太快，会造成原料外焦而内部尚未发透的现象。当锅中温度过高时应将锅端离火口，或向热油锅中加注冷油以降低油温。

(4) 涨发后除净油污。由于发好的干制原料带有油污，所以在使用前要用熟碱水除去表面油污，然后再在清水中漂洗脱碱后才能使用。

❸ 油发实例

(1) 鱼肚：随冷油下锅，慢慢升高油温，鱼肚开始收缩时(这时油温为 115 ℃左右)维持在这一温度 30 分钟，捞出鱼肚，升高油温至 185～195 ℃，取少量鱼肚投入油锅重发，待体积膨大，色泽淡黄时即可，鱼肚捞出后一折即断，对光看无暗部即可，然后水发备用。

(2) 猪皮：随冷油下锅，慢慢升高油温，猪皮开始收缩，将油温控制在 100 ℃，时间比鱼肚要长一点，约 60 分钟，另起油锅加热至 200 ℃，将猪皮分块放入，待体积膨大、色泽淡黄时即可，油浸和涨发时一定要将猪皮浸入油内，保证猪皮与油充分接触，确保涨发完全。涨发后要用碱水洗涤，去掉油污，再用清水浸泡备用。

五、盐发工艺

盐发是将干制原料置于加热盛盐的容器中，使化学结合水汽化，形成孔洞结构，体积增大(膨化)，再复水的过程。盐发需用大颗粒结晶食盐，主要适用的干制原料类似于油发。盐发的过程也类似于油发，分为三个阶段：一是低温盐焐制阶段；二是高温盐的膨化阶段；三是复水阶段。第一阶段：将干制原料放入 100 ℃左右的盐(盐量是物料的 5 倍)中翻炒，时间为油发第一阶段的 1/3～1/2，至物料重量减轻而干时即可。第二阶段：物料不用取出，直接用高温加热，迅速翻炒，使之膨化。经第二阶段的干制原料，体积急剧增大，色泽呈黄色，孔洞分布均匀。第三阶段：将膨化的干制原料放入冷水中进行复水，使物料的孔洞充满水分，处于回软状态。

盐发与油发有以下区别：盐发需热盐下锅，物料可稍湿，而油发需冷油下锅，物料要干燥；盐发焐制阶段短于油发的焐制阶段；油发的物料色泽较好，香气优于盐发的成品。

以鱼皮为例：取大量的食盐加热炒制，达到 100 ℃左右时，将鱼皮埋入并继续加热，鱼皮开始收缩，保持这一温度烤 40 分钟，取出鱼皮，将盐继续炒制，温度达到 180～200 ℃时，将鱼皮埋入烤发，直至鱼皮发透(图 2-4-7)。

图 2-4-7　鱼皮(盐发)

作业与习题

(1) 干制原料有哪些特点？

(2) 干制原料涨发的目的是什么？

（3）如何涨发口蘑、鱼皮、鱼肚、鲍鱼？

（4）干制原料涨发有什么要求？

学习小心得

分割与成形工艺基础

导言

原料的分割工艺包括分解取料、加工刀法两大类。分解取料可以突出原料各部位特点，充分合理地利用原料，这就要求我们对于原料的部分分档有一定的认识，分解取料本身既有利于控制菜品的成本，提高菜品质量，又能避免浪费，做到物尽所用。刀工刀法技艺可以使原料整齐划一、成熟一致，更可以美化菜肴的造型，丰富菜品，也是中国烹饪的重要特色之一。

理论学习目标

（1）了解原料分解的目的。
（2）掌握分解和原料切割的刀法。
（3）了解各式刀具，刀具的保养以及适合操作的姿势。

实践应用目标

（1）了解原料各部位结构和分布特点。
（2）了解刀工工艺的作用。
（3）掌握鸡、鱼、猪等原料的剔骨和出肉方法。
（4）正确使用平刀法、直刀法、斜刀法，并结合具体原料加以说明。

任务一 分割工艺基础

任务描述

原料的分割工艺包括分解取料、加工刀法两大类。分解取料是突出原料各部位特点，充分合理地利用原料，既有利于控制菜品的成本，提高菜品质量，又能避免浪费，做到物尽所用，学习时要掌握鸡、鱼、猪等常用原料的分解加工方法，特别是整鱼脱骨、整鸡脱骨等方法。除分档取料的内容外，还有刀工刀法技艺，它可以使原料整齐划一，成熟一致，还可美化菜品的造型，丰富菜品变化，是中国烹

饪的重要特色之一。许多特色菜都是通过分割工艺实现的，如八宝鸭、拆烩鱼头、麦穗腰花、松鼠鳜鱼等。学习时要重点掌握刀法的种类及应用范围、常用花刀的剞刀方法。

任务目的

了解各类原料的部位结构和分布特点，进行合理的分档取料，增进菜肴的口感，并使学生们了解一定的刀工工艺。

任务驱动

在掌握原料的各个骨骼分布以后，根据菜肴的烹调标准，合理选用适当的分割方法，既能使原料更易入味，又能使菜肴造型美观。

知识准备

原料不同部位所适用的烹调方法有所不同。主要的烹饪原料有禽类、畜类、鱼类，不同的原料所适用的分割方法有区别，这就要求初学者们要充分了解各种原料的组织分布。只有这样，才能进行原料的合理分配。

课程思政

在传授知识的过程中通过合适的载体，践行社会主义核心价值观，本课程的思政目标主要包括以下三个方面。

（1）加强基本功，从小事做起，践行社会主义核心价值观。

（2）基本功需要不间断磨炼，因此需要学生们有持之以恒的学习态度，并有一定的耐心。

（3）养成爱岗、敬业、精益求精的职业精神。

知识点导图

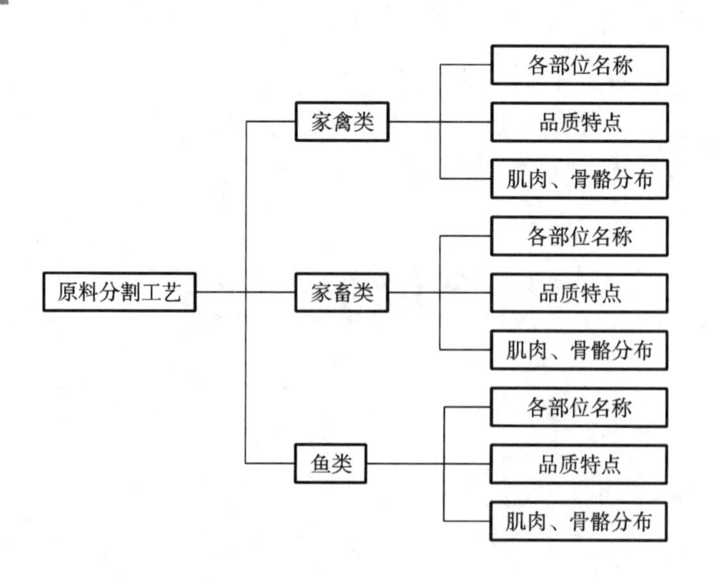

任务实施

一、家禽类原料分割取料的要求

（1）仅对需要进行分割取料的原料进行必要的分割。

（2）分割取料必须符合食品卫生及原料质量等级的要求。

（3）分割取料后的原料应尽量保持其局部的完整性。

（4）分割取料后的原料应满足后续加工的用料要求。

二、家禽类原料各部位名称、品质特点

家禽类原料各部位名称、品质特点如图 3-1-1、图 3-1-2 所示。

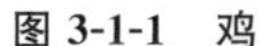

图 3-1-1　鸡

图 3-1-2　鸡骨骼

（1）脊背：位于脊骨两侧，各有一块肉，肉质适中，无筋，适于爆、炸等烹调方法。

（2）腿肉：位于腿部，肉厚、较老，适于烧、炖、扒、卤等烹调方法。

（3）鸡脯肉：位于鸡胸部，肉质嫩，在紧贴胸骨突起处有两条里脊肉，是全身最嫩部位，适宜切片、切丝及剁蓉等，可用于炸、炒、爆等烹调方法。

（4）翅膀：又称凤翅，皮较多，肉质较嫩，不宜出肉，适宜红烧、白煮、清炖等。

（5）爪：又称凤爪，除骨外，皆为皮筋，适宜卤、红烧、制汤等。

（6）头：含有脑，骨多、皮多、肉少，适宜煮、炖、卤、红烧或用于制汤。

三、家畜类原料的各部位名称、品质特点

（1）头：从宰杀刀口至脑颈部割下，一般用于烧、煮、卤、酱等。

（2）尾：又称皮打皮、节节香，从尾根部割取（根部肉称翘尾），多用于烧、煮等，翘尾较嫩宜炒。

（3）肩颈肉：又称上脑肉、鹰嘴肉，在背部靠颈处、肩胛骨上方。肉质较嫩、瘦中夹肥，适于炸、熘，如制咕噜肉、氽肉汤。

（4）夹心肉：又称挡朝肉、前夹，在肩颈肉下部、前肘上方，肉质较多，筋膜多，宜于制馅、制蓉。排骨部分称小排骨、子排骨，可制红烧、糖醋、椒盐排骨或煮汤。

(5) 前肘:又称前蹄髈,在骱骨处斩下,去膝以下部分,皮厚胶质重、瘦肉多,宜白煮、红烧,制脊肉、捆蹄等。

(6) 颈肉:又称槽头肉、血脖、脖扣,在脑颈骨处直线切下,肉质差,肥瘦不分,一般用作馅料。

(7) 前爪:又称前蹄、猪手,前膝下的脚爪,只有筋、骨,宜红烧、小煮、炖汤等。

(8) 脊背:又称外脊、通脊、夹脊,肩颈肉后至尾部的脊部骨称大排骨,可供炸、煎、烤。肉称扁担,扁担肉筋少肉多,可红烧、炖汤。

(9) 里脊:又称腰脊、腰柳,在猪肾上方,为全猪最嫩的肉,可炒、爆、炸、熘、氽等。

(10) 五花肋条:又称花肉、腰牌、三花肉、四层肉、五花肉,在脊背下方、奶脯上方、前后腿之间。偏上部分称硬肋,又称硬五花、上五花;偏下无骨部分称软肋,又称下五花,肋条肉可供割取方肉。硬肋肉坚实质好,肥多瘦少,软肋较松软,宜烧、焖、蒸、扣、炖、烤。

(11) 奶脯肉:又称托泥、下踹、肚囊、泡泡肥,在腹下部,肉质差,多为泡囊肥肉,肉可熬油,皮可熬冻。

(12) 臀尖肉:又称盖板肉,在臀的上部,肉质佳,多瘦肉,质很嫩,用法同里脊肉。

(13) 坐臂肉:又称坐板肉、底板肉,在臀尖之下,弹子肉与磨裆之上,肉质较老,可用于做白切肉、回锅肉。

(14) 黄瓜条:又称肉瓜子、葫芦肉,附于坐臂,长圆形如黄瓜状,色稍淡,肉细嫩,肌纤维长,无筋,宜作肉丝爆、炒。

(15) 弹子肉:又称后腿肉、拳头肉,后蹄髈上部,靠腹的一侧,肉质细嫩,但有筋,肌纤维纵横交叉,可供爆、炒、烧,也可代里脊用。

(16) 磨裆:又称抹裆,在尾下,后腿后部,肉质细嫩,肌纤维长,筋少,宜炒、熘,也可代里脊用。

(17) 后肘:又称后蹄髈、豚蹄,后腿以上部分,皮厚筋多,胶质多,瘦肉多,宜酱、卤、烧、煮、扒、炖。

(18) 后爪:又称后蹄、猪脚,后肘以下部分,同前爪。

四、鱼类的各部位名称、品质特点

鱼类的各部位名称、品质特点如图 3-1-3 所示。

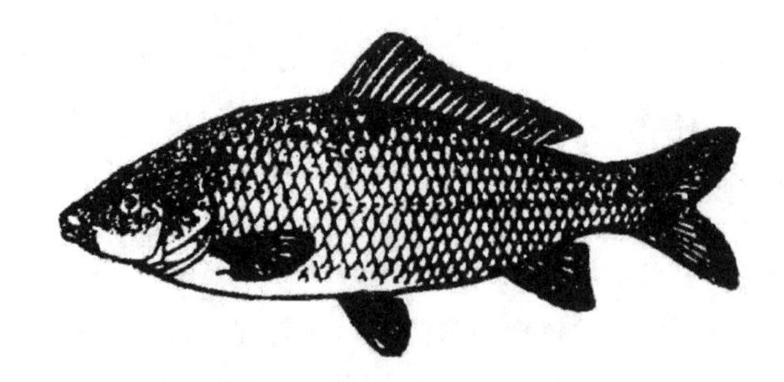

图 3-1-3　鱼

(1) 鳞:保护鱼体,减少水中阻力的器官。绝大多数鱼有鳞,少数鱼无鳞。鱼鳞在鱼体表呈覆瓦状排列。鱼鳞可分为圆鳞和栉鳞,圆鳞呈正圆形,栉鳞呈针形且较小。根据鳞片的大小、排列位置、形状,可以鉴别鱼的种类。

(2) 鳍:俗称"划水",是鱼类运动和保持平衡的器官。根据鳍的生长部位可分为背鳍、胸鳍、腹鳍、臀鳍、尾鳍。根据构造,鳍可分为软条和硬棘两种,绝大多数鱼是软条,硬棘的鱼类较少(如鳜鱼、刀鲚等)。有的鱼硬棘带有毒腺,人被刺后,被刺部位肿痛难忍。从鳍的情况还可以判断鱼肉中小刺(肌间骨)的多少。低等鱼类一般仅有一个背鳍,是由分节可屈曲的鳍条组成,胸鳍腹位,这类鱼的小刺多,如鲢鱼。较高等的鱼类一般由两个或两个以上的背鳍构成(有的连在一起)。其第一背鳍由鳍棘(硬棘)组

成，第二背鳍由软条组成，腹胸位或喉位，或者没有腹鳍，这类鱼的刺少或者没有小刺，如鳜鱼。

(3) 侧线：鱼体两侧面的两条直线，由许多特殊凸棱的鳞片连接在一起形成的。侧线是鱼类用来测水流、水温、水压的器官。不同的鱼类其侧线的形状不同，或者没有明显的侧线。

(4) 鳃：鱼的呼吸器官，主要部分是鳃丝，上面密布细微的血管，呈鲜红色。大多数鱼的鳃位于头后部的两侧，外有鳃盖。从鳃的颜色可以判断出鱼的新鲜程度。鱼的鼻孔无呼吸作用，主要是嗅觉功能。

(5) 眼：大多数没有眼睑，不能闭合。从鱼死后其眼睛的变化上可以判断其新鲜程度。但不同品种的鱼，其眼睛的大小、位置是有差别的。

(6) 口：鱼的摄食器官。不同的鱼类其口的位置、形状各异，有的上翘，有的居中，有的偏下等。口的大小与鱼的食性有关，一般凶猛鱼类及以浮游生物为食的鱼类的口都大。如鳜鱼、带鱼、鲶鱼、黄鱼等。

(7) 触须：鱼类的触须是一种感觉器官，生长在口旁或口的周围，分为颌须和颚须，多数为一对，有的有多对(如胡子鲶)。触须上有发达的神经和味蕾，有触觉和味觉的功能。

五、原料切割成形

原料切割成形是指运用刀具对烹饪原料进行切割的加工，简称刀工。从清理加工到分割加工都离不开刀工，如对鸭的宰杀、对猪胴体的分割等都是通过刀工来实现的。刀工主要是对完整原料进行分解切割，使之成为组配菜肴所需要的基本形体。对原料进行切割成形加工是中式烹调师重要的基本功之一。

当原料被切割成一定形状时，不仅具有某种美观的形体，更重要的是为制熟加工提供了方便，为实现原料的最佳成熟度提供了良好的前提条件。当然，这与刀具、菜墩以及刀法的正确使用是分不开的。总之原料切割成形必须依靠具体的刀工来实现，刀具质量的好坏、使用是否得当，与菜品的质量和形态有着密切的关系。

技能要求

一、鸡的分割、取料工艺及分档用途

(一) 鸡的分割及取料工艺

❶ 分割步骤

(1) 将光鸡平放在砧板上，在脊背部自两翅间至尾部用刀划一长口，再从腰部窝处至鸡腿内侧用刀划破鸡皮。

(2) 左手抓住一侧鸡翅，从刀口自肩臂骨骨节处划开，别去筋膜，卸下鸡翅和鸡脯。

(3) 左手抓住一侧鸡腿，反关节用力，用刀在腰窝处划断筋膜，再用刀在其坐骨处割划筋膜，用力即可撕下鸡腿。

(4) 从胫骨与跖骨关节处拆下，再将鸡翅和鸡脯分开，鸡爪和鸡腿分开，所剩即为鸡架。

(5) 将以上分割好的原料分类放置即完成分割。

❷ 取料加工

鸡的剔骨加工分为分档剔骨与整鸡剔骨两种，这里只介绍分档剔骨。光鸡经过分割后，其分档剔骨的部位主要是指鸡腿和鸡翅(因鸡脯已是净肉)。

(1) 鸡腿剔骨：用刀从鸡腿内侧剖开，使股骨和胫骨裸露，从关节处将两骨分离，割断骨节周围的筋膜，抽出股骨，再用相同的方法取下胫骨。

(2) 鸡翅剔骨：割断肱骨关节四周的筋膜，将翅肉翻转，再割断尺骨、桡骨上的筋膜，取下肱骨及

尺骨、桡骨。翅尖部位的骨骼一般在生料剔骨时予以保留。

（二）鸡的分档取料和用途

序号	分档取料	用途
1	鸡头、鸡颈、鸡架	宜于煮汤
2	鸡翅	宜于煮、酱、卤、炸、烧、炖等
3	鸡腿	宜于加工成丁、块，适于炒、爆、炸、烧、煮、卤等
4	鸡脯	宜于加工成丁、条、丝、片、蓉泥等，适于炒、炸、煎、氽、涮等
5	鸡爪	宜于酱、卤、煮等
6	鸡心、鸡肝、鸡盹、鸡肠、鸡胰	宜于卤、酱、炒、爆等
7	鸡油	宜于炼油

二、鸭的分割、取料工艺及分档用途

（一）鸭的分割及取料工艺

❶ 分割步骤

(1) 将光鸭平放在砧板上，用刀在脊背部自两翅间至尾部划一长口，再从腰部窝处至鸭腿裆内侧用刀划破皮。

(2) 左手抓住一侧鸭翅，用刀自肩臂骨骨节处划开，别去筋膜，卸下鸭翅和鸭脯。

(3) 左手抓住一侧鸭腿，反关节用力，用刀在腰窝处划断筋膜。

(4) 再从胫骨与跖骨关节处拆下，然后将鸭脯和鸭翅分开，割划筋膜，用力即可撕下鸭腿。腿分开后，所剩即为鸭架。

(5) 将以上分割好的原料分类放置即完成分割。

❷ 取料加工

鸭的剔骨加工分为分档剔骨与整鸭剔骨两种，这里只介绍分档剔骨。光鸭经过分割后，其分档剔骨的主要部位主要指鸭腿和鸭翅(因鸭脯已是净肉)。

(1) 鸭腿剔骨：用刀从鸭腿内侧剖开，使股骨和胫骨裸露，从关节处将两骨分离，割断骨节周围的筋膜，抽出股骨，再用相同的方法取下胫骨。

(2) 鸭翅剔骨：割断肱骨关节四周的筋膜，将翅肉翻转，再割断尺骨、桡骨上的筋膜，取下肱骨及尺骨、桡骨。翅尖部位的骨骼一般在生料剔骨时予以保留。

（二）鸭的分档取料和用途

序号	分档取料	用途
1	鸭头、鸭颈、鸭架	鸭头、鸭颈宜于酱、卤等；鸭架宜于煮汤
2	鸭翅	宜于整用或加工成段，适用于煮、酱、卤、炸、烧、炖等
3	鸭腿	宜于整用或加工成丁、块，适用于炒、爆、熘、炸、烧、煮、卤等
4	鸭脯	宜于加工成丁、条、丝、片，适于炒、炸、煎、氽、涮等
5	鸭爪	宜于整用，适用于酱、卤、煮、炖等
6	鸭心、鸭肝、鸭盹、鸭肠、鸭胰	宜于卤、酱、炒、爆等
7	鸭油	宜于炼油

三、家禽初步加工

用于烹调菜肴的家禽主要有鸡、鸭、鹅、鸽等。由于家禽都有羽毛，内脏污物较多，在初加工时应认真细致，要注意以下几点。

❶ 宰杀

血管、气管必须割断，血要放尽。割断血管、气管，目的是将家禽杀死，让血液流出。如没将气管割断，家禽就不能立即死亡，血管没断，则血液流不尽，就会使肉色发红，影响菜肴的质量。

❷ 烺毛

要掌握好水的温度和烫制的时间。烫泡家禽的水温和时间，应根据家禽的不同品种、家禽的老嫩和季节的变化灵活选择。一般情况下，质老的家禽烫泡的时间应长一些，水温也略高一些；质嫩的家禽烫泡的时间可略短一些，水温可低一些；冬季水温应高一些，夏季水温应低一些，春秋两季水温适中；此外还要根据不同的品种来掌握，就烫泡的时间而言，鸡可短一些，鸭、鹅就要长一些。

❸ 物尽其用

家禽的各部分均可利用，初步加工时不能随便丢弃，应予以合理利用，做到物尽其用。

❹ 洗涤干净

家禽类洗涤必须干净，特别是禽类的膜腔要反复冲洗，直至污血冲净为止，否则影响菜肴的口味和色泽。

四、鱼类的出肉及分档用途

生拆方法：先在鱼鳃盖骨后切下鱼头，随后将刀贴着脊骨向里批进，鱼身朝外，背朝里，左手抓住上半片鱼肚。批下半片鱼肚，鱼翻身，刀仍贴脊骨运行，将另半片也批下，随后鱼皮朝下，肚朝左侧，斜刀将鱼头批去，如果要去皮，大鱼可从鱼肉中部下刀，切至鱼皮处，刀口贴鱼皮，刀身侧斜向推进，除去一半鱼皮。接着手抓住鱼皮，批下另一半鱼肉。如果是小鱼，可从尾部皮肉相连处进刀，手指甲按住鱼皮斜刀向前推批去鱼皮。

序　　号	分档取料	用　　途
1	头	鳃盖骨部垂直下刀。肉少骨多，宜烹制红烧头尾、红烧下巴、头尾汤等
2	尾	紧贴臀鳍前部下刀。肉质鲜嫩可口，烹制红烧划水、糟卤清炖头尾等
3	"活络"	头后、中段和肚裆前一小段。肉质柔嫩，宜于烧、熘、烩等
4	中段	在上身中骨处下刀，刀口紧贴中骨。适宜做鱼片、鱼丝等
5	肚裆	沿胸骨处下刀。肉质肥嫩，宜烹制红烧肚裆等

五、鱼类原料初步加工的要求

鱼类在切配、烹调之前，一般需经过宰杀、去鳞、去鳃、去内脏、洗涤、分档等初步加工过程。至于这些过程的具体操作，则须根据不同的品种和具体的烹调用途确定。

❶ 除尽杂质

在初步加工时，需将鱼鳞（属骨片性鳞的鱼）、鱼鳃、内脏、硬壳、沙粒、黏液等杂物除净，特别要尽量除去腥异味，保证菜肴的质量不受影响。

❷ 根据烹调要求加工

不同的菜肴品种，对鱼体的形态要求不一，如烹制红烧鱼、干烧鱼、清炖鱼等需整条鱼上席的菜品，在初步加工时，从鱼的口腔中将内脏卷出，而不能剖腹取内脏。而用于出肉加工的鱼则可剖开鱼腹取内脏。鳝鱼也因烹制菜肴的品种不同而采取生杀或熟杀方法。因此，水产品初加工时，需要根

据烹调的不同要求，采取不同的加工方法。

❸ 根据原料的不同品种进行加工

由于鱼类的种类很多，性质各异，有的带有鳞，有的带有黏液，有的还带有沙粒等，在初加工时应根据其不同的品种特点进行，才能保证原料的质量符合烹调的要求。如一般的鱼都须刮去鳞片，但新鲜的鲥鱼和白鳞鱼则不能去鳞；带有黏液的鳗鲡和黄鳝等，需经过焯水或泡烫才能除去其黏液和腥味；带有沙粒的各种鲨鱼，需泡烫后去掉沙粒等。

❹ 合理取料、物尽其用

对一些体形比较大的鱼，初步加工时应注意分档取料，合理使用。如青鱼的头尾、肚裆可以分别红烧，中段（鱼身）则可出肉加工成片、条、丝以及蓉泥等。狼牙鳝肉内带有许多的硬刺，如用整段红烧、干烧、清蒸等，食用极不方便（硬刺太多），而且造型也不美观，但狼牙鳝肉色泽洁白、味道鲜美，最适宜于出肉制馅（制馅的过程中将鱼刺去掉）。鱼类在加工时，还要注意原料的节约，如剔鱼时，鱼骨要尽量不带肉。一些下脚料要充分利用，鱼骨可以煮汤，某些鱼的鱼鳔干制后成为鱼肚。总之，在进行鱼类初步加工时，要充分合理地使用各种原料，避免浪费。

作业与习题

（1）怎样理解“割不正不食”？

（2）刀工在烹饪中的作用是什么？

（3）刀具的一般保养方法是什么？

（4）简述操刀的基本要求。

（5）如何根据原料的不同选择不同的刀法？试举例说明。

学习小心得

……………………………………………………

……………………………………………………

……………………………………………………

……………………………………………………

任务二 刀工刀法及其应用

任务描述

中国烹饪以择料精细、注重刀工、讲究火候而蜚声中外，刀工技术在中国烹饪有着非凡意义。早在两千多年前儒家学派的创始人，春秋末期著名政治家、大思想家、大教育家孔子就为中国烹饪的刀工提出“食不厌精、脍不厌细”“割不正不食”的要求。几千年来前人积累的实践经验在不断的创新中，终于以它众多的技法形成现代的刀法体系。我国烹饪刀工技艺在经历无数代烹调师锤炼之后形成了独特的风格。

任务目的

了解各式刀法的操作方式，并根据加工原料的不同选择合适的刀法，进行加工。

任务驱动

在掌握各种原料的性能之后，充分运用各种刀法进行合理的加工，使加工出来的原料更为美观，符合各式菜肴的烹调要求。

知识准备

刀法是比较细致而且劳动强度较大的手工操作，操作者除了有正确的刀工操作姿势外，平时还应注意锻炼身体，保证健康的体格，有较耐久的臂力和腕力。刀工的基本操作姿势，主要从既能方便操作，有利于提高工作效率，还能减少疲劳，利于身体健康等方面考虑。

课程思政

在传授知识的过程中通过合适的载体，践行社会主义核心价值观，本课程的思政目标主要包括以下三个方面。

（1）加强学生们对于基本功的认识，并从小事做起，践行社会主义核心价值观。

（2）基本功需要不停地磨炼，因此需要学生们具有持之以恒的学习态度。

（3）养成爱岗、敬业、精益求精的职业精神。

知识点导图

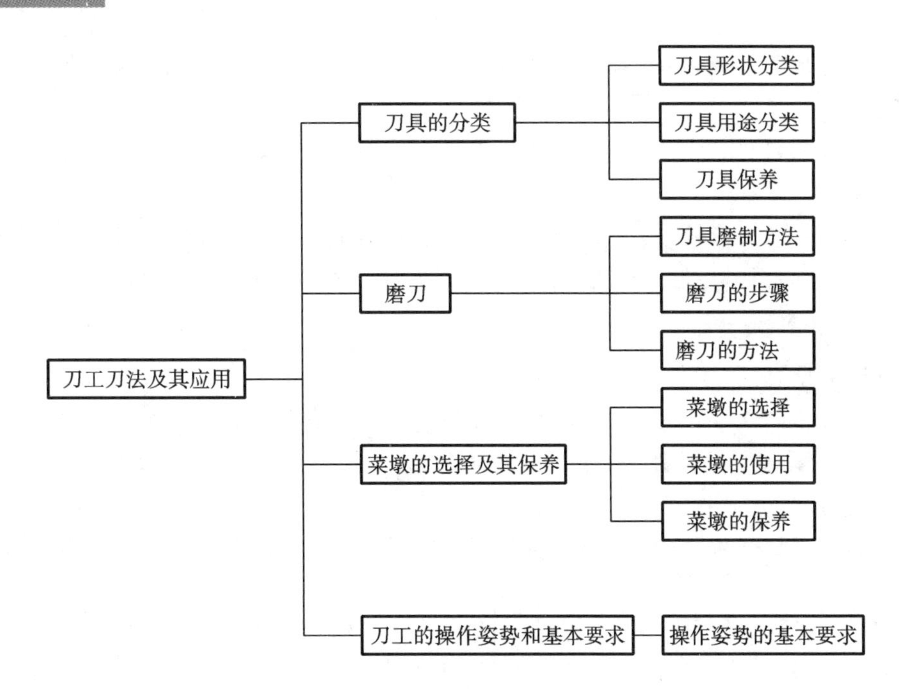

任务实施

一、刀具的识别

为了适应不同种类原料的加工要求，必须掌握各类刀具的性能和用途。只有正确选择相应的刀具，才能保证原料成形后的规格和要求。刀具的种类很多，其形状、功能各异。其分类方法有以下两种：一是按照刀具的形状来划分，可分为方头刀、马头刀、圆头刀、尖头刀、斧形刀、片刀等；二是按照刀具的用途来划分，可分为批(片)刀、切刀、砍刀、前切后砍刀等。

无论是按形状划分，还是按用途划分，就一把刀具而言，其形状与用途都是统一的。以下以刀具的形状和用途分类进行阐述。

(一) 按刀具形状分类

❶ 方头刀

方头刀分为大方刀和小方刀两种。

(1) 大方刀：呈长方形，刀身前高后低；刀刃前平薄后略厚而稍有弧度；刀身上厚下薄；刀背前窄后宽，刀柄满掌，刀体短宽。刀高，前 12 厘米，后 10 厘米；刀身长 20～22 厘米；刀背前端厚 0.3 厘米，刀背后端厚约 0.7 厘米；重约 800 克。特点：刀柄短，惯力大，一刀多能，适用于前批、后剁、中间切。使用方便、省力，具有良好的性能。

(2) 小方刀：大方刀的缩小，便于切削，重约 500 克。其特点与大方刀基本相同，仅比其重量轻。

❷ 马头刀

刀身略短，刀尖突出，刀板较轻薄，重 700 克，适于切、削等。

❸ 圆头刀

刀头呈弧形，刀腰至刀根较平，刀身略长，略轻薄，重 750 克，适于切削、剔等。

❹ 尖头刀

尖头刀又称心形刀，刀前尖而薄，刀后略厚，重 1000 克，专用于剔骨、剁肉和剖鱼。

❺ 斧形刀

斧形刀形如斧头，但比斧头宽薄，重 1000～2000 克，专用于砍剁大骨。

❻ 片刀

刀板薄，刀刃平直，刀形较方，重 200～500 克。依据用途，片刀又可分为刀板宽薄、刀刃平直的干丝片刀，刀板窄而刀刃呈弓形的羊肉片刀，刀板窄而刀刃平直的烤鸭片刀等。

(二) 按刀具用途分类

❶ 片刀(也称批刀)

这种刀具一般重 250～700 克，刀身轻而薄，刀口锋利，尖劈角小，是切、批工作中最重要的工具。如图 3-2-1 所示，主要适用于切制或批制一些经过精选无骨的动物性原料和植物性原料，刀背可用于锤蓉。

片刀常见的形状有方头刀、圆头刀和羊肉片刀并且有大小型号之分。

❷ 切刀

刀身略宽，长短适中，如图 3-2-2 所示，既能用于切片、丝、条、块，又能用于加工略带碎小骨或质地稍硬的原料，应用较为普遍。有不同形状和大小型号之分。

❸ 砍刀

这种刀具一般分量较重，有不同形状和大小型号之分，如图 3-2-3 所示，重的达 1000 克以上，刀背和刀膛都比较厚，尖劈角较大，是砍批原料中最常用的刀具，专用于砍带骨的原料或冰冻原料或其

图 3-2-1　片刀

图 3-2-2　切刀

他硬度较高的原料。

④ 前切后砍刀(也称文武刀)

这种刀一般重 500～1000 克，刀锋的中前半部分薄而锋利，近似片刀和切刀，刀的后端厚而钝，近似于砍刀，如图 3-2-4 所示。此刀应用范围较广，中前部分可以用来切或片(批)原料，后半部分可以用来砍或剁原料。

图 3-2-3　砍刀

图 3-2-4　前切后砍刀

⑤ 其他特殊用途刀具

(1) 烤鸭刀：也称小片刀，其形状和片刀基本相似，区别在于刀身比片刀窄，重量轻，刀刃锋利，专用于片熟制的烤鸭。

(2) 刮刀：用来刮去原料表面的污物等，一般为尖形。

(3) 剔刀：用来剔骨取肉。

(4) 剪刀：多用于加工整理鱼、虾类原料，如剪去虾须、鱼鳍等。

另外还有专用于切制羊肉片的羊肉片刀，摘毛和刮削两用的镊子刀等。

(三) 刀具的保养方法

俗话说"工欲善其事，必先利其器"。刀具是否好用，刀刃是否锋利，是使切割后的原料达到光滑、完整、美观的重要保证，也是操作者刀工操作"多快好省"的条件之一。刀具的光洁、刀刃的锋利是通过保养与磨砺来实现的。

① 刀具使用过程中的保养

在用刀具对原料进行加工的过程中，必须养成良好的操作习惯和使用方法，这是维护、保养刀具的一项主要内容。只有正确使用刀具，才能在加工过程中防止刀刃锛裂，尤其是处理带骨原料时一

定要掌握好下刀的力度，正确运用腕力，对准原料的切入点下刀。不同的原料，不同的刀法，最好使用不同的刀具。比如剁排骨，锯刀比剁刀好，因为锯排骨可以防止骨渣四溅，有利于厨房卫生与食品安全。总之“一把刀打天下”的观点是不可取的。

❷ 刀具使用后的保养

(1) 刀具使用后必须用干净的布擦干刀身两面水分。尤其是切带有咸味或带有黏性的原料(如咸菜、火腿、藕、土豆等)时，黏附在刀身两侧的鞣酸，容易氧化而使刀身发黑，盐渍对刀具具有腐蚀性，所以刀具用完后必须用清水洗净并擦干。

(2) 刀具使用后应该合理存放，以免伤人、伤刀。一般采用的方法是：操作过程中放刀，应将其刀刃向外置于菜墩的中间，以刀的四面不出菜墩的边沿为宜；每次工作结束后，应将刀具擦干并将其牢固地挂在刀架上，或者将其放入刀盒内，或者用抹布将其包起来，切不可碰撞硬物，以免损伤刀刃。

(3) 长时间不用的刀具，应该擦干水分，再在刀身两面涂抹一层干淀粉或涂上一层植物油，避免氧化、变色、生锈和腐蚀，使刀失去光泽和变钝。

(4) 经常磨刀，保持刀的锋利和光亮，也是保养刀具的一个方面。

二、磨刀

❶ 磨刀石种类及用途

磨刀石是磨刀的用具，一般呈长条形，规格不等，常用的有粗磨石、细磨石和油石。

(1) 粗磨石：用天然黄沙石料凿成，一般长约 35 厘米，厚约 12 厘米，这种磨刀石颗粒粗、质地松而硬，常用于新刀开刃或磨有缺口的刀具。

(2) 细磨石：细磨石用天然青沙石料凿成，形状类似粗磨石。这种磨刀石颗粒细、质地坚实，能将刀磨快而不伤刀口，应用较为广泛。一般要求粗磨石和细磨石结合使用，磨刀时先用粗磨石，后用细磨石，这样不仅刀刃磨得锋利，而且还能缩短磨刀的时间，延长刀具的使用寿命。

(3) 油石：油石属于人工磨刀石，采用金刚砂人工合成，成本较高，粗细皆有，品种较多，一般用于磨硬度较大的工业刀具。烹饪用刀应以油石的粗细而选用磨刀的方法。

❷ 磨刀的步骤

1) 准备工作

磨刀前先把刀面上的油污擦洗干净，以免磨刀时打滑伤手，其还会影响磨刀的速度；然后将磨刀石放于磨刀架上，磨刀架以磨刀者身高的一半为宜，磨刀石以前面略低，后面略高为宜。在磨刀石旁再准备一些清水，最好是一盆温盐水，这样既可以加快磨刀的速度，同时也可以使刀具磨好后锋利耐用。

2) 磨刀的姿势

磨刀时要求两脚分开，一前一后，前腿略弓，后腿绷直，胸部略向前倾，收腹，右手持刀手按住刀面的前端，刀口向外，平放在磨刀石上(图 3-2-5)。

3) 磨刀的方法

(1) 平磨：磨刀石用水浸湿、浸透，刀面上淋上水，刀身与磨刀石贴紧，推拉制，磨制时两面的磨制次数应相等。平磨适合于磨制平薄的片刀，可以使刀面平滑的同时使刀的刀刃锋利。

(2) 翘磨：磨刀石用水浸湿、浸透，刀面上淋上水，刀身与磨刀石保持一定的锐角度，推拉磨制。翘磨适合于磨制刀身厚重的砍刀或前切后砍刀的后半部分。

(3) 平翘结合磨：平翘结合磨是采用平推拉刀的方式。向前平推是对刀面的磨制，能保持刀面的平滑，平推时应至磨刀石的尽头，向后翘拉是直接磨制刀刃，但又不损伤刀刃，其角度应使刀面与磨刀石始终保持 3°～5°，切不可忽高忽低。无论是平推还是翘拉，用力都要讲究平稳、均匀一致。当磨刀石上起砂浆时，须淋水再继续磨制。适合于一般切刀具的磨制。此种磨制方法具有平磨和翘磨的双重优点。

视频:磨刀

图 3-2-5　磨刀的姿势

三、菜墩的选择及其保养

❶ 菜墩的种类

(1) 木质菜墩:又称木质砧板,包括柳木板、松木板、榆木板等,其材质较厚,韧度强,适合剁肉或切割坚硬的食物。但木质菜墩(图 3-2-6)一般质量较重,不易清洗,且吸水性强,不易风干,在潮湿环境中易发霉,滋生细菌。

(2) 竹制菜板:竹制菜板轻便小巧,但由于厚度不够,多由拼接而成,不可避免会有胶的黏合部分,有些不合格的胶质可能释放甲醛,且竹制菜板(图 3-2-7)使用时往往不能承受重击。如果购买,尽量选用正规品牌,环保信誉好的产品。

图 3-2-6　木质菜墩

图 3-2-7　竹制菜板

(3) 塑料菜板:质地轻,易携带,但多以聚丙烯、聚乙烯等材质制成,高温下易散发塑料气味,不合格的塑料菜板还会有化学物析出,因此一般只适用于切新鲜蔬菜和水果。

(4) 树脂菜板:硬度高,表层耐磨性强,较少出现划痕,容易清洗,比较适合加工肉等熟食产品或果蔬等(图 3-2-8)。

❷ 菜墩的选择

菜墩属于切割枕器,又称砧板、砧墩、剁墩,是对原料进行刀工操作时的衬垫工具。菜墩种类繁多,按菜墩的材料分为天然木质结构、塑料制品结构、天然木质和塑料复合型结构三类,并有大、中、小多种规格。

图 3-2-8　树脂菜板

菜墩一般选择木质材料，要求树木无异味，质地坚实，木纹紧密，密度适中，树皮完整，无结疤，树心不空、不烂，菜墩截面的颜色应微呈青色，均匀，没有花斑。可选用银杏树(白果树)、橄榄树、红柳树、青冈树、樱桃树、皂角树、榆树、柞树、橡树、枫树、栗树、楠树、铁树、榉树、枣树等木材，以横截面或纵截面制成。常见的有银杏木、橄榄木、柳木、榆木等。优质的菜墩应具备以下特点：抗菌效果好，透气性好，弹性好。菜墩的尺寸以高20～25 厘米，直径 35～45 厘米为宜。银杏树是常用于制作菜墩的品种之一。

❸ 菜墩的使用

使用菜墩时，应在菜墩的整个平面均匀使用，保持菜墩磨损均衡，防止菜墩凹凸不平，影响刀法的施展。墩面凹凸不平，切割时原料不易被切断；墩面也不可留有油污，否则在加工原料时容易滑动，既不好掌握刀距，又易伤害身体，同时还影响卫生。

❹ 菜墩的保养

新购买的菜墩最好放入盐水中浸泡数小时或放入锅内加热煮透，使木质收缩，组织细密，以免菜墩干裂变形，达到结实耐用的目的。树皮损坏时要用金属加固，防止干裂。菜墩使用之后，要用清水或碱水洗刷，刮净油污，立于阴凉通风处，用洁布或砧罩罩好，防止菜墩发霉、变质。每隔一段时间后，还要用水浸泡数小时，使菜墩保持一定的湿度，以防干裂，切忌在太阳下暴晒，以防开裂。还需要定期高温消毒。

四、刀工的操作姿势和基本要求

(一)刀工的操作姿势

❶ 站姿的要求

操作时两脚自然分立与肩同宽，站稳，上身略向前倾，前胸稍挺，不要弯腰曲背，要精神集中，目光注视砧板和原料的被切部位，身体与砧板保持一拳的距离，砧板放置的高度以砧板水平面在人体的肚脐至脐下 8 厘米为宜。刀工操作时的物品摆放见图 3-2-9。

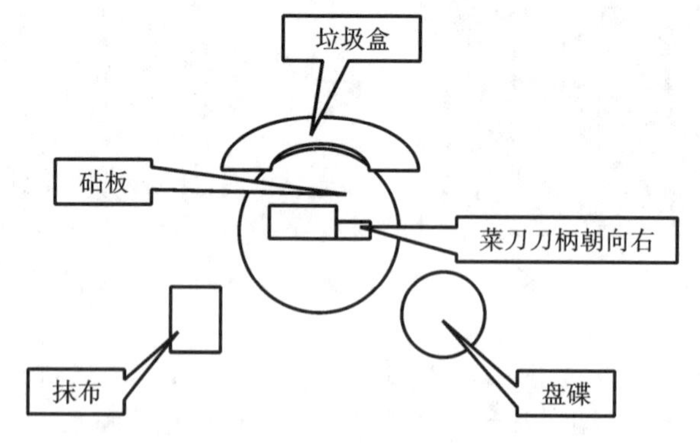

图 3-2-9　刀工操作时的物品摆放

❷ 执刀的要求

两手臂自然抬起在胸前成十字交叉状，两腋下以夹稳一枚鸡蛋为度，右手持刀，以拇指与食指捏住刀箍，全手握住刀柄，掌心对着刀把的中部。不宜过前，否则用刀不灵活；也不宜过后，否则握刀不稳。刀背与小臂成一直线与人体正面成 45°夹角，左手小臂与刀身垂直，左手中指的第一个关节弯曲并顶住刀身，以控制刀具，其他手指控制被切原料。

❸ 运刀的方法

在刀工操作过程中，动作必须自然、优美、规范。用刀的基本方法一般是握刀时手腕要灵活而有力。一般用腕力和小臂的力量，左手控制原料，随刀的起落而均匀地向后移动。刀的起落高度一般为刀刃不超过左手中指第一个关节弯曲后的第一个骨节。总之左手持物要稳，右手落刀要准，两手的配合要紧密而有节奏(图3-2-10)。

在刀工操作中，各种刀法必须运用恰当，同时还要掌握好各种刀法的操作要领。由于原料的性质各有不同，所以在刀工处理过程中所采用的刀法也应有所不同。一般情况下，脆性原料采用直刀法中直切加工，韧性原料采用推切或推拉切加工，硬或带骨的原料采用剁的刀法加工。

刀工是比较细致而且劳动强度较大的手工操作，操作者除了有正确的刀工操作姿势外，平时还应注意锻炼身体，保证健康的体格，有较耐久的臂力和腕力。刀工的基本操作姿势，主要从既能方便操作又有利于提高工作效率，还能减少疲劳等方面考虑。

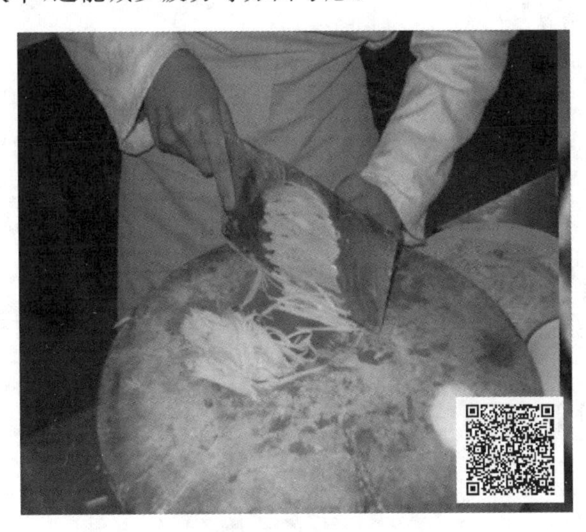

图 3-2-10　运刀方法

（二）刀工的基本要求

❶ 操作规范

刀工不仅是劳动强度较大的手工操作，还是一项技术性高的工作。操作者除了有健康的体格，有耐久的臂力和腕力外，还要掌握正确的操作规范。刀工的规范操作姿势，有利于提高工作效率，有利于身体健康，同时也体现了操作者精神风貌。在刀工操作过程中，站姿、操刀、运刀动作必须自然、优美、规范。

❷ 运刀恰当

在刀工操作中，必须掌握烹饪原料的特性，同时还要掌握好各种刀法的操作要领，各种刀法在运用时才能达到恰如其分。烹饪原料品种繁多，质地不尽相同，不同的菜品对原料的质地形状的要求也不尽相同，只有熟练地掌握运刀技能，才能做到整齐划一。

❸ 合理用料

原料的综合利用是餐饮经营提高利润的一条基本原则。视烹饪原料各个部位质地合理分割，计划用料，落刀时心中有数，以达到物尽其用，力求利润最大化。

❹ 配合烹调

刀工一般情况下是与配菜同时进行的，与菜肴的质量密切相关。原料成形是否符合要求直接影响菜肴的质量。烹饪原料的形状务必适应烹调技法和菜品的质量要求。如旺火速成的烹调方法，所采用的火力强，加热时间短，成菜要求脆嫩或滑嫩，就要注意将原料加工得薄小一些；反之，如果是长时间加热的烹调方法，采用慢火，加热时间较长，成菜要求酥烂、入味，原料形状就要厚大一些。如果

原料的形状过于厚大，旺火速成外熟里生，既影响质量和美观，也影响人们的食用，所以刀工要密切配合烹调，适应烹调的需要。

⑤ 营养卫生

符合卫生规范，力求保存营养是现代餐饮业基本原则。在刀工操作过程中，从原料的选择到工具、用具的使用，必须做到清洁卫生，生熟原料要分砧板、分刀进行，做到不污染，不串味，确保所加工的原料清洁卫生。根据营养学的要求，做到适时用刀、适量用刀以确保原料营养少流失、少氧化。

作业与习题

(1) 如何选择合适的砧板？

(2) 磨刀时对站姿有什么样的要求？

(3) 简述刀工的运刀方法。

(4) 简述刀工的基本要求。

学习小心得

....

....

....

....

任务三 直刀法

任务描述

刀法的种类很多，各地的名称也不同，但根据刀刃与墩面接触的角度，运刀方向和刀具力度等运动规律，大致可分为直刀法、平刀法、斜刀法、剞刀法四大类。每大类根据刀的运行方向和不同步骤，又分出许多小类。初学者必须了解各种常用刀法的行刀技法，从空刀运刀练起。

任务目的

充分了解并掌握直刀法的使用，并在未来的操作中灵活运用，提高菜肴的整体美观效果。

任务驱动

原料的初加工除了原料的分解步骤外，还要对原料进行基本的刀工处理，而刀工处理是改善菜肴外观的主要途径之一，因此熟练掌握并灵活运用各式刀法是菜肴成形最为基本的步骤。

知识准备

直刀法是刀工中最常用的刀法，也是较为复杂的刀法之一。直刀法是指刀具与墩面或原料基本

保持垂直运动的刀法。这种刀法按照用力程度和刀刃离墩面的距离，分为切、剁（又称斩）、砍（又称劈）等。

课程思政

在传授知识的过程中通过合适的载体，践行社会主义核心价值观，本课程的思政目标主要包括以下三个方面。

（1）加强学生们对于基本功的认识，并从小事做起，践行社会主义核心价值观。

（2）基本功需要不停地磨炼，需要持之以恒。

（3）养成爱岗、敬业、精益求精的职业精神。

知识点导图

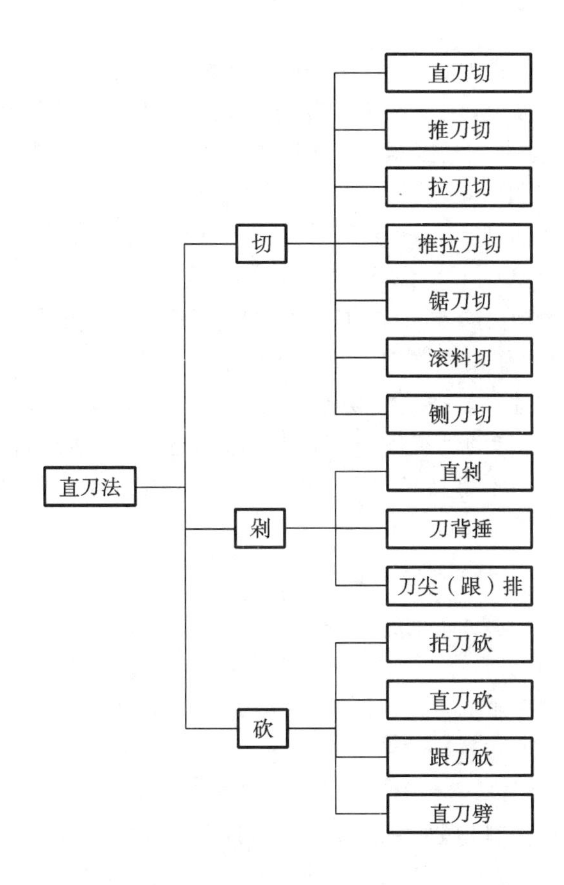

任务实施

直刀法是刀工中最常用的刀法，也是较为复杂的刀法之一。直刀法是指刀具与墩面或原料基本保持垂直运动的刀法（图 3-3-1）。这种刀法按照用力程度和刀刃离墩面的距离长短，可分为切、剁（又称斩）、砍（又称劈）等。

一、切

（一）直刀切

直刀切又称跳切，在直刀切过程中如运刀的频率加快，就如同刀在墩面“跳动”，跳切因此而得名（图3-3-2）。这种刀法在操作时要求刀具与墩面或原料垂直，刀具做垂直上下运动，着力点布满刀刃，从而将原料切断。

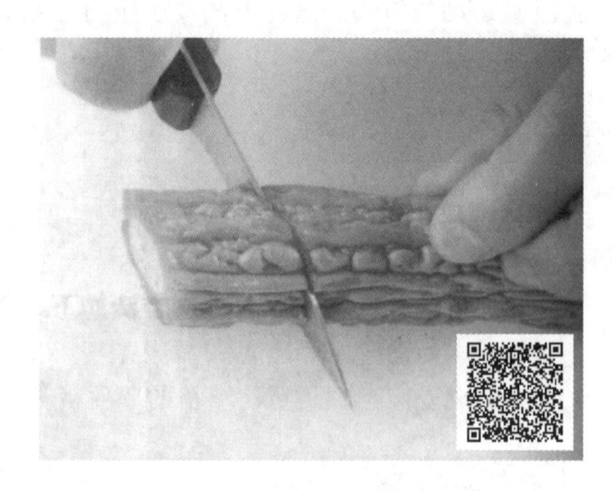

图 3-3-1　直刀法　　　　图 3-3-2　直刀切

（1）适用范围：适用加工脆性原料，如白菜、油菜、荸荠（南荠）、鲜藕、莴笋、冬笋及各种萝卜等。

（2）操作方法：左手扶稳原料，一般是左手自然弓指并用中指指背抵住刀身，与其余手指配合，根据所需原料的规格（长短、厚薄），呈蟹爬姿势不断退后移动；右手持稳刀，运用腕力，用刀刃的中前部位对准原料被切位置，刀身紧贴着左手中指第一节指关节背部，并随着左手移动，以原料规格的标准取间隔距离，一刀一刀跳动直切下去。刀垂直上下，刀起刀落将原料切断。如此反复直切，直至切完原料为止。

（3）技术要领：左手运用指法向左后方向移动，要求刀距相等，两手协调配合、灵活自如。刀具在运动时，刀身不可里外倾斜，作用点在刀刃的中前部位。所切的原料不能堆叠太高或切得过长。如原料体积过大，应放慢运刀速度。按稳所切原料，持刀稳，运用腕力，稍带动小臂。两手必须密切配合，从右到左，在每刀距离相等的情况下，有节奏地匀速运动，不能忽宽忽窄或按住原料不移动。刀口不能偏内斜外，提刀时刀口不得高于左手中指第一关节，否则容易造成断料不整齐，或放空刀或切伤手指。

（二）推刀切

这种刀法操作时要求刀具与墩面垂直，刀的着力点在中后端，刀具自上而下从右后方向左前方推刀下法，一推到底，将原料断开。

（1）适用范围：推刀切适合加工各种韧性原料，如无骨的猪、牛、羊各部位的肉。对硬实性原料，如火腿、海蜇、海带等，也都适合用这种刀法加工。

（2）操作方法：左手扶稳原料，右手持刀，用刀刃的前部对准原料被切位置。刀具自上至下，自右后方朝左前方推切下去，将原料切断。如此反复推切，直至切完原料为止。

（3）技术要领：左手运用指法向左后方向移动，每次移动都要求刀距相等。刀具在运行切割原料时，要通过右手腕的起伏摆动，使刀具产生一个小弧度，从而加大刀具在原料上的运行距离。使用刀具要有力，避免连刀的现象，要一刀将原料推切断开。

（三）拉刀切

拉刀切是与推刀切相对的一种刀法。操作时，要求刀具与墩面垂直，用刀刃的中后部位对准原料被切位置，刀具由上至下，从左前方向右后方运动，一拉到底，将原料切断。这种刀法主要是用于把原料加工成片、丝等形状。

（1）适用范围：拉刀切适合加工原料韧性较弱，质地细嫩并易碎者，如里脊肉、鸡脯肉等。

（2）操作方法：左手扶稳原料，右手持刀，刀的着力点在前端，用刀刃的中后部位对准原料被切的位置。刀具由上至下、自左前方向后方运动，用力将原料拉切断开。如此反复拉切，直至切完原料为止。

(3) 技术要领：左手运用指法向左后方向移动，要求刀距相等。刀具在运动时，应通过腕的摆动，使刀具在原料上产生一个弧度，从而加大刀具的运动距离，使用刀具要有力，避免连刀的现象，一拉到底，将原料拉切断开。如此反复拉切，直至切完原料为止。

（四）推拉刀切

推拉刀切是一种将推刀切与拉刀切连贯起来的刀法。操作时，刀具先向左前方行刀推切，接着再行刀向右后方拉切（图 3-3-3）。一前推一后拉迅速将原料断开。这种刀法效率较高，主要适用于把原料加工成丝、片的形状。

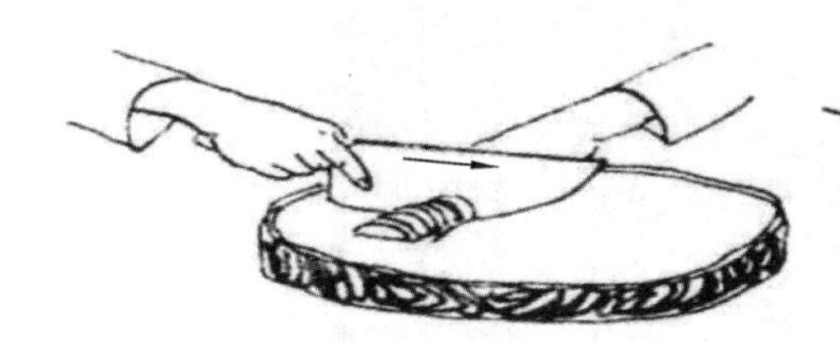

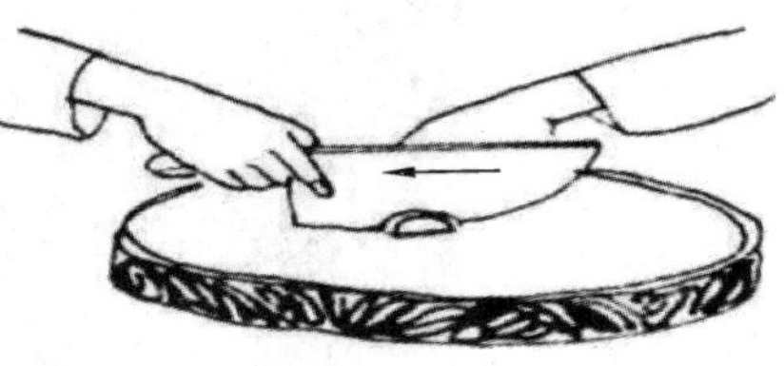

视频：推切

图 3-3-3　推拉刀切

(1) 适用范围：推拉刀切适合加工有韧性且细嫩的原料，如里脊肉、鸡脯肉等。

(2) 操作方法：左手扶稳原料，右手持刀，先用推刀的刀法将原料切断（方法同推刀切），然后，再运用拉切的刀法将后面的原料切断（方法同拉刀切）。如此将推刀切和拉刀切连接起来，反复推拉切，直至切完原料为止。

(3) 技术要领：首先要求掌握推刀切和拉刀切各自的刀法，再将两种刀法连贯起来。操作时，只有在原料完全推切断开以后再做拉刀切，使用时要有力，运刀要连贯。

（五）锯刀切

锯刀切是直刀切的一种，它与推拉刀切的运刀方法相似，但行刀的速度较慢（图 3-3-4）。

图 3-3-4　锯刀切

(1) 适用范围：锯刀切适合加工质地松软或易碎的原料，如面包、精火腿等。

(2) 操作方法：右手持刀，用刀刃的前部接触原料被切的位置，要求刀具与墩面垂直，刀具在运动时，先向左前方运动，刀刃移至原料的中部之后，再将刀具向右后拉回。形同拉锯，如此反复多次将原料切断。锯刀切主要是把原料加工成片的形状。

(3) 技术要领：刀具与墩面保持垂直，刀具在前后运动时的用力要小，速度要缓慢，动作要轻，还要注意刀具在运动时的下压力要小，避免原料因受压力过大而变形。

（六）滚料切

视频：
滚刀切

滚料切又称滚刀切，这种刀法在操作时要求刀具与墩面垂直，左手边扶料，边向后滚动原料；右手持刀，原料每滚动一次，采用直刀切或推刀切一次，将原料切断（图 3-3-5）。

图 3-3-5　滚料切

（1）适用范围：滚料切主要是把原料加工成块的形状。适合加工一些圆形或近似圆形的脆性原料，如萝卜、冬笋、莴笋、黄瓜、茭白等。

（2）操作方法：滚料切是通过直刀切来加工原料的。左手扶稳原料，使其与刀具保持一定的角度，右手持刀，用刀刃前中部对准原料被切位置，运用直刀切的刀法，将原料切断。每切完一刀后，即把原料朝一个方向滚动一次，再做直刀切，如此反复进行。

（3）技术要领：每完成一刀后，随即把原料朝一个方向滚动一次，每次滚动的角度都要求一致，才能使成形原料规格相同。

（七）铡刀切

铡刀切是直刀切的一种行刀技法。铡刀切用力点近似于铡刀，要求一手握刀柄，另一手握刀背前部，两手上下交替用力压切（图 3-3-6）。

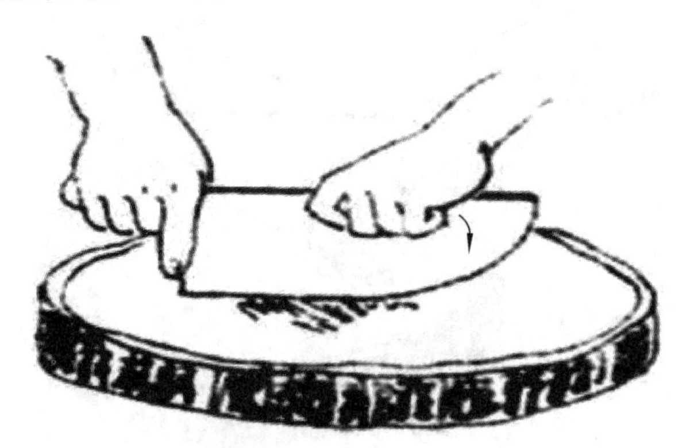

图 3-3-6　铡刀切

（1）适用范围：铡刀切适合加工带软骨或比较细小的硬骨原料，如蟹、烧鸡等。圆形、体小、易滑的原料，如花椒、花生米、煮熟的蛋适合用这种方法加工。

（2）操作方法：操作方法有三种。

第一种，右手握住刀柄，提起，使刀柄高于刀的前端，左手按住刀背前端使之着墩，并使刃口的前部按在原料上，然后对准要切的部位用力下压切下去。

第二种，右手握住刀柄，将刃口放在原料要切的部位上，左手握住刀背的前端，左右两手同时用力压下去。

第三种，右手握紧刀柄，将刀刃放在原料要切的部位上，左手用力猛击刀背，使刀猛铡下去。

(3) 技术要领：操作时左右手反复上下抬起，交替由上至下铡切，动作要连贯。

二、剁

剁根据用刀多少可分为单刀剁和双刀剁两种，根据用刀的方法又分为直剁、刀背捶、刀尖(跟)排等，操作方法大致相同。操作时要求刀具与墩面垂直，刀具上下运动，抬刀较高，用力较大。这种刀法主要用于将原料加工成末、蓉、泥等形状(图 3-3-7)。

图 3-3-7 剁

(一) 直剁

(1) 适用范围：这种刀法适合加工脆性原料，如白菜、葱、姜、蒜等。对韧性原料，如猪、羊肉、虾肉等也适合用剁法加工。

(2) 操作方法：将原料放在墩面中间，左手扶墩边，右手持刀(或双手持刀)，用刀刃的中前部位对准原料，用力剁碎。当原料剁到一定程度时，将原料铲起归堆，再反复剁碎原料直至达到加工要求为止。

(3) 技术要领：操作时，用手腕带动小臂上下摆动，用力大于直刀切且适度，用刀要稳、准，富有节奏，同时注意抬刀不可过高，以免将原料甩出造成浪费。同时要勤翻原料，使其均匀细腻。

(二) 刀背捶

刀背捶可分为单刀背捶和双刀背捶两种，操作方法大致相同。操作时要求左手扶墩，右手持刀(或双手持刀)，刀刃朝上，刀背与墩面平行，垂直上下捶击原料。这种刀法主要用于加工肉蓉和捶击动物性烹饪原料，使肉质疏松，或将厚肉片捶击成薄肉片。

(1) 适用范围：刀背捶适合加工经过细选的韧性原料，如鸡脯肉、里脊肉、净虾肉、肥膘肉、净鱼肉。

(2) 操作方法：左手扶墩，右手持刀(或双手持刀)，刀刃朝上，刀背朝下，将刀抬起，捶击原料。当原料被捶击到一定程度时，将原料铲起归堆，再反复捶击原料，直至符合加工要求为止。

(3) 技术要领：操作时，刀背要与墩面平行，加大刀背与墩面的接触面积，使之受力均匀，提高效率。用力要均匀，抬刀不要过高，避免将原料甩出，且勤翻动原料，从而使加工的原料均匀细腻。

(三) 刀尖(跟)排

使用这种刀法操作时要求刀具做垂直上下运动，用刀尖或刀跟在片形的原料上扎排上几排分布均匀的刀缝，用以剁断原料内的筋络，防止原料因受热而卷曲变形，同时也便于调料入味和扩大受热

面积，易于成熟。

（1）适用范围：刀尖（跟）排适合加工已呈厚片形的韧性原料，如大虾、通脊肉、鸡脯肉等。

（2）操作方法：左手扶稳原料，右手持刀，将刀柄提起，刀具垂直对准原料。刀尖在原料上反复起落扎排刀缝。如此反复进行，直到符合加工要求为止。

（3）技术要领：刀具要保持垂直起落，刀缝间隙要均匀，用力不要过大，轻轻将原料扎透即可。

三、砍

砍是指从原料上方垂直向下猛力运刀断开原料的直刀法。根据运刀力量的大小（举刀高度）分为拍刀砍、直刀砍、跟刀砍、直刀劈四种。

（一）拍刀砍

（1）适用范围：拍刀砍适用于加工圆形、易滑、质硬且易碎、带骨的韧性原料，如鸭蛋、鸭头、鸡头、酱鸡、酱鸭等。

（2）操作方法：使用这种刀法操作时要求右手持刀，并将刀刃架在原料被砍的位置上，左手半握拳或伸平，用掌心或掌根向刀背拍击，将原料砍断。这种刀法主要是把原料加工成整齐、均匀、大小一致的块、条、段等形状。

（3）技术要领：原料要放平稳，用掌心或掌跟拍击刀背时要有力，原料一刀未断开，刀刃不可离开原料，可连续拍击刀背，直至将原料完全断开为止。

（二）直刀砍

直刀砍适用于加工较大型的带骨的原料。

（1）操作方法：左手扶稳原料，右手持刀，将刀举起，用刀刃的中前部，对准原料被砍的位置，一刀将原料砍断。这种刀法主要用于将原料加工成块、条、段等形状，也可用于分割大型带骨的原料。如排骨、鸭块等。

（2）技术要领：右手握牢刀柄，防止脱手，将原料放平稳，左手扶料要离落刀点远一点，以防伤手。落刀要有力且适度、准确，将原料一刀砍断。

（三）跟刀砍

使用这种刀法操作时要求左手拿稳原料，刀刃垂直嵌牢在原料被砍的位置内，刀具运动时与原料一起上下起落，使原料断开。这种刀法主要用于加工大型成块的原料。

（1）适用范围：跟刀砍适合加工猪脚爪、大鱼头及小型的冻肉等。

（2）操作方法：左手拿稳原料，右手持刀，用刀刃的中前部对准原料被砍的位置快速砍入，紧嵌在原料内部。左手持原料并与刀同时举起，用力向下砍断原料，刀与原料同时落下。

（3）技术要领：左手持料要牢，选好原料被砍的位置，而且刀刃要紧嵌在原料内部（防止脱落引起事故）。原料与刀同时举起同时落下，向下用力砍断原料。一刀未断开时，可连续再砍，直至将原料完全断开为止。

（四）直刀劈

直刀劈是所有刀法中用力最大的一种刀法。

（1）适用范围：一般适用于体积较大、带骨或质地坚硬的原料，如劈整只的猪头、火腿等。

（2）操作方法：左手扶稳原料，右手的大拇指与食指必须紧紧地握稳刀柄，用手腕之力持刀，高举到与头部平齐，将刀刃对准原料要劈的部位用力向下直劈。

（3）技术要领：下刀要准，速度要快，力量要大，力求一刀劈断，如需复刀可采用跟刀砍的刀法。左手扶稳原料，应离开落刀点有一定距离，以防伤手。

作业与习题

(1) 什么叫直刀法？

(2) 切有哪几种操作方法？操作要领分别是什么？

(3) 砍有哪几种操作方法？操作要领分别是什么？

(4) 剁有哪几种操作方法？操作要领分别是什么？

学习小心得

任务四　平刀法

任务描述

刀法的种类很多，各地的名称有所不同，但根据刀刃与墩面接触的角度，运刀方向和刀具力度等运动规律，大致可分为直刀法、平刀法、斜刀法、剞刀法四大类。每大类根据刀的运行方向和不同步骤，又分出许多小类。初学者首先必须了解各种常用刀法的行刀技法，并从空刀运刀练起。

任务目的

充分了解并掌握平刀法的使用，并在未来的操作中灵活运用，提高菜肴的整体美观效果。

任务驱动

原料的初加工除了原料的分解步骤之外，还要对于原料进行基本的刀工处理，而刀工处理是改善菜肴外观的主要途径之一，因此熟练掌握并灵活运用各式刀法是菜肴成形的最为基本的步骤。

知识准备

平刀法是指刀面与墩面平行，刀保持水平运动的刀法。运刀用力要平衡，不应此轻彼重而产生凸凹不平的现象。依据用力方向，这种刀法可分为平刀直片、平刀推片、平刀拉片、平刀抖片、平刀滚料片等。

课程思政

在传授知识的过程中通过合适的载体，践行社会主义核心价值观。本课程的思政目标主要包括

Note

三个方面。

(1) 加强基本功的认识,并从小事做起,践行社会主义核心价值观。

(2) 基本功需要不停地磨炼,需要持之以恒。

(3) 养成爱岗、敬业、精益求精的职业精神。

知识点导图

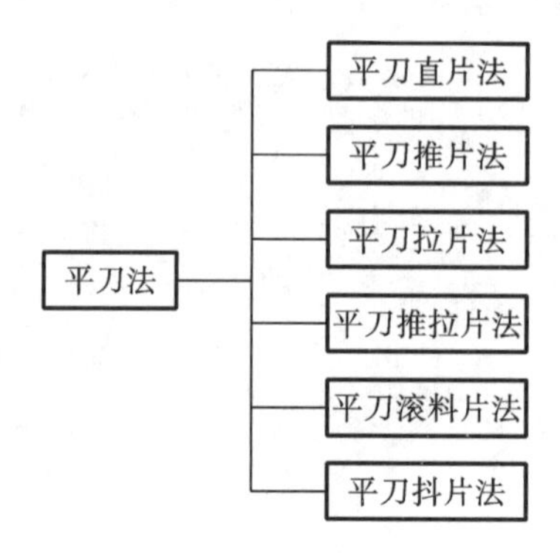

任务实施

平刀法是指刀面与墩面平行,刀保持水平运动的刀法(图 3-4-1)。运刀时应用力平衡,不应此轻彼重而产生凸凹不平的现象。依据用力方向,这种刀法可分为平刀直片、平刀推片、平刀拉片、平刀抖片、平刀滚料片等。

图 3-4-1　平刀法

❶ 平刀直片法

刀刃与砧板平行批进原料。适用于易碎的软嫩原料,如豆腐、豆腐干、鸡鸭血。

❷ 平刀推片(又称推刀批)法

平刀推片法是将原料平放在菜墩上,刀面与墩面平行,刀刃前端从原料的右下角平行进刀,然后由右向左将刀刃推入,片断原料的方法。适用于脆性原料,如茭白、熟笋等。

❸ 平刀拉片(又称拉刀批)法

平刀拉片法是将原料平放在菜墩上,刀面与墩面平行,向左进刀然后继续向左、下方运刀片断原料的方法。用于体积小、嫩脆或细嫩的动植物原料,如莴笋、萝卜、猪肾、猪胃、鱼肉。

❹ 平刀推拉片(又叫拉锯片)法

刀的前端先片进原料,由前向后拖拉,再由后向前推进,一前一后、一推一拉,直至片断原料(图

3-4-2）。适用于比较有韧性的原料，如肚片等。

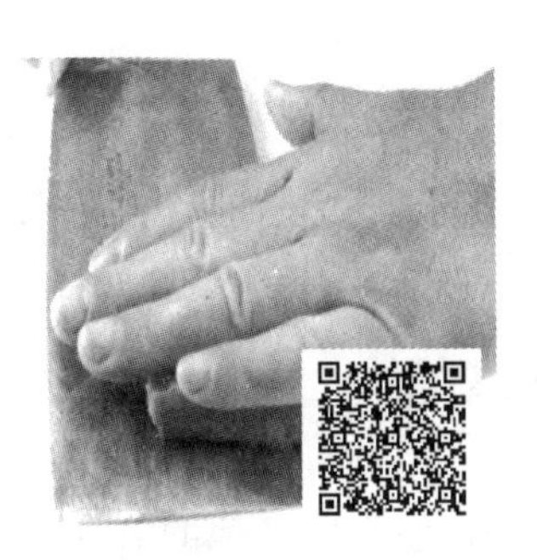

图 3-4-2　平刀推拉片法

⑤ **平刀滚料片法**

平刀滚料片法是指刀面与墩面先垂直后平行，刀从右向左，原料从左向右不断滚动，最后片下原料的刀法。植物性原料一般从原料上部收刀，叫"上旋片"，如片黄瓜、萝卜等；动物性原料一般从下部收刀，叫"下旋片"，如片肉片等。

⑥ **平刀抖片法**

平刀抖片法是在刀刃片进原料的同时，刀刃做上下轻微而又均匀的波浪形抖动（图 3-4-3），是为了美化原料的形状，适用于柔软、脆嫩的原料。

图 3-4-3　平刀抖片法

作业与习题

（1）什么是平刀法？

（2）平刀法有几种？

（3）平刀法各类方法所对应的烹饪原料有哪些？

学习小心得

任务五 斜刀法

任务描述

刀法的种类很多，各地的名称也都不同，但根据刀刃与墩面接触的角度、运刀方向和刀具力度等运动规律，大致可分为直刀法、平刀法、斜刀法、剞刀法等四大类。每大类根据刀的运行方向和不同步骤，又分出许多小类。初学者首先必须了解各种常用刀法的行刀技法，必须从空刀运刀练起。

任务目的

充分了解并掌握斜刀法的使用，并在未来的操作当中灵活运用，提高菜肴的整体美观效果。

任务驱动

原料的初加工除了原料的分解步骤之外，还要对原料进行基本的刀工处理，而刀工处理是改善菜肴外观的主要途径之一，因此熟练掌握并灵活运用各式刀法是菜肴成形的基本步骤。

知识准备

斜刀法是一种刀面与墩面成斜角，刀做倾斜运动，将原料片开的刀法。这种刀法按刀的运动方向与砧墩的角度，可分为斜刀拉片、斜刀推片等方法。

课程思政

在传授知识的过程中通过合适的载体，践行社会主义核心价值观，本课程的思政目标主要包括三个方面。

(1) 加强基本功的认识，并从小事做起，践行社会主义核心价值观。

(2) 基本功需要不停地磨炼，需要持之以恒。

(3) 养成爱岗、敬业、精益求精的职业精神。

知识点导图

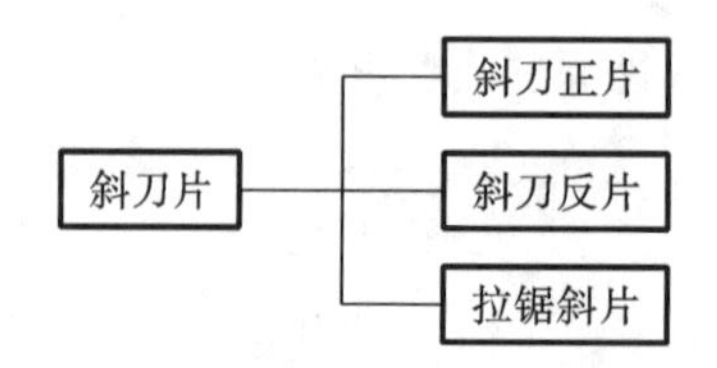

任务实施

斜刀法是一种刀面与墩面成斜角，刀做倾斜运动，将原料片开的刀法。这种刀法按刀的运动方向与墩面的角度，可分为斜刀拉片、斜刀推片等方法。以上各种运刀方法的区别主要表现为行刀角度不同、运刀方法不同、用力大小和速度不同、左右手的配合。

一、斜刀正片（又叫斜刀拉片）

斜刀正片是指刀身倾斜、刀背朝外、刀刃向内，从刀的前部着力，进入原料片动的同时，从外向内拉动片断原料（图 3-5-1），适用于腰片、海参等原料。正刀斜片是指左手扶稳原料，右手持刀，刀背向右、刀口向左，刀身的右外侧与墩面或原料成 0°～90°，使刀在原料中做倾斜运动的行刀技法。

（1）适用范围：适用于将质软、性韧的各种韧性且体薄的原料切成斜形、略厚的片或块。适宜加工原料如鱼肉、猪腰、鸡肉、大虾肉、猪牛羊肉等，青蒜等也可加工。

（2）操作方法：将原料放置在墩面左侧，左手四指伸直扶按原料，右手持刀，按照目测的厚度，刀刃从右前方向左后方，沿着一定的斜度运动，与平刀拉片相似。

（3）技术要领：刀在运动过程中，运用腕力，进刀轻推，出刀果断。刀身要紧贴原料，避免原料粘走或滑动，左手按于原料被片下的部位，对片的厚薄、大小及斜度的掌握，主要依靠眼光注视两手的动作和落刀的部位，右手稳稳地控制刀的斜度和方向，随时纠正运刀中误差。左、右手运动有节奏地配合，一刀一刀片下去。

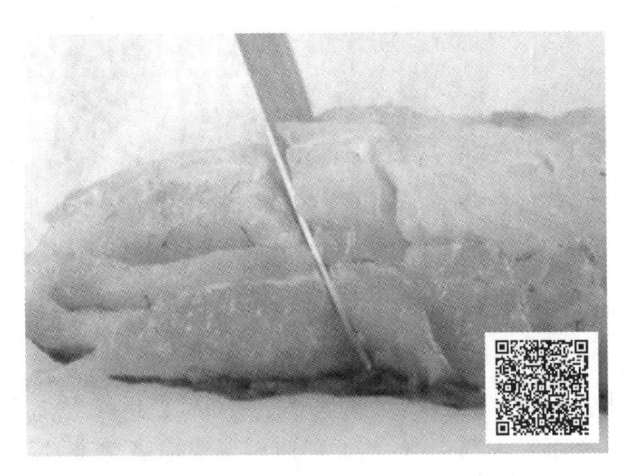

图 3-5-1　斜刀正片

二、斜刀反片（又叫斜刀推片）

刀身倾斜，刀背朝内，刀刃向外，从刀的中后部着力，进入原料片动的同时，由内向外推动片断原料，如适用于耳片、肚片等原料。反刀斜片又称右斜刀法、外斜刀法。反刀斜片是指左手扶稳原料，右手持刀，刀背向左后方，刀刃朝右前，刀身左侧与墩面或原料成 0°～90°，使刀刃在原料中做倾斜运动的行刀技法。

（1）适用范围：这种刀法主要是将原料加工成片、段等形状。适用于脆性、体薄、易滑动的原料，如鱿鱼、熟肚子、青瓜、白菜帮等。

（2）操作方法：左手呈蟹爬形按稳原料，中指第一关节微屈抵住刀身，右手持刀，使刀身紧贴左手指背，刀口向右前方，刀背朝左后方，刀刃向右前方推切至原料断开。左手同时移动一次，并保持刀距一致，刀身倾斜角度，应根据原料成形的规格灵活调整。

（3）技术要领：左手有规律地配合向后移动，每一移动应掌握同等的距离，使切下的原料在形状、厚薄上均匀一致。运刀角度的大小，应根据所片原料的厚度和对原料成形的要求而定。

三、拉锯斜片

拉锯斜片是斜刀片进原料后，再前后拉动直至片断原料，多用于体积较大的原料，如瓦块鱼等。

作业与习题

（1）什么是斜刀法？
（2）斜刀法的种类有哪些？
（3）各种斜刀法具体的操作流程是什么？
（4）什么样的原料适用于斜刀法？

学习小心得

任务六 剞刀法

任务描述

剞刀法称混合刀法、花刀法，有雕之意，所以又称剞花刀，是指在经加工后的坯料上，以斜刀法、直刀法为基础，刀刃在原料表面或内部运行，使原料表面形成横竖交叉、深而不断且不穿的规则刀纹或形成特定平面图案，使原料在受热时发生卷曲、变形而形成不同花形的一种行刀技法。这种刀法比较复杂，主要把原料加工成各种造型美观、形象逼真的形状（如麦穗、菊花、玉兰花、荔枝、核桃、鱼鳃、蓑衣、木梳背、松鼠形等），用这种刀法制作出来的菜品不仅是美味佳肴，更能给人以艺术享受并为整桌酒席增添气氛。

任务目的

充分了解并掌握剞刀法的使用，并在未来的操作当中灵活运用，提高菜肴的整体美观效果。

任务驱动

原料的初加工除了原料的分解步骤以外，还要对于原料进行基本的刀工处理，而刀工处理是改善菜肴外观的主要途径之一，因此熟练掌握并灵活运用各式刀法是菜肴成形的最为基本的步骤。

知识准备

剞刀法是多种操作中必不可少的一部分，是由直刀法、平刀法、斜刀法等基础刀法变化而来的，因此想要将剞刀法使用得更好，一定要将基本刀法更好地运用起来，从而达到增加菜肴美观的目的。

课程思政

在传授知识的过程中通过合适的载体，践行社会主义核心价值观，本课程的思政目标主要包括三个方面。

(1) 加强基本功的认识，并从小事做起，践行社会主义核心价值观。

(2) 基本功需要不停地磨炼，需要持之以恒。

(3) 养成爱岗、敬业、精益求精的职业精神。

知识点导图

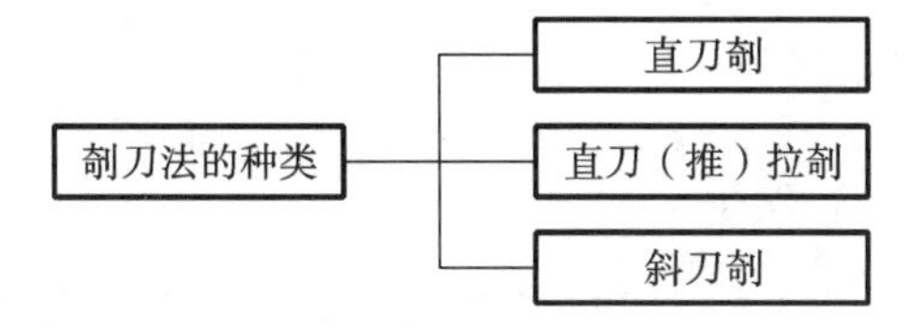

任务实施

一、剞刀法的规范要求

剞刀法主要用于原料刀工美化，是技术性更强、要求更高的综合性刀法。在具体操作中，由于运刀方向和角度不同，剞刀法可分为直刀剞、直刀推(拉)剞、斜刀剞等(图 3-6-1)。

图 3-6-1　剞刀法

二、剞刀法的种类及其运用

❶ 直刀剞

直刀剞是以直刀切为基础，在直刀切时刀运行到一定深度时，刀停止运行，不完全将原料切开，在原料上切成直线刀纹(图 3-6-2)。

(1) 适用范围：适宜加工脆性、质地较嫩的原料，如黄瓜、冬笋、胡萝卜、莴笋等。

(2) 操作方法：左手按扶原料，中指第一关节弯曲处顶住刀身，右手持刀，用刀刃中前部位对准原料被切的部位，刀在原料中自上而下垂直运行，当刀刃运行到一定深度(如原料厚度的 4/5 或深度的 3/4)时停止运行。运刀的方法与直刀切相同。

(3) 技术要领：左手扶料要稳，右手握刀，做垂直运动，速度要均匀，以保持刀距均匀；右手持刀

要稳，控制好腕力，下刀准，每刀用力均衡，掌握好进刀深度，做到深浅一致。

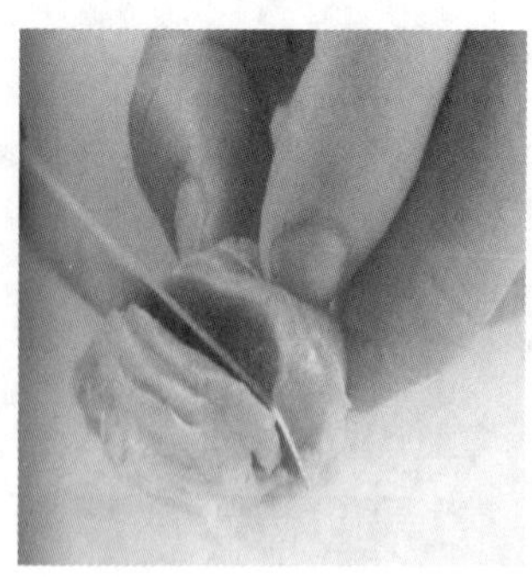
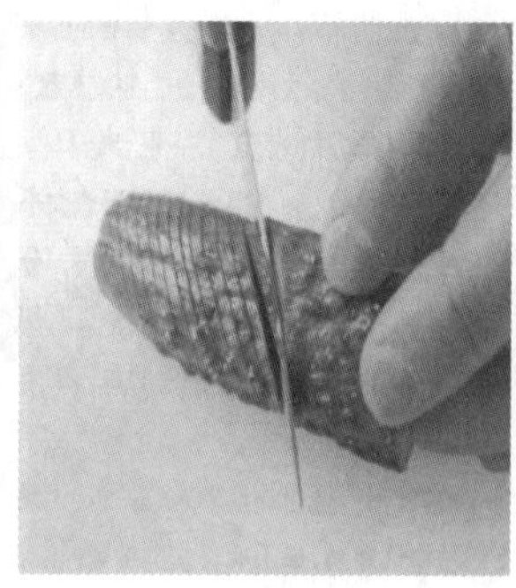

图 3-6-2　直刀剞

❷ 直刀推(拉)剞

直刀推(拉)剞是以直刀推(拉)切为基础，在直刀推(拉)切时刀运行到一定深度时刀停止运行，不完全将原料切开，在原料上切成直线刀纹。

(1) 适用范围：这种刀法适宜加工各种韧性原料，如腰子、猪肚尖、净鱼肉、鱿鱼、墨鱼等，也可用于一些纤维较多的脆性原料，如生姜等。

(2) 操作方法：左手按扶原料，中指第一关节弯曲处顶住刀身，右手持刀，用刀刃前部位对准原料被切的部位，刀刃进入原料后保持刀垂直，做右后方向左前方运动(拉切的运动方向与之相反)，当刀刃运行到一定深度(如原料厚度的 4/5 或原料不破、不断为佳)时停止运行。运刀的方法与直刀推(拉)切相同。

(3) 技术要领：左手扶料要稳，从右前方向左后方移动时，速度要均匀，以保持刀距均匀；右手持刀要稳，控制好腕力，下刀准，每刀用力均衡，掌握好进刀深度，做到深浅一致。

❸ 斜刀剞

斜刀剞是在斜刀法的基础上，在做刀切割时刀运行到一定深度时停止运行，不完全将原料切开，在原料上切成直线刀纹(图 3-6-3)。

(1) 适用范围：这种刀法适宜加工各种韧性原料，如墨鱼、鱿鱼、腰子、猪肚尖、净鱼肉等，也可用于一些纤维较多的脆性原料，如生姜等。

(2) 操作方法：斜刀剞是指左手扶稳原料，右手持刀，刀背向里，刀口对外，刀身的左外侧与墩面或原料成 0°～90°，使刀在原料中做倾斜运动。当刀刃运行到一定深度(如原料厚度的五分之四或原料不破、不断为佳)时停止运行。

(3) 技术要领：左手有规律地配合向后移动，每一次移动应掌握同等的距离，使剞刀成形原料的花纹一致。运刀角度的大小，应根据所片原料的厚度和对原料成形的要求而定。

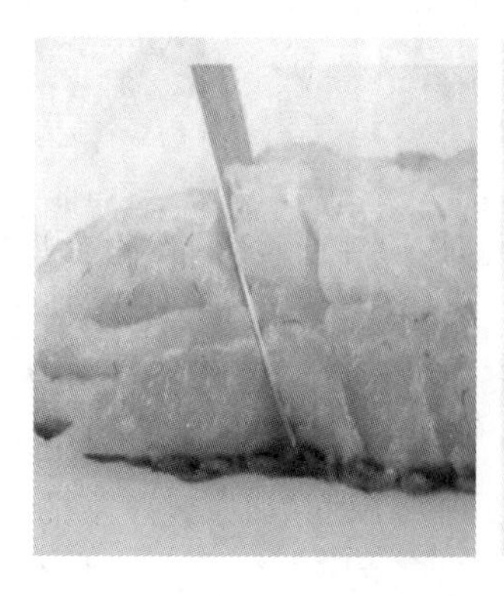
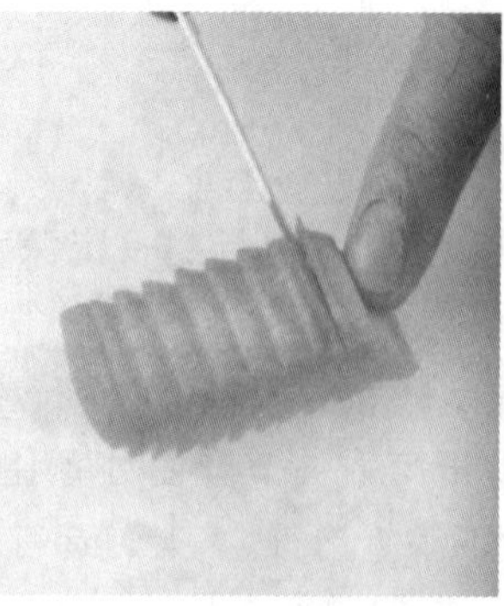
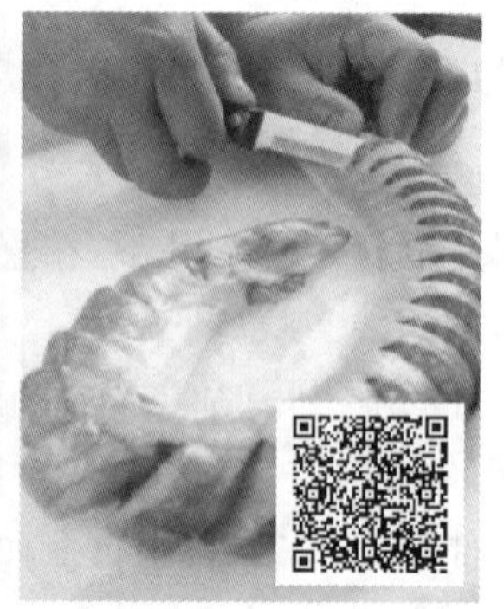

图 3-6-3　斜刀剞

作业与习题

(1) 什么是剞刀法?
(2) 剞刀法的操作要求是什么?
(3) 剞刀法具体有几种操作方法?

学习小心得

任务七　小型花刀块原料的成形及刀法运用

任务描述

原料经过不同的刀法加工处理,在加热以后形成各种优美的形状,既便于烹调和食用,又整齐美观。常用的有荔枝形、麦穗形、菊花形、金鱼形、网眼形、梳子形、鱼鳃形、麻花形、凤尾形、玉翅形、花枝形等。

任务目的

充分了解并掌握各式花刀类型的使用,并在未来的操作中灵活运用,提高菜肴的整体美观效果。

任务驱动

原料的初加工除了原料的分解步骤之外,还要对原料进行基本的刀工处理,而刀工处理是改善菜肴外观的主要途径之一,因此熟练掌握并灵活运用各式刀法是菜肴成形的基本步骤。

知识准备

小型花刀块是各式花式菜肴的准备基础,好的花刀块可以大幅度地增加菜肴的美观程度,灵活运用直刀法、平刀法、斜刀法、剞刀法可加工出各式花刀块。

课程思政

在传授知识的过程中通过合适的载体,践行社会主义核心价值观。本课程的思政目标主要包括三个方面。

(1) 加强基本功的认识,并从小事做起,践行社会主义核心价值观。

（2）基本功需要不停地磨炼，需要持之以恒。

（3）养成爱岗、敬业、精益求精的职业精神。

知识点导图

任务实施

一、荔枝形

荔枝形花刀是将原料用两次直刀剞的刀法加工而成，适用于猪腰、鱿鱼、墨鱼等原料。

荔枝腰花刀工基础训练：先在猪腰内侧（去腰臊）用直刀推剞出若干条平行刀纹，刀距相等，进刀深度为原料厚度的4/5。将猪腰转80°～90°，仍用直刀推剞出若干条平行刀纹，刀距、深度为原料厚度的4/5，与上一步推剞出的刀纹相交成80°～90°。将剞好花刀的猪腰用刀改成菱形或等边三角形，加热后前者对角卷曲，后者三面卷曲成荔枝形（图3-7-1）。

技术要求：刀距、进刀深度及改块大小要均匀一致。

二、麦穗形

麦穗形是运用直刀剞和斜刀推剞的刀法加工而成，适用于猪腰、鱿鱼、墨鱼、猪里脊肉等原料。

麦穗形刀工基础训练：将半只猪腰放在菜墩上，腰子内剖面（去腰臊）向上，右手持刀用斜刀推剞出若干条平行刀纹，刀距相等，倾斜角度约为40°，进刀深度为猪腰厚度的3/5。再将猪腰转90°，用直刀推剞出若干条与斜刀纹相交成90°的平行刀纹，刀距相等，进刀深度为猪腰厚度的4/5。将剞好花刀的猪腰纵向等分为二，横向也等分为二，即半只猪腰变成4块长方条，经加热卷曲即成麦穗形（图3-7-2）。

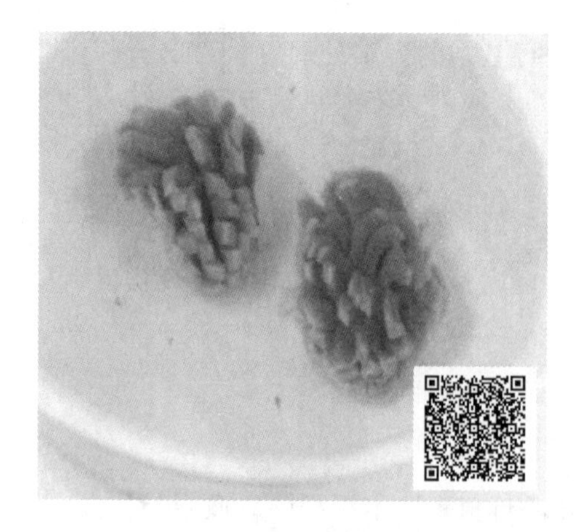

图3-7-1 荔枝形

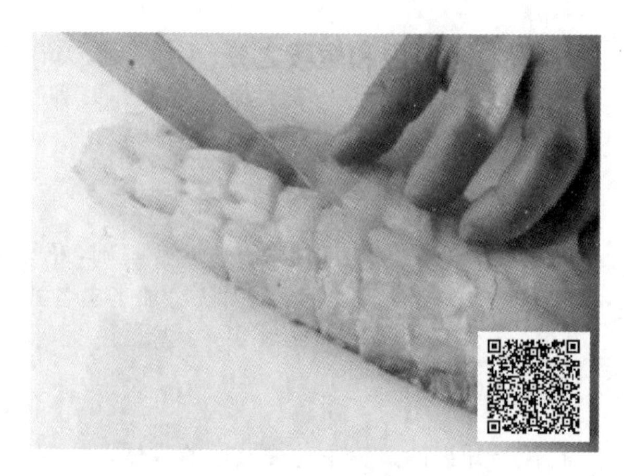

图3-7-2 麦穗形

技术要求：剞花刀时刀距、进刀深度、倾斜角度要均匀一致。直刀纹应比斜刀纹略深，斜刀纹的间距应比直刀纹略宽。斜刀的倾斜角度可根据猪腰的厚薄灵活掌握，倾斜角度越小，麦穗的外形越长。剞花刀后改块的大小要均匀。

三、菊花形

菊花形有两种加工方法：一是两次直刀剞；二是先斜刀剞再直刀剞。适用于青鱼肉、肫仁等原料。

菊花形青鱼刀工基础训练：将去骨并修整的带皮青鱼肉正斜刀批剞，刀距为 0.2 厘米，深至鱼皮，连剞四刀，第五刀切断。将剞好的鱼块转 90°，再用直刀剞，刀距为 0.2 厘米，深至鱼皮，连剞数刀。

技术要求：鱼肉较为细嫩，鱼皮不可去，否则易碎。刀距不宜过小，鱼丝过细易断(图 3-7-3)。

图 3-7-3　菊花形

四、金鱼形

金鱼形是用两次反斜刀批剞的刀法加工而成，适用于鱿鱼、墨鱼等原料。

金鱼形刀工基础训练：将鱿鱼修切成长 7 厘米、宽 3 厘米的长方片，在原料长 1/2 处 45°对角反刀斜剞，刀与墩面成 50°夹角，刀距为 0.3 厘米，深至原料的 3/4。将鱿鱼转 90°，在原剞切的刀纹上再用同上的方法剞切，使两次刀纹交成 90°。在没有刀纹的下半部切出三条金鱼的大尾巴，在剞切刀纹的上半部修去四个角成鱼身。

技术要求：两次反斜刀批剞的角度要一致，刀距相等，深度一致。修整鱼尾要自然逼真。

五、网眼形

网眼形是在原料的两面分别采用直刀剞并形成一定夹角的刀法加工而成，适用于猪肚尖、豆腐干、肫仁、莴笋等原料。

网眼形刀工基础训练：在豆腐干的一面，刀刃与豆腐干的一条边成 15°夹角，刀距为 0.3 厘米，剞成深度为豆腐干厚度的 2/3。在豆腐干的另一面，用同上的方法再剞切一遍，形成正反两面相交叉刀纹。

技术要求：刀距相等，深浅一致。

六、梳子形

将原料先用直刀剞，再用直刀切或斜刀批可得到梳子形，适用于猪腰、鱿鱼、墨鱼、黄瓜等原料。

梳子形刀工基础训练：将半只猪腰放在菜墩上，腰子内剖面(去腰臊)向上，右手持刀用直刀推剞的刀法推剞出若干条平行刀纹，刀距相等，进刀深度为猪腰厚度的 3/5。将猪腰转 50°～90°，用直刀

法或斜刀法将原料切断，成片状。

技术要求：剞切的深度一致，成片的厚度一致。

七、鱼鳃形

鱼鳃形是将原料先用斜刀拉剞，再用斜刀批剞的刀法加工而成，适用于猪腰、鱿鱼、墨鱼等原料。

鱼鳃形腰花刀工基础训练：将半只猪腰放在菜墩上，腰子内剖面（去腰臊）向上，右手持刀顺猪腰的长头用斜刀拉剞的刀法推剞出若干条平行刀纹，刀距相等，进刀深度为猪腰厚度的4/5。猪腰转90°再用斜刀拉批的刀法批剞一刀，深度为3/5，第二刀批切断成夹刀片。加热后即成鱼鳃形（图3-7-4）。

图3-7-4　鱼鳃形

技术要求：刀距要均匀，片形大小要一致。

八、麻花形

麻花形是先将原料用批、切的刀法，再经穿拉制作而成，适用于猪腰、鸡脯肉、里脊肉等原料。

麻花形刀工基础训练：猪腰子去腰臊，批切成4.5厘米×2厘米×0.3厘米的片。在长方形腰片中间顺长划开2～3厘米的口子，两边各划一道2～8厘米的口子。用手抓住原料的两端，将其中的一端从中间的切口穿过，整理即成麻花形。

技术要求：切口要适中，不宜过长，否则不利于造型（图3-7-5）。

九、凤尾形（佛手形）

凤尾形是运用直刀切配合弯曲翻卷的手法制作而成，适用于制作花色拼盘围边或菜肴点缀。

凤尾形刀工基础训练：将黄瓜从中间顺长一切两个半圆的长条。将原料横断面的4/5切断成连刀片，5～11片（奇数片）为一组。将偶数片弯曲翻卷，插在切口距间成圆圈。

技术要求：每组的片数为奇数。凤尾越长，刀与原料的夹角越小（图3-7-6）。

十、花枝形（又称花枝片或蝴蝶片）

花枝形是运用斜刀拉剞和斜刀批的刀法制作而成，加热后其形状如同花瓣，或似蝴蝶，故而得名。适用于韧性或脆性原料，如鳝鱼、墨鱼、鸭肫，茄子等。

墨鱼花枝片刀工基础训练：将墨鱼修成5厘米宽的长片。墨鱼片顺长横放，第一刀用斜刀剞的刀法剞一刀，深至鱼皮；第二刀用斜刀批切的刀法将原料切断，如此一刀连一刀加工成片即为花枝片。

技术要求：批切的片要薄而均匀一致。

图 3-7-5　麻花形

图 3-7-6　凤尾形

作业与习题

（1）荔枝形如何操作？适用的原料有哪些？
（2）麦穗形如何操作？适用的原料有哪些？
（3）菊花形如何操作？适用的原料有哪些？

学习小心得

项目四

调味工艺基础

扫码看课件

导言

调味技术是三大烹饪技术要素之一，是烹饪技术的核心与灵魂，通过本单元的学习，应了解预制调味方法的种类和常用方法的工艺流程，掌握调味工艺的作用，重点理解味型分类的目的和味型的种类，对每种味型的特征以及包含的具体风味，能举例加以说明。学生可能对本地区的风味特色比较了解，对其他菜系或地区的风味和调味方法较难掌握，学习时应结合书中列举的具体案例，把握主体调料的比例、用量、投放时机，特别是常用的一些味型的调味方法，这对掌握本单元的重点有很大的帮助。

理论学习目标

（1）了解味的基本概念。

（2）了解味觉的基本概念。

（3）理解影响味觉的因素。

（4）清楚基本味的种类及相互关系。

实践应用目标

（1）掌握调味的作用和意义。

（2）学会使用常用味型的调配方法和机理。

（3）熟练掌握咸辣味型、咸鲜味型、酸甜味型、香甜味型的调配方法，并结合具体菜品说明调味的机理和要领。

任务一　调味工艺基础知识

任务描述

千百年来，人们对味都有着不同的习惯和偏爱，但对美味的食品，却大都有着相同的感受与喜

好。善于辨味，追求美味的习俗，烹饪技术中知味、辨味、用味、和味的特色，使得中国烹饪的味始终处在多变的状态之中。但“食无定味，适口者珍”，为此菜肴调味时，必须针对原料本身的特性，根据现代人的饮食追求，选择合适的调味品和恰当的调味手段，使菜肴的风味得以形成和确定。

任务目的

使学生了解调味的定义、味与味觉的种类及特性、常见复合味类型及其调制工艺，明确调味的作用与原理，掌握调味的原则和方法。

任务驱动

通过对味与味型种类的学习，充分理解味觉的特性和影响味觉的因素，能较熟练地进行各种复合味的调制并在菜肴烹调过程中合理运用。

知识准备

人的饮食过程，也是对所摄取食物的生理感受过程。而食物中的原料成分，特别是不同味型的呈味物质，通过不同方式融合，加以就餐者的生理条件、心理、地域环境、季节、温度等，使得食物给人不同的味觉感受，组合成为菜肴的多种风味。不同菜肴的调味，需要经历不同的阶段，运用不同的方法，要做到随菜施调，同时保证各种菜肴的滋味层次分明或交融协调，突出风味特色。

课程思政

在传授知识的过程中通过合适的载体，践行社会主义核心价值观，本课程的思政目标主要包括三个方面。

（1）通过实训培养学生认真负责、严谨细致的工作态度和工作作风，形成爱岗敬业、诚实守信、吃苦耐劳的职业道德。

（2）通过对各类食品原料特点的学习，弘扬井冈山精神，弘扬中华民族优秀传统文化中的饮食、食品文化。

（3）通过食品安全这部分内容增强法律意识，贯彻全面依法治国理念，坚持走中国特色社会主义法治道路，遵守食品安全法，安全生产食品，同时关注并保障食品安全，树立食品安全观念。

知识点导图

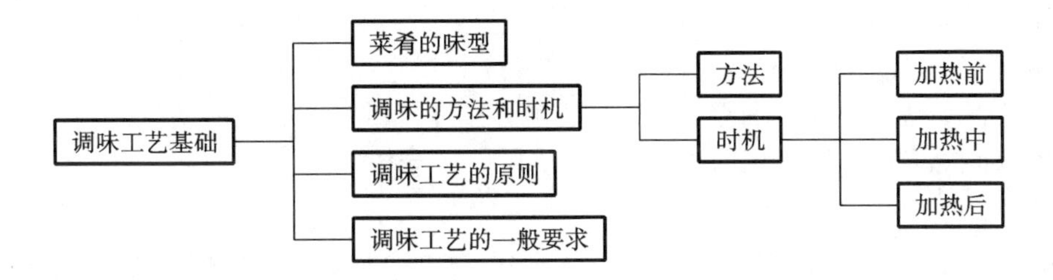

任务实施

一、菜肴的味型

菜肴可以分成鲁菜、川菜、粤菜、淮扬菜四大菜系。

鲁菜:特点在于蒸、煮、烤、酿、煎、炒、熬、烹、炸、腊、盐、豉、醋、酱、酒、蜜、椒。鲁菜奠定了中式烹调技法的框架(图 4-1-1)。

川菜:特点在于红味,讲究麻、辣、鲜、香,白味口味多变,包含甜、卤香、怪味等多种口味(图 4-1-2)。

图 4-1-1　鲁菜

图 4-1-2　川菜

粤菜:以烹制海鲜见长,汤类、素菜、甜菜最具特色(图 4-1-3)。

淮扬菜:特点是原料多以水产为主,淮扬菜大多以江湖河鲜为主料,以顶尖烹艺为支撑,以本味本色为上乘,以妙契众口为追求,雅俗共赏而不失其大雅,尤其是具有"和、精、清、新"的独特理念(图 4-1-4)。

图 4-1-3　粤菜

图 4-1-4　淮扬菜

一般来说,菜肴常见味型可分为以咸为主和以甜为主的两大类型,再有咸味、甜味与其他味之间衍生出众多的复合味。在众多的复合味形成过程中,存在着各种味型之间轻重主次的关系。

菜肴的味型实际上是指菜肴经过烹制后最终变成的复合味道,往往是滋味和气味的综合体现,味型名称至今没有严格意义上的科学设定,但是在烹饪行业却有着一定的调配比例,尽管人们无法控制它们的格调标准,但却有着约定俗成的一致认识。较为流行的味型有以下几种。

❶ 咸鲜味

基本调料为食盐和味精或鸡精,也可酌加酱油,白糖香油及葱、姜、胡椒粉等,形成不同的格调,咸鲜味是中餐菜肴中最普通的味型,变化也最多。在调制时,应注意咸味适度,突出鲜味。

❷ 香咸味

基本调料与咸鲜味相似,但调香料如葱、椒等的用量要适当增加,以香为主,辅以咸鲜。

❸ 椒麻味

基本调料为精盐、花椒、香葱、酱油、味精、香油、冷鸡汤等。以优质花椒,加盐与葱叶一同碾碎,多用于冷菜的调拌，其特点为麻香咸鲜。

❹ 椒盐味

基本调料为精盐、花椒。调制时先将花椒去梗去子，然后与精盐大致按 1∶4 混合，入锅炒至花椒壳呈焦黄色，冷却后碾成细末即成。椒盐混合物不宜久放，多用于热菜，可加入少量味精，其特点也是香麻咸鲜。

❺ 五香味

五香并非只有五种调料，而是泛指（图 4-1-5）。常常是用花椒、八角、桂皮、丁香、小茴香、甘草、豆蔻、肉桂、草果、山柰、陈皮等 20～30 种植物香料中的几种，加水制成卤水用于卤制，或与盐、料酒、姜、葱等施渍，或直接烹制食物，用于冷、热菜均可。香料组分视菜肴的实际需要酌情变化选用。其特色是浓香咸鲜。市售的五香粉、王守义十三香等商品形态多为粉末，但只要格调适宜，也可选用。

图 4-1-5　五香

❻ 酱香味

基本调料为甜酱、精盐、酱油、味精和香油，也可酌加白糖、胡椒粉和葱、姜，有时可加辣椒，多用于热菜。其特点是酱香浓郁，咸鲜带甜。

❼ 麻酱味

基本调料为芝麻酱、芝麻、精盐，味精或浓鸡汁，有时也可酌加酱油或红油。调制时芝麻酱先用香油调散，多用于冷菜。其特点为酱香咸鲜。

❽ 烟熏味

视菜肴风味需要，选用锅巴屑、茶叶、香樟叶、花生壳、糖、稻壳、锯木屑（木材种类要选择）等作为熏料，利用不完全燃烧时产生的浓烟，熏制已经腌渍过的原料，使其具有烟熏味，冷菜、热菜皆可使用，烟熏香气十分独特。但烟熏香气中可能含有致癌物质，为了降低直接熏制（苯并芘含量较高）给食用者健康造成的危害，现在已禁止直接烟熏，改用烟熏液。

❾ 陈皮味

基本调料为陈皮、精盐、酱油、醋、花椒、干辣椒段、姜、菊白糖、红油、醪糟汁、味精、香油等。调制时陈皮用量不宜过多，否则回味带苦。白糖和醪糟汁用于提鲜，用量以略带回甜为宜。陈皮味多用于冷菜，其特点为芳香、麻辣中带回甜。

❿ 咸甜味

基本调料为精盐、白糖、料酒，也可酌加姜、葱、花椒、冰糖、糖色、五香粉、醪糟汁、鸡油等用以变

化其格调。调制时可视盐、糖用量，或咸甜并重，或咸中带甜，或甜中带咸，多用于热菜。

⑪ **糖醋味(酸甜味)**

基本调料为白糖和食醋，亦可辅以精盐、酱油、姜、葱、蒜等。调制时需以适量的咸味为基础，但需重用糖和醋，突出酸甜味，广泛用于冷、热菜肴。其特点为甜酸适口，回味咸鲜。

⑫ **荔枝味**

荔枝味实为酸甜味，因其类似荔枝的酸甜风味而得名。基本调料为精盐、食醋、白糖、酱油和味精，并酌加姜、葱、蒜，但用量不宜多，仅取其辛香气味。调制时，需要有足够的咸味，醋要略重于糖，即在咸味的基础上显出酸甜味，多用于热菜。其特色是酸甜似荔枝，而又不掩盖咸鲜。

⑬ **香糟味**

基本调料为香糟汁(或醪糟)、精盐、味精和香油，也可酌加胡椒粉或花椒、冰糖、姜、葱等，广泛用于热菜，也可用于冷菜。其特色为糟香醇厚，咸鲜回甜。

⑭ **甜香味**

基本调料为白糖或冰糖，佐以食用香精、蜜饯、水果、干果仁、果汁、糖桂花、木樨花等。滋味以甜为主，辅以格调不同的香气。

⑮ **咸辣味**

基本调料为精盐、辣椒、味精及蒜、葱、姜等，应用较为广泛。其特点为以咸辣为主，鲜香为辅。

⑯ **酸辣味**

基本调料为精盐、醋、胡椒粉、味精和料酒。对于不同菜肴，又有所变化。调制时仍应遵循以咸味为基础，酸味为主体，辣味相辅助的原则，多用于热菜。其特点是咸鲜味浓，醇酸微辣。

⑰ **麻辣味**

基本调料为辣椒、花椒、精盐、味精和料酒，其中辣椒的形态有干辣椒、红油辣椒、辣椒粉等。花椒的形态有花椒粒、花椒末等。根据不同菜肴需要而选用，有时还要酌加白糖、醪糟汁、豆豉、五香粉。调制时应注意辣味不能过量，以显露鲜味，广泛用于冷、热菜肴，川菜尤甚。特点为麻辣浓厚，咸鲜带香。

⑱ **家常味**

基本调料为豆瓣酱、精盐、酱油等。调制时常酌加辣椒、料酒、豆豉、甜酱、味精等，常用于热菜。其特点为咸鲜微辣。

⑲ **鱼香味**

基本调料为泡红辣椒、精盐、酱油、白糖、醋、姜米、蒜末、葱丁等，用于热、冷菜。但用于冷菜时，调料不下锅，不用芡，醋应略少，盐要略多。其特点为咸甜酸辣兼备。

⑳ **蒜泥味**

基本调料为蒜泥、盐(或酱油)、味精、香油等，有时也酌加醋或辣油等，多用于冷菜。其特点是蒜香显著，咸鲜微辣。

㉑ **姜汁味**

基本调料为姜汁、精盐、酱油、味精、醋、香油等，广泛用于冷、热菜肴。其特点是姜汁浓香，咸鲜微辣。

㉒ **芥末味**

基本调料为芥末酱，辅以精盐、醋、酱油、味精、香油等，多用于冷菜。其特点为芥辣冲鼻，咸鲜酸香，解腥去腻。

㉓ **红油味**

通常以特制红油加酱油、白糖、味精调制而成。有些地区还加醋、蒜泥或香油。调制时注意辣味不要太重，多用于冷菜。其特点是咸鲜香辣，回味略甜。

24 怪味

怪味在调味上并无确切的定义，但在市场上已有许多以“怪味”命名的菜肴了，诸如怪味豆、怪味花生、怪味鸡等。怪味的味型是有一定特征的。如果采用数学上“最大公因数”的求法原理来处理，各种怪味一般都具有麻、辣、酸、香、甜、咸、鲜的特点。另外有一种趋势是在怪味上“戴帽”，如“浓香”“特鲜”“重辣”等，但是它们的基础还是“怪味”。调料主要为精盐、酱油、红油、花椒粉、白糖、醋、芝麻酱、熟芝麻、香油、味精等，有时还要加姜末、蒜末、葱花。多用于冷菜。

二、调味的方法

烹调工艺中使原料上味有多种方法，大致分为腌渍、分散、热渗、裹浇等多种方法，各个方法可以根据菜肴的要求单独使用，也可以两种或两种以上混合搭配使用。

（一）腌渍调味法

腌渍调味法是将调味料与菜肴主配料拌和均匀，或者将菜肴主配料浸泡在溶有调味料的水中，经过一定时间使其入味的调味方法（图 4-1-6）。

腌渍调味法依时间长短分为长时腌渍和短时腌渍。根据腌渍时是否用水和汁液调味料分为干腌渍和湿腌渍。腌渍时间长则数天，以使原料入味，产生特殊的腌渍风味。短时腌渍只要 5～10 分钟，原料入味即可。干腌渍是用干抹、拌揉的方法使调味料溶解并附着在原料表面，使其入味，常用于码味和某些冷菜的调味。湿腌渍是将原料浸入溶有调味料的水中进行腌渍，常用于花刀原料和易碎原料的码味，如松鼠鳜鱼的码味。一些冷菜的调味和某些热菜的进一步入味也经常用到湿腌渍法。

（二）分散调味法

分散调味法是将调味料溶解并分散于汤汁中的调味方法。它广泛用于水烹的菜肴，是烩菜、汤菜的主要调味方法，也是其他菜肴的辅助调味方法，还常用于蓉泥的调味。水烹菜肴需要利用水来分散调味料，常以搅拌和提高水温的方法来进行。蓉泥状原料一般不含大量的水，光靠水的对流难以分散调味料，必须采用搅拌的方法将调味料和匀。

（三）热渗调味法

热渗调味法是在热力的作用下，使调味料中的呈味物质渗入原料内部的调味方法。此法常与分散调味法和腌渍调味法配合使用。在汽烹或干热烹制过程中，一般无法进行调味，所以常需要原料先经过腌渍入味，再在烹制中借助热力，使调味料进一步渗入原料内部。

（四）裹浇调味法

裹浇调味法是将液体状态的调味料黏附于原料表面使其带味的调味方法（图 4-1-7）。按调味黏

图 4-1-6　腌渍调味法

图 4-1-7　裹浇调味法

附的方法不同，裹浇调味法可分裹味和浇味两种。裹味法是将调味料均匀地裹于原料表层的方法，在加热前、加热中和加热后都可使用。例如，上浆、挂糊、勾芡、收汁、拔丝、挂霜等均是裹味法的应用。浇味法是将液体调味料或调味汁淋浇于原料表面的方法。多用于热菜加热后或冷菜切配装盘后的调味，如脆熘菜、瓤菜及一些冷菜的浇汁。浇味法上味一般不如裹味法均匀。

（五）黏撒调味法

黏撒调味法是将固体调味料黏附于原料表面使其带味的调味方法。调味料黏撒于原料表面的方式与裹浇法相似，只是它用于上味的调味料呈固体。黏撒调味法通常是将加热成熟后的食材置于颗粒或粉状调味料中，使其黏裹均匀，也可以将颗粒或粉状调味料投入锅中，经翻动将食材外表裹匀，还可以将食材装盘后再撒上颗粒或粉状调味料。此法适用于一些热菜和冷菜的调味。

（六）跟碟调味法

跟碟调味法是将调味料盛入小碟或小碗中，随菜一起上席，由用餐者蘸食的调味方法。此法多用于烤、炸、蒸、涮等技法制成的菜肴。跟碟上席可以一菜多味，由用餐者根据喜好自选蘸食。跟碟法比其他调味方法灵活性大，能同时满足不同人的口味要求，口味的浓淡可以自己在蘸食时有所控制，自由度比较大，是今后在餐桌上值得推广的一种调味方法（图 4-1-8）。

图 4-1-8　跟碟调味法

三、调味的时机

从烹调工艺中的调味来看，一般可分为加热前、加热中和加热后三个阶段。而在实践中这三个阶段常常是一个有着密切联系的整体过程。因此这三个阶段应该是相互联系、相互影响、相互补充的，而不是独立存在的。

（一）原料加热前调味

这种调味也称基本调味。基本调味是指原料在加热前用盐、酱油、料酒或糖等调味料调拌或浸渍，利用调味料的渗透作用使原料内外有一个基本味道。这种调味适用于炸、蒸、煎、烤等烹调方法，也适用于形态较大的动物性原料的烹调。

加热前调味主要用于下列两种情况：一种是采用炸、熘、爆、滑炒等方法烹制菜肴，在烹制前要先经挂糊、上浆，主料被浆或糊所包围，在烹调中味难以入内，所以必须烹制前调味，或在挂糊、上浆时加入盐或酱油等调味料，如清炸菊花肫、干炸里脊、软炸口蘑、糟熘鱼片、咕老肉、清炒虾仁等；另一种是菜肴在烹制过程中无法进行调味，或加盐后会影响菜肴的风味和特色，而在烹制后又难以入味，所以必须在烹制前进行调味，如清蒸刀鱼、荷叶粉蒸肉、蚝油纸包鸡等。在烧鱼时为了使鱼上色和不易碎，也常先用盐、酱油进行码味。

另外，炸、熘、爆、炒等急火热油速成的菜，为了使原料内部入味，也结合挂糊、上浆进行基本调味。原料在进行基本调味时应注意以下两个问题。

第一，基本调味需要时间。由于调味是利用调味品的渗透将呈味物质带入原料内部的，而渗透

需要较长时间，所以在对原料进行基本调味时，特别是对大型原料进行基本调味时，一定要使调味具有充分的时间。

第二，基本调味要留余地。由于基本调味是菜肴制作的初步调味，后面还可能有正式调味或辅助调味，所以各种调味品在量上要适度。

（二）原料加热中调味

这种调味也称正式调味。正式调味是指原料在加热过程中，选择适当的调味品，按照一定的顺序加入锅中为原料调味。这种调味适用于炒、爆、熘、烧、扒、焖、炖、卤、氽、烩等多种烹调方法，也适用于大型或小型的动植物原料。有些急火热油速成的菜肴难以有充分的时间进行准确调味，可以采取“兑汁”的办法，将所用调料事先装入碗内，在加热结束前淋入锅内（图 4-1-9）。

在运用炒、熘、煨、烧、煮、焖等大多数烹调方法时，一般都在加热中调味。根据烹调方法不同，又分为无卤汁和有卤汁两种。采用炒、熘等烹调方法制出的菜肴，没有或略有卤汁，如蚝油牛肉，调味料在原料炒透后加入，动作要快，颠翻几下就可出锅。这种方法一方面利用了高温扩散快的特点，原料迅速入味，另一方面因为原料与调味料接触时间短，原料中水分向外渗透的量少，保持了菜肴的软嫩，营养成分破坏和流失较少。而采用煨、烧、煮、焖、炖等烹调方法制作的肉类菜肴，具有一定量的汤汁或较多的卤汁，如炖牛肉、清炖鸡等，在原料完全成熟后，上大火加入盐，至开即好。如果加盐过早，汤汁的渗透压变大，原料中的水分向外渗透，使得组织变紧，蛋白质过早凝固，菜肴口感变劣，趋向硬、老、紧，体现不出正常的风味，因此加盐时间不宜过早。有些旺火热油速成的菜肴难以有充分的时间进行准确的调味，可以采取兑汁的办法，即将所用调味料事先调入碗内，在加热结束前淋入锅内快速拌匀即可。

加热中调味的应用十分广泛，在这个阶段调味时要注意以下两点。

第一，调味品投入的时机要科学。在正式加热时进行调味，调味品在加入顺序上存在一个时间先后的问题。酱油和糖可以为菜肴增色，早点加入可使颜色逐渐附着于原料表面；盐对蛋白质有变性和沉淀作用，过早加入会影响成熟速度和汤汁的味道；味精加入过早不仅会降低鲜味，而且会影响对菜肴味道的判断；葱、姜、蒜、醋、料酒等含有挥发性物质的调料，如果是为了去除原料中的异味，可早点加入与原料共热，如果是为了增加香味则应晚点加入，以免过度加热使香气挥发殆尽。

第二，菜肴口味要基本确定。正式的调味往往是基本调味的继续，除个别烹调方法外，这阶段菜肴的口味要确定下来，这是调味时机中至关重要的阶段，也是决定性的调味。

（三）原料加热后调味

这种调味又称辅助调味。辅助调味是指原料加热结束后，根据前期调味的需要进行的补充调味。这种调味适合于蒸、炸、烤等正式加热时无法调味的烹调方法，如炸牛排、烤鸭等，菜肴上桌时一般要带佐料佐食，如番茄汁、辣盐、甜面酱等。辅助调味不仅补充了菜肴的味道，而且还能使菜肴口味富于变化。另外，有些菜肴在加热前和加热中都无法进行调味，而只能靠加热后来调味，如涮菜和某些凉菜，这时辅助调味就上升为主导地位（图 4-1-10）。

图 4-1-9　原料加热中调味

图 4-1-10　原料加热后调味

上面三种调味时机将调味划分三个阶段。由于这三个阶段是紧密相连的一个过程，所以调味的三种时机不是互相割裂的，它们互相联系、互相影响、互为基础。此外还有两种特殊的调味时机，即调味料投放的顺序和凉菜的调味。

❶ 调味料投放的顺序

调味时除了要求调味料投放的数量要准确外，还要注意投放的顺序。一方面是要发挥好调味料各自的功能，保证菜肴的风味。因为投放顺序不同，会影响各种调味料在原料中的扩散数量和吸附量，也影响调味料与原料之间及调味料之间所产生的各种复杂变化，因此调味料不同的投放顺序会影响菜肴的最终风味。另一方面要考虑到调味分子的大小对调味的影响。因为调味料中呈味物质的分子越大，扩散系数就越小，扩散速度就越慢。例如，在几种最常见的水溶性调味料中，食盐、食醋中的主要呈味分子比糖和味精中的主要呈味分子小，因此食盐、食醋中的主要呈味分子的扩散速度快于糖和味精。所以我们在烹饪调味过程中糖和味精的投放顺序一般要早于盐和醋。

❷ 凉菜的调味

凉菜是指凉吃的菜肴，也称冷菜、冷盘或冷盆。凉菜的制作可分为两类，一类是热制冷吃，另一类是冷制冷吃。热制冷吃是指制作时调味与加热同时进行，制成的菜肴凉后再食用，如酱、卤、熏、酥类等。冷制冷吃是指制作菜肴的最后调味阶段不加热，仅调味而已，如拌、炝、腌等。

对于热制冷吃的凉菜，其调味需注意的是，菜肴的温度对品尝时的味感有明显的影响。若温度较高，则分子的扩散速度较快，对味觉神经的刺激就较强；反之，若温度较低，刺激就较弱。

四、调味工艺的原则

中华美食以“味”为核心，所有环节的工艺都是服务和服从于调味的，堪称一门味觉艺术和调味艺术。调味的原则应该是突出原料的本味，丰富菜肴的口味和色彩。菜肴的烹调是“有味使之出味，无味使之入味，异味使之除味”。对有味的原料，一定要把原料的鲜美、主味体现出来；对无味的原料，则必须运用各种调味料和调味手段，使味充分渗透扩散，让原本无味的原料变为美味；对有异味的原料，要想方设法使之去除。

烹饪中调味料的选用要注意以下几点：一是调味时所需的调味料品种要多，这样才能使菜肴的口味类型丰富多彩；二是烹调所用的调味料质量越好，烹制成的菜肴口味就越纯正；三是不同调味料的使用要做到适时适量；四是对不同味型的菜肴调味要注意不同的调味方法。有些菜肴还必须要有特殊的工艺要求，如烤、炸、熏等烹饪加热方法，这样才能显示出独特的风味。

总原则：在不失菜肴风味特色的情况下做到“适口者珍”。

❶ 根据进餐者口味相宜调味

每道菜肴只有一种口味，而食用者却错综复杂。年龄、地域、就餐环境等都会对人的口味产生一定的影响。作为烹调人员，不能拘泥于既成的口味调制，而要以适应大众的口味为目标，以人为本，以人的不同口味习惯来确定菜肴的滋味，在有序的变化中求得菜肴味的完美。

❷ 按照烹调技术要求准确调味

烹饪的整个过程包含着烹和调两个密不可分的方面，一般而言，制作任何菜肴都必须经过调味来确定口味，在此过程中，不是仅仅有了调味品就能呈现出理想的味型，而是有着严格的工艺技术要求。每一道菜肴都有其所属的烹调方法，每一种烹调方法都有其相应的调味技术要求，例如：食用清炸菜肴时，要配以椒盐或葱酱味碟；红烧是利用老抽的浓厚酱色，再配以适量的香料、料酒等。调味者在烹调过程中，要熟悉每一种味型的调制工艺。

③ 要掌握调味品的特点适当调味

调味品的种类繁多，新型复合调味品亦不断出现，并朝着复合型、系列化方向发展。调味时要掌握好各种调味品的构成成分、功能特性，并与菜肴的烹制结合起来，便能在各式各样的菜式中将各种调味品的作用发挥得淋漓尽致。

（1）根据口味不同掌握好调味品的品种和数量，相物而施。

（2）掌握好调味品的投放时机。

④ 保持和突出原料的本味

本味，指烹饪原料的自然之味，即原料本身特有的鲜美滋味。注重原料的天然味性，并非指原料不需要加味调和，而是指能充分利用和发挥原料的本味，调和加味后仍能保持其原本之味。

（1）追求原汁原味。在条件具备的前提下，调味时要努力追求菜肴的原汁原味（图 4-1-11）。如新鲜的蔬菜、水果等可用清淡的咸味调和，鲜活的虾蟹等可用盐水煮或蒸的方法烹制，以求达到原汁原味的要求。

（2）以原料的本味为中心进行调味，有味使其出。原料各有原味，制作菜肴时需要五味调和，但调料之味决不可掩盖了本味，要与原料本味相融合，取长补短。

（3）补充原料的本味不足，无味使其入。本身无特定味道的原料，可采取相应的调味措施，加以赋味补味。

⑤ 根据各地不同的口味相宜调味

受地理、气候、习俗等因素的影响，我国有着诸多特色鲜明的地方风味体系，各地都有自己独特而可口的风味类型。北方菜较咸，南方菜较清淡，东南菜咸中带甜，西北菜咸中带酸，西南菜多麻辣。要根据地方菜系各地不同的规格要求调味，防止口味混杂。

⑥ 结合季节的变化因时调味

人的口味往往随着季节的变化而有所不同。在天气炎热的时候，人们喜欢口味比较清淡、颜色较淡的菜肴；在寒冷的季节，则喜欢口味比较醇厚、颜色较深的菜肴。调味时，应当在保持风味特色的前提下，根据季节变化灵活掌握。

⑦ 调味品的正确使用方法

牛羊肉等膻气重的肉类，烹调时别忘放花椒。如白水煮牛羊肉，花椒是一定要放的，能提鲜、去膻。

做鱼要多放姜。鱼，寒性大，需要姜这样的热性物质来调节一下。如清蒸鱼，要放姜丝；吃螃蟹，要蘸醋和姜末。此外，贝类（如螺、蚌、蟹等）等寒性大的海鲜烹调时候也该放些姜。

葱能壮阳、提香气、去异味，在做一些寒性大的蔬菜时，可以多放葱来烹调，能起到缓和脾胃的作用（图 4-1-12），如茭白、白萝卜、绿豆芽等。

图 4-1-11　追求原汁原味

图 4-1-12　葱、姜

蒜能提味，而且有消毒、杀菌的作用，异味大的肉类如甲鱼，一定要放蒜。烹调鸡、鸭、鹅肉时宜多放蒜，有降低胆固醇、促进营养吸收的功效。

酵母抽提物，有去除各种腥味，协助增鲜，增加醇厚味和回味的作用，同时能协调口感，可以在食品调味时随其他调味品一起加入，这样食品更佳可口。

五、调味工艺的一般要求

准确、恰当地运用各种调味方法，是烹调技术的基本要求，由于各种烹饪原料的质地、形态、本味和各地方的口味不同，同一类菜肴在烹调时具体操作方法也有差异，所以在掌握菜肴的调味方法、味型的应用、调味品的数量以及投放的时机时，都要遵循以下基本原则。

❶ 确定口味，准确调味

先要根据菜肴的特点、原料性质、质地老嫩和各地方的饮食习惯，确定一份菜肴的味型。再根据这一味型考虑应该使用哪几种调味品，及它们的用量，做到准确调味。

❷ 正确使用调味品

每一种调味品，都有其本身的特点和作用。如白酱油咸鲜，用于提味；红酱油甜咸，用于提色。作用各不相同。又如醋和糖醋，一个是醇酸，用于加热过程中的调味；一个是甜酸，用于凉拌菜肴的调味。因此要正确使用调味品，就要掌握调味品的性能和作用。

❸ 根据原料控制调味品的用量

对不同性质原料使用调味料时其种类和用量都要慎重。例如，鸡、鸭类及新鲜的蔬菜，在烹调时，应保持其本身的鲜味，太甜、太咸、太酸、太辣都不适宜，否则，调味料会将鲜味掩盖。对有腥、膻、臊等异味的原料，如牛、羊肉，鱼类等，要酌情多加一些能除异味的调味品；对本身无多大鲜味的原料，如鱼翅、海参、燕窝等，烹制时，必须加入滋味鲜美的鸡、火腿、口蘑、鲜汤才能使成菜鲜美。

❹ 适合各地的口味

由于各地区的气候、出产和饮食习惯不同，故各有其独特的口味要求。如山西、陕西等地多喜吃酸；湖南、四川、云南、贵州等地多喜食香辣；江、浙等地则多喜甜与清鲜；而河北、山东、东北各地又多喜食咸与辛辣。这也是构成地方特色菜肴的主要原因。因此，调味时，要适当照顾不同的口味要求。

❺ 适应食者的要求进行调味

人们的口味，常常随着季节的变化而有所不同：夏天一般喜食口味较清淡的菜肴；冬天则喜食口味较浓香、肥美的菜肴；一天早、午、晚三餐对味的需要也有差别；小孩、年轻人、老年人或病人、脑力劳动者或体力劳动者，对口味的要求各不相同。又如，饮酒菜肴味宜轻，佐餐菜肴味宜重等。这都要根据食者的具体情况，采用不同的调味。

作业与习题

(1) 简述味觉的心理现象。

(2) 比较盐和糖在调味功能方面有何异同点。

(3) 年龄为何会对味觉产生影响?

(4) 简述料酒在烹调中的调味功能。

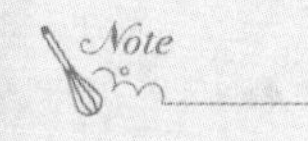

学习小心得

任务二　调香工艺基础

任务描述

真正的菜品是离不开香味的，真正的事厨者应热衷于开发食物的香味。香是美味之魂，是美味的升华，味之根本在于香味，诱人的香味可以令人食欲陡增，具有香味的美食是令人留恋的。在菜肴制作时，强调香味要自然纯正，嗅之要舒畅、芳香。而调味增香是菜肴调味工艺中一项十分重要的基本技术。虽然它有时与调味交融为一体，但增香有其自己的原理和方法。

调香，即调和菜肴的香气和香味，是指运用各种呈香调料和调制手段，在调制过程中，使菜肴获得令人愉快的香气和香味的过程，调香对菜肴风味的贡献仅次于调味。

任务目的

使学生了解香的实质和种类，理解菜肴调味增香的原理，掌握利用调料消除原料异味，配合突出原料香气的方法。

任务驱动

通过学习调香的原理和方法，掌握各种呈香调料的运用方法和调制手段，在烹调过程中使菜肴获得令人愉快的香气和香味。

知识准备

调香是利用调料来消除和掩盖原料异味，配合和突出原料香气，调和并形成菜肴风味的操作手段。其种类较多，根据调香原理和作用的不同，可分为抑臭调香法、加热调香法、封闭调香法、烟熏调香法和补助调香法。

课程思政

培养学生崇高的理想信念、坚定不移的爱国主义精神、诚实守信的传统美德，以及完备的法治思维、良好的职业道德规范和唯物辩证的分析方法等。实现由感性认识上升为理智遵循，实现知识性与思想性的统一。

知识点导图

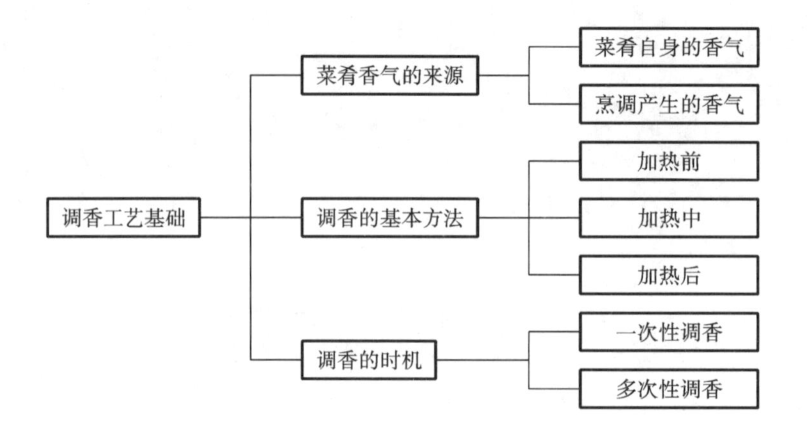

任务实施

菜肴的香气是评判菜肴质量好坏的重要感官指标。它是菜肴风味的一个重要组成部分。菜肴的香气是由其所含有的香气成分所形成的。香气成分主要是指菜肴原料中已经存在的以及在烹调过程中生成的香气。

从风味科学的角度来看，菜肴中挥发出来的香气成分，经过鼻孔刺激人的嗅觉神经，然后传至中枢神经从而使人感到菜肴的香气。菜肴的香气是品味的先导和铺垫，是引发食欲的重要前提。未见其菜，先闻其香。良好的菜肴香气有助于增强人的食欲，间接增加人体对营养成分的消化和吸收，所以烹调中如何使菜肴产生良好香气一直受到烹饪工作者的重视。

影响菜肴香气形成的因素有多种，既与原料自身所含有的香气成分有关，又与菜肴在烹调过程中的变化有关，但主要与后者有关。烹调过程中的加热方式、调香料的应用、油脂的应用等都对菜肴香气形成有影响，因为绝大多数菜肴香气的形成依赖于烹调师在烹调过程中应用不同的烹饪方法和调香技术。除了上述各种影响因素外，对菜肴香气的感受，还与人群、年龄、身体健康状况、环境、情绪的好坏有关。

一、菜肴香气的来源

菜肴香气的来源主要有两个方面。一方面来源于烹饪原料自身的香味（图 4-2-1），如黄瓜清香、芹菜香、芝麻香等。鳞茎类、辛辣类蔬菜具有浓郁的香辛气味，如葱香、蒜香、姜香、洋葱香等。各种

图 4-2-1 具有香味的原料

动物性原料在没有加热前，几乎闻不到香气，均有其特有的异味，“水居者腥，肉玃者臊，草食者膻”。肉类原料中均含有复杂多样的香气前体，它们经过加热后才会产生香气。各种动、植物油含有特有的油脂香味，如猪脂香、鸡油香、麻油香、花生油香等。各式调料含有特有的香气，如黄酒、酱油、醋、酱、八角、桂皮、花椒、丁香、甘草都是香味的来源。

菜肴的香气另一方面来源于烹调加工过程中产生的系列香味。大多数烹饪原料在没有加热前香气都较清淡，一经烹调加工就会香气四溢，诱人食欲。清炖鸡的香气、萝卜煨牛肉的香气、红烧肉的香气，都是通过加热产生的。辛香原料中的洋葱、大蒜、花椒等的香气成分是以结合状态存在于原料中的，在原料没有被切碎或压碎加热的情形下其香气较淡，一经粉碎加热，就会散发出十分浓郁的香气，加热后产生的系列香气是在烹制加热过程中香气前体分解、转化或相互间反应生成的。

（一）生鲜蔬菜

除少数辛香味的原料之外，蔬菜的总体香气较弱。

❶ 蒜、葱

大蒜、洋葱、香葱、韭菜、芦笋等百合科蔬菜为香辛类蔬菜，它们都含有刺激性气味。它们的风味以硫化物为主，特别是含有丙烯基、烯丙基、正丙基、甲基等构成的二烯丙基二硫化物、二烃基硫醚类、硫代丙醛类、硫氰酸类，甚至还有烃基次磺酸、硫代亚磺酸酯、硫醇和二甲基噻吩等。

❷ 洋白菜（结球甘蓝）

洋白菜、西蓝花、芥菜、萝卜和辣根菜等十字花科蔬菜，其香味成分的特征化合物是硫代异氰酸酯。

洋白菜的嗅感成分很多，主要有二甲基二硫化物、甲基丙基二硫化物、3-羧丙基二硫化物、二甲基硫醚、二丁基硫醚、甲基乙基硫醚、甲基苯基硫醚等。其中以硫化物为其特征香气（图 4-2-2）。

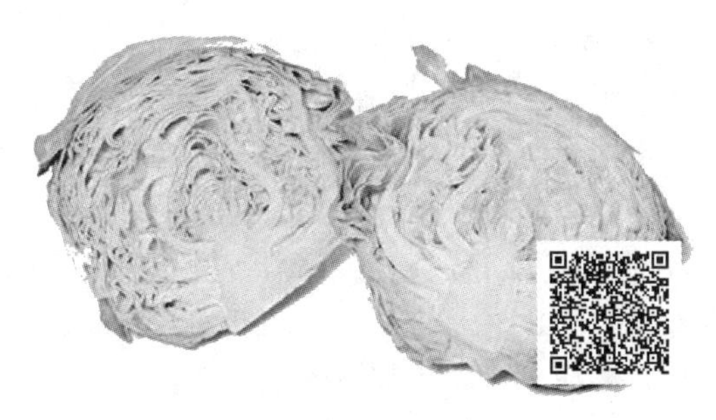

图 4-2-2 洋白菜

❸ 黄瓜

黄瓜含有 2.5%～9.0%的总糖，故大多有一些甜味，含有 0.4%～1.2%的含氮化合物，含有 3%以上的果胶，故有脆感。

清香气味的特征成分是 2,6-壬二烯醛、反-2-顺-6-壬二烯醇、壬醛等。

常见的几种蔬菜的香气成分如下。

菜　名	化 学 成 分	气　味
萝卜	甲基硫醇、异硫氰酸丙烯酸	刺激辣味
蒜	二烯丙基二硫化物、2-丙烯基硫代亚磺酸烯丙酯、丙烯硫醚	辣辛气味
葱类	丙烯硫醚、丙基丙烯基二硫化物、甲基硫醇、二丙烯基二硫化物、二丙基二硫化物	香辛气味
姜	姜酚、水芹烯、姜萜、莰烯	香辛气味
椒	天竺葵醇、香茅醇	蔷薇香气
芥类	硫氰酸脂、异硫氰脂、二甲基硫醚、二甲基二硫化物	刺激性辣味
叶菜类	叶醇	青草气味
黄瓜	2,6-壬二烯醛、反-2-顺-6-壬二烯醇、壬醛	清香气

（二）肉类

肉类原料的气味往往随动物品种、饲养状况等而有所改变。生肉的风味是清淡的，但经过加工制熟后香气十足（称为肉香）（图 4-2-3）。

图 4-2-3　肉类

牛、羊、猪和禽肉的香气各具特色。一般来讲，畜肉的气味稍重于禽肉，特别是反刍动物。猪和羊肉的风味种类相对少于牛肉。野生动物肉的气味重于家养动物。但总体来看，动物肉在新鲜时气味很小，有一些血腥味，这主要是乳酸及一些氨、胺类物质和一些醛、醇所致。肉的后熟作用会增加醛、酸等物质，从而使肉的气味有上升的趋势。肉类原料的气味来源与肌肉组织和脂肪组织有关，而脂肪组织的气味则往往更大。

不同肉类的气味是不同的，这主要取决于其脂溶性的挥发性成分，特别是短链脂肪酸，如乳酸、丁酸、己酸、辛酸、己二酸等。由于不同禽畜中脂肪酸的组成不同，受热的程度、时间等环境条件不同，造成脂肪氧化的程度不同，所以生成的风味有差异。与牛脂肪相比，猪脂肪和羊脂肪对各自肉味的贡献和影响更大，这源于猪脂肪和羊脂肪含有更多的形成特征风味的前体物质。但是猪脂肪和羊脂肪的特征风味前体物质物性不同：前者是水溶性的；而后者是脂溶性的。

肉类脂肪中的脂肪酸常使肉味带有臊气。带有中等碳链长度的含支链脂肪酸具有羊肉特有的膻气。不同性别的动物肉，其气味往往还与其性激素有关。如未阉的性成熟的雄畜（种猪、种牛、种羊等）具有特别强烈的臊气，而阉过的公牛肉则带有轻微的香气。动物的生长年龄对肉的风味也有影响，如老牛肉风味更浓郁，老母鸡炖出来的鸡汤更浓、更香等。

（三）水产品

每种鱼类（图 4-2-4）的气味因新鲜程度和加工条件不同而不相同。

图 4-2-4　鱼

鱼类新鲜度降低后的臭气成分有氨、三甲胺、硫化氢、甲硫醇、吲哚类臭素以及脂肪酸氧化的生成物等，其中三甲胺为鱼腥臭的主要代表成分。

（四）发酵食品

常见的发酵食品包括酒类、酱类、食醋、发酵乳品、香肠、馒头、面包等。酱油的香味物质包括醇、酯、酸、羰基化合物、硫化物和酚类等。醇和酯中有一部分是芳香族化合物。

食醋中有机酸、醇和羰基化合物较多，其中乙酸含量高达 4%。

馒头和包子的香味物质主要是在发酵阶段产生的芳香物质，如乙醇、有机酸及其他醛酮类化合物。碱发酵的馒头还具有碱香味，而有馅的包子则带有馅心的香味。面包的香味物质除了在发酵阶段产生的乙醇、有机酸及其他醛酮类化合物外，还有在烘烤阶段发生美拉德反应产生的多种香味物质，包括糠醛、羟甲基糠醛、乙醛、异丁醛、苯乙醛等。

（五）乳类

鲜牛奶有淡淡的香味，而乳品、奶油、黄油、奶粉、炼乳、乳酪等各种乳制品，都是以鲜乳为原料经过加热消毒处理后的产品，所以香气成分大体相似，既有天然的嗅感成分，也有因加热、酶促、微生物、自动氧化等产生的嗅感成分。

（六）食用菌

食用菌是一大类可食用的菌类，种类很多。鲜味和香味是食用菌的风味体。

香菇（图 4-2-5）子实体内含有特殊的香气物质，称为香菇精。

（七）食用油脂

食用油脂中大多数天然成分有清淡、新鲜的风味，它决定了特定的脂肪型气味。如果油脂中出现了轻微的异味或腐败味，则不宜食用，它们对食用油脂的品质和菜肴风味的影响很大。

每一种食用油脂都有其固有的气味：动物油脂中猪油、牛油、羊油特征气味差异明显，但都有肉的特征风味；香油、花生油、菜籽油的特征气味同样鲜明独特。

香油是中餐最广泛使用的调香油脂，具有特有的浓郁香气，可使人产生一种十分愉快的感觉，让人在品尝佳肴时感到更加柔和、完美。

二、调香的基本方法

为了使菜肴增香，在制作过程中（包括加热前、加热中、加热后）往往采取诸多不同的调香方法，使香气达到一定的要求，成为人们愿意接受的菜肴香气。

首先，常用的是加热增香法（图 4-2-6），即借助热量的作用促使烹饪原料主料的香气大量挥发，并与配料、调料的香气相交融形成浓郁香气。如在烹制动物性或某些植物性菜肴之前炝锅，就是利用热油对调料或香料进行加热，使调料或香料中的呈香物质大量挥发，同时被油脂所吸附，为菜肴增香；油炸、烤、煎、贴制菜肴在加热时，其主要目的是使菜肴成熟，同时也是使菜肴在加热时生香。这是因为呈香物质一般具有亲脂性，能够被油脂所吸附，在加热时渗入原料内部，使其呈现出特有的香

图 4-2-5　香菇

图 4-2-6　菜肴增香

气。同样在以水作为加热媒介时，原料内部的呈香物质也会发生一系列水解作用，从而使呈香物质溶解于水中，同时渗透到原料内部。制作蓉泥菜时，加入以葱姜浸泡的葱姜水进行加热后便会产生香味。涮、氽、煮、煨等系列方法在加热时，原料都会不同程度地产生一系列香气。还有铁板系列菜，铁板除了起加热作用外，还起保温作用，让菜肴的呈香物质在热力的作用下源源不断地生出，从而诱发人的食欲。还有一些通过加热产生一系列化学变化的增香，如糖的焦化生香、酯化增香等。凡呈香物质具有一定的挥发性，在空气中达到一定浓度时，才能够通过鼻腔，经嗅觉神经，传到大脑产生嗅觉。而加热生香便是为了加快其挥发性，从而使香气快速挥发出来。

其次是抑制异味调香法。烹饪中的异味，是指原料中本身所固有的，或因腐败变质、加工不当所产生的各种气味，如腥、膻、臊、臭、苦、焦煳味。这些人们不喜欢的异味，在菜肴制作过程中要尽量减少或者将它们除净。通常采用的是洗涤、焯水、初加工(除去腥臊部位，如猪腰的腰臊部位、鲤鱼的鱼筋等)、过油等方法消除异味。当采用这些方法还不能彻底消除异味时，就需要采用浓香的各类调料来加以掩盖、中和、消除，以压抑异味。如采用中和去异味增香法，在烹制各类水产品时往往要加入适量的食醋来达到去腥增香的目的。水产品的腥味主要是水产品中的赖氨酸通过酶的分解生成的。水产品活体死亡后，这种分解作用加剧，导致腥味更重。这些腥味物质，是蛋白质或者氨基酸分解而来的，大都具有碱性，所以常用醋来中和，同时要相应地加入一些料酒，因为料酒中的酒精可将腥味成分从水产品中溶出，利于加热时挥发除去，以达到去腥目的。

另一种方法是运用各种调味手段和加热方式来消除、减弱或掩盖原料原有的异味，同时突出或者赋予原料香味，如某些原料在上浆前需经葱、姜水浸泡，然后加入料酒、醋、盐、胡椒粉等进行增香，这一过程，既是一个调味过程(加热前调味，也叫基本调味)，同时又是一个去异味增香的过程。或者将原料进行腌制，加入葱、姜、黄酒、花椒等芳香调料，让各种香料中的呈香物质被原料充分吸收，再加热，使各种异味挥发。焯水加热时，可除去原料中的水溶性物质，如尿素、氨、胺类等异味成分；过油可以破坏、消除原料中的呈异味物质。

三、调香的时机

调香既与调味密切联系，又有区别。一般情况下，调香通常伴随调味等一起完成。菜肴的调香和调味一样，也分为加热前、加热中和加热后三个阶段，各阶段的调香作用及所用方法均有所不同，从而使菜肴的香呈现出层次感。

(一) 烹前调香

烹前调香法使用范围很广，兼有入味、增香、增色的作用。这种方法常常是在加热前采用腌渍的方法来调香，例如，用生姜、葱、蒜、酒、醋、茴香、八角、桂皮、麻油、酱类、糟等，将原料进行一定时间的腌渍，使调料中的有关香气成分或吸附于原料表面，渗透到原料之中，或与异味成分充分作用，再通过洗涤、焯水、过油或正式烹制，使异味成分得以挥发除去。如烹前肉类用料酒腌过后，有利于酒中的部分酒精与肉中的有机酸结合生成具有香气的酯类物质。

还可以通过发酵生香的方法使得原料形成一定的特殊香气，例如，泡菜、酸菜等。有时也采用冷熏法：温度不超过 22 ℃，所需时间较长，烟熏气味渗入较深，烟香气较浓厚。有时还可以采用硝水(含硝酸钠或硝酸钾的水溶液)腌渍肉类原料，既可以使肉类原料上色，又可以使肉类增香。

(二) 烹中调香

烹中调香(图 4-2-7)运用非常广，几乎各种热菜的调香都离不开这种方法。这种方法是指借助加热的作用，除去原料异味，迅速增加菜肴的香气。在加热过程中除了原料本身受热形成的香气外，还使得不同调香料之间的香气得以互相融合并挥发，以及与原料自身的本香相互交融，形成浓郁的香气。通过加热，调料中的呈香物质迅速挥发出来，或者溶解于汤汁中，或者渗透到原料内，或者吸附在原料表面，或者直接从菜肴中散发出来，从而使菜肴带有香气。通过热力使香气向原料内部渗透，如在煮、炸、烤、蒸等过程中都有这种现象发生。

图 4-2-7　烹中调香

加热过程中的调香，调香料的投放时机很重要。香气挥发性较强的，如香葱、胡椒粉、花椒粉、小磨香油等，需要在菜肴起锅前放入，才能保证香气浓郁；香气挥发性较差的，如生姜、干辣椒、花椒、八角、桂皮等，需要在加热开始时就投入，让调香料有足够的时间将香气挥发出来，并充分渗入原料之中。

烹饪中的调香方法大致可以分为两类：一类是菜肴制作过程处于开放式或半开放式的情况；另一类是菜肴处于封闭式或半封闭式的情况。

❶ 开放式调香法

开放式、半开放式调香法的操作如下。

（1）炝锅助香：通过调香料加热及油脂的作用，使调料香气挥发，且大部分被菜肴和油所吸附或溶入，有利于菜肴调香。

（2）余热促香：在菜肴起锅前后，趁热淋浇或撒入调香料，或者将菜肴倒入有热度且较大的盛器内，通过余热保温作用促使其增加香气。

（3）酯化增香：在较高温度下，利用原料或者调料中醇与酸的酯化作用生香，酯化速度可以明显加快，产生的香气物质也多。

（4）烟熏调香：把香料加热至冒浓烟，产生浓烈的带有这种特殊物料的烟，使其与被熏原料接触，并被原料吸附的调香方法。

❷ 封闭式调香法

封闭式调香法是指将原料保持在封闭的条件下加热，食用前开启，以获得浓郁香味的调香方法。此法是一种比较特殊的方法。开放调香法容易使部分呈香物质在烹制过程中散失，存留在菜肴中的只是其中一部分。尤其是在加热过程中，加热时间越长，呈香物质挥发得越多，香气损失得就有可能越严重。而采取封闭式调香法能很好地解决这个问题。封闭式调香法（图 4-2-8）归纳起来主要有以下几种。

图 4-2-8　封闭式调香法

（1）容器密封：如加盖并封口烹制的汽锅炖、瓦罐煨、竹筒蒸等。

（2）泥土密封：如叫花鸡是用泥土完全密封调香的典型代表。

（3）纸包密闭：用可食性玻璃纸、威化纸等，包上已调配好的原料，炸熟或烤熟上盘。如纸包鸡、纸包虾、锡纸回锅肉、纸包罗非鱼等。

（4）面皮密封：用面皮包封原料，如响铃三鲜、麦香盒子鱼等。

（5）荷叶密封：用新鲜的荷叶或者干荷叶，包上已调配好的原料进行烤制或者蒸制。例如，荷叶包鸡、荷叶粉蒸肉等。

（6）糨糊密封：利用上浆、挂糊，可起到调味、保嫩、调香的三重作用。

（7）其他原料密封：用一种原料包裹其他原料，既丰富了菜肴层次，改变了触感，调和了味感，又在一定程度上封闭了香气。如荷包圆子、鱼咬羊、八宝鸭、三套鸭等。

（三）烹后调香

烹后调香是指在成菜后，再另外加入一些带有浓香气味的调香料，用以掩盖轻微的异味或者增加某种特殊的香气。方法是在菜肴盛装前后淋入麻油，或经过特别加工形成的风味油脂，如花椒油、辣椒油、红油、葱油等，或者撒一些香葱、香菜、蒜泥、胡椒粉、花椒粉等，或淋上特殊制作的调味汁，或将香料置于菜上，或与味碟随菜上桌。烹后调香主要是用来补充菜肴香气之不足或者完善菜肴风味。

（四）冷菜调香

冷菜又分为冷制冷食和热制冷食两类。对冷制冷食的冷菜来说，它的香气是原料自身所固有的天然香气与调味料香气混合而成的。冷制冷食的冷菜有些需要预先用一定的调味料来腌制入味，有些是在食用时将调味汁淋入，拌匀后食用。由于未经加热，所以原料本身的香气要突出一些。冷菜的香气成分往往蕴藏在菜肴之中，如果仔细嗅闻冷菜，原料中固有的香气可以闻到。冷制冷食的冷菜在制作过程中，由于原料的香气不明显，常常要加一些调味料及调香料（图 4-2-9），用以增加菜肴的香气。例如，常用的有芥末汁、糖醋汁、花椒油、辣椒油、香油、芝麻酱、香葱油、蒜末等。根据生香原理，冷菜的香气肯定不如热菜来得强烈。热制冷食的冷菜实际上是加热制作，冷却后食用，其生香过程主要是在烹调加热中完成的。加热过程中不但促进了原料中香气成分的逸出，也有助于改善原料特有的天然香气，加之在加热过程中调味料及调香料的加入，使得热制冷食的冷菜，其香气变得复杂及丰富，香气也较为浓郁。因此热制冷食的冷菜香气要比冷制冷食的冷菜香气容易生成并容易调控。由于加热烹调，热制冷食的冷菜香气的效果更明显，香气种类更丰富。

图 4-2-9　冷菜调香

（五）一次性调香

一次性调香包括加热前一次性调香、加热中一次性调香和加热后一次性调香。由于调料兼具调色、调味、调香等多重功效，所以，调味的过程实际上也有调香过程。也就是说，菜肴原料进行一次性调制时，要充分考虑菜肴原料的调香，使其相得益彰，不能只注重色、味、质的调和，而忽视香的调制。在一次性调香过程中，最重要的是要根据菜肴特点选择香料，同时还要根据香料的耐热性，选择调香时机。一般来说，冷制冷吃菜肴的调香，在原料无特殊异味的情况下多选择一次性调香；热菜使用一次性调香较少，通常需要借助多个时机完成。

（六）多次性调香

多次性调香包括原料加热前的调香、加热中的调香和加热后的调香。

加热前调香多采用腌渍的方法，有时也使用生熏法。其作用主要是清除原料异味，其次是给予原料一定的香气。

加热中调香是确定菜肴香型的主要阶段，其作用一是原料受热变化生成香气，二是用调料补充并调和香气。加热过程中调香的效果与香料的投放时机有密切关系。一般来说，香气挥发性较强的，如香葱、胡椒粉、花椒粉、小磨麻油等，需在菜肴起锅前放入，才能保证浓香。香气挥发性较弱的，如生姜、干辣椒、花椒粒、八角、桂皮等，需要借助炝锅，在加热开始时投入，以使呈香物质有足够时间挥发出来，并热渗到原料之中。

加热后调香的常用方法是在菜肴盛装时或装盘后淋入麻油，或者撒一些香葱、香菜、蒜泥、胡椒粉、花椒粉等。或者将香料置于菜上，继而淋以热油，或者跟味碟随菜上桌。此阶段的调香主要是补充菜肴香气的不足，或者完善菜肴风味。

作业与习题

（1）简述调味工艺的作用。

（2）简述菜肴味型的分类。

（3）简述麻辣味型的调配机理。

（4）简述酸甜味型的调配方法与技巧。

学习小心得

任务三　调色工艺的基本要求

任务描述

对菜肴色彩的搭配和运用是烹饪人员必备的基本功。中国烹饪以“色、香、味、形、质、养、器”俱

佳著称于世，其中“色”居于榜首，足以说明色彩在烹调中的重要地位。菜肴的色彩直接关系到人们的视觉对菜肴的好恶程度和食欲兴趣。菜肴的色香味形是体现菜质的主要因素，菜肴的色与形，首先进入就餐者的感观，美丽鲜艳的色彩，能够激起人们的美好情感，增进人们的食欲。我国的烹调技术，十分讲究菜肴色彩的调配。厨师巧妙地选用各种原料的本色，运用烹饪中的起色和调料、植物着色剂进行配色，使一桌酒席的菜肴红绿相间，黄白相映，组成一幅幅绚丽多彩的图画。

任务目的

使学生了解菜肴色泽的来源，理解菜肴调味增色的原理，掌握利用调料丰富菜肴色彩，增加菜肴光泽的方法。

任务驱动

运用各种有色调料和调配手段，调配菜肴色彩，增加菜肴光泽，使菜肴色泽美观。

知识准备

菜肴的调色主要包括菜肴成品色泽的调配和菜肴中各原料之间的色泽搭配。菜肴色彩的绚丽明快，与菜肴的艺术之美相映成趣，美在色彩的配合运用，美在菜肴味觉和视觉的完美感受。

课程思政

通过对食品添加剂的系统介绍，使学生对食品添加剂有全面客观的理解。在课程的教学过程中不断融入思政教育，以期培养学生从事食品行业所需的专业素养和道德规范。

知识点导图

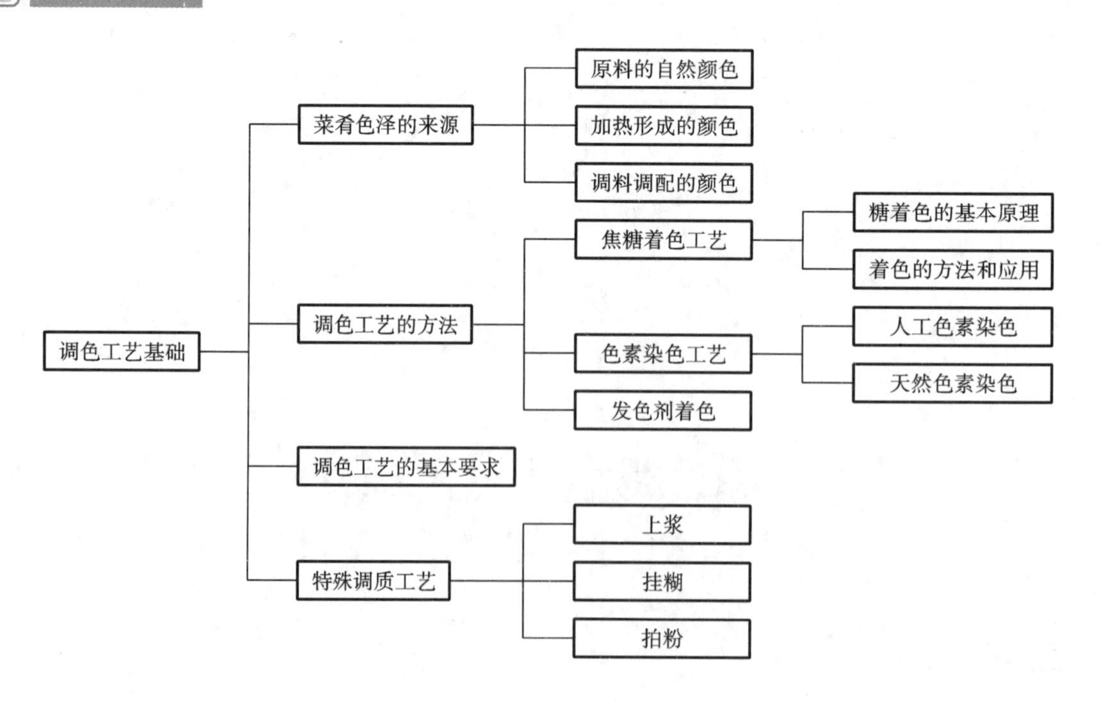

任务实施

一、菜肴色泽的来源

菜肴的色泽主要来源于四个方面:原料的自然色泽,加热形成的色泽,调料调配的色泽,色素染成的色泽。

(一) 原料的自然色泽

菜肴原料大都带有比较鲜艳纯正的色泽,在加工时需要予以保持或者通过调配使其更加鲜亮。如红萝卜、红辣椒、番茄的红色,红菜薹、红苋菜、紫茄子、紫豆角、紫菜的紫红色,青椒、蒜薹、蒜苗、四季豆、莴笋的绿色,白萝卜、莲藕、竹笋、银耳、鱼肉的白色,鸡蛋黄、韭黄、黄花菜等的黄色,香菇、海参、黑木耳、发菜、海带等的黑色或深褐色等。配色方法如下。

(1) 顺色配:只限于暖色调和中性色调,如暖色调的红色(大红、金红、玫瑰红)、黄色(金黄、乳黄、橙黄、鹅黄),中性色调的绿色(深绿、翠绿、草绿、墨绿)等。这里要说明的是近色不能互配(图4-3-1),如红辣椒与番茄、黄花菜与鸡蛋黄、青椒与蚕豆瓣,在红黄绿三色中任意选二种互配才会体现鲜明、生动、清爽、雅致的色调。

(2) 逆色调:暖色调或中性色调与冷色调互配,这样的配色常常给人以节奏感,跳跃起伏,色彩的反差大,更富有视觉冲击力,也更有韵味。"配"不仅要讲究菜肴本身的衬托,而且还要注重与外界环境的配合,比如利用灯光来使菜肴增色。将辅助光源(如射灯)照射在菜肴上,可以起到两个基本作用:保温和增色。配色的作用:在菜品上增加适量的调料润色后,能使原来的色彩更加夺目,如在白斩鸡上涂层麻油、放上几根香菜,感觉特别舒畅。用盛器润色菜肴,如珍珠丸子、熘鱼丁,菜是白色的,若再用白色或接近白色的瓷盘来盛装,则给人以单调的感觉,如果配以青瓷盘,就能衬托出菜肴晶莹纯白的色泽,给人以清新之感。

(二) 加热形成的色泽

加热形成的色泽是指在烹制过程中,原料表面发生色变所呈现的一种新的色泽(图4-3-2)。加热引起原料色变的主要原因是原料本身所含色素的变化及糖类、蛋白质等的焦糖化作用以及羰氨反应等。很多原料在加热时都会变色,如鸡蛋清由透明变成不透明的白色,虾、蟹等由青色变为红色,烤制食物表面呈现的金黄色、褐红色等。

图 4-3-1 配色菜肴

图 4-3-2 加热形成的色泽

(三) 调料调配的色泽

调料调配的色泽是用有色调料调配而成,用有色调料直接调配菜肴色泽,在烹制中应用较为广泛。常见的有色调料分以下几种颜色。

①酱红色:酱油、豆瓣辣酱、甜面酱、牛肉辣酱、芝麻辣酱、甜醋。

②黄色:橙汁、柠檬汁、橘子汁、咖喱粉、咖喱油、生姜、橘皮、蟹油、虾黄油、木瓜。

③酱红色:番茄酱、沙司酱、甜辣酱、草莓酱、山楂酱、干椒、辣油、红曲汁、南乳汁。

④深褐色:蚝油、丁香、桂皮、八角、豆豉、花椒、香菇油。

⑤绿色:芥辣酱、葱、菜叶。

⑥无色或白色:蔗糖、味精、卡夫奇妙酱、白醋、白酱油、白酒、盐、糖精、蜂乳。

以上调料在着色时一般不单独直接调色,而是几种调味料相互配合,同时再以芡汁、油为辅助,以增加色泽的和谐度,常用的方法有以下几种。

①腌渍着色:通过腌渍使原料吸收调料中的色素,而改变原料的色泽,例如,酱菜的棕褐色是吸附了酱里色素而形成的。

②拌和着色:主要是指一些冷菜原料的调味着色,将有色调料直接拌和在原料的外表,使原料带有调料的色彩,如腐乳鱼片,是将腐乳的红卤汁与烫熟的鱼片拌后,使鱼片呈红色。红油鸡丝、咖喱茭白茄汁马蹄等都属拌和着色的范围。

③热渗着色:在加热过程中,除调味料的味道渗透或吸附到原料当中外,调料的色素成分也随之渗透或吸附到原料中。例如:腐乳汁肉,除肉中带有腐乳的香味之外,腐乳汁还使肉色变红;红烧菜更是如此,酱油或酱类的色素使红烧的原料形成酱红色。在热渗着色中,除卤、酱类冷菜外,一般热菜都要与芡汁相配合,勾芡再淋上油脂,增加色泽的透明度和光洁度。

④浇黏着色法:将色泽鲜艳的调料通过调配以后,浇在原料的外表(图 4-3-3),使原料黏附上一层有色的卤汁,这种着色法与浇汁调味法是同时使用的。例如茄汁鱼,是将红色的番茄酱通过加糖、盐、醋,并勾芡、淋油后,浇在炸好的鱼花上面,使菜品呈现出红亮鲜艳的色彩。另有一些蒸、扒、扣的菜肴,由于蒸制过程中不能使原料达到上色的要求,出锅前要将卤汁倒出,再添加有色调料,并勾芡、淋油,然后浇在原料的上面,使菜品达到上色的目的,如扣肉、扒鸡等。

图 4-3-3　调料浇在原料外表

（四）色素染成的色泽

色素染成的色泽是用天然或人工色素对无色或色淡的原料染色,使原料色泽发生改变。天然色素有绿菜汁、果汁等,人工色素有柠檬黄、苋菜红的。

原料的自然色泽不属于菜肴色彩工艺的内容,调色只是附带的功能。以下介绍上色方法。

二、调色工艺的方法

（一）焦糖着色工艺

焦精着色是利用糖受热后产生的色变反应进行着色。其方法有两种,即糖浆着色与糖色着色。糖浆是以麦芽糖为主要原料调制而成的汁液,主要用于烤鸭、烤鸡等菜肴的外皮涂料,它可使原料的

外皮色泽红亮、酥脆可口。糖色着色是利用蔗糖熬成的焦糖水进行上色，主要用于红烧、红扒等菜肴，也可使菜肴色泽红亮。它们都是烹饪中常用的技法。

❶ 糖着色的基本原理

将糖类调料（如饴糖、蜂蜜葡萄糖浆等）涂抹于菜肴原料表面，经高温处理产生鲜艳颜色。糖类调料中所含的糖类物质在高温作用下主要发生焦糖化作用，生成焦糖色素，使制品表面产生褐红明亮的色泽。焦糖化是指糖类在150～220 ℃发生降解，产物经聚合或缩合生成黏稠状黑色或褐色物质的过程。焦糖化在酸碱条件下都可以进行，一般碱性条件下速度快一些。下面以蔗糖为例介绍其焦糖化过程。

①加热下蔗糖首先熔融，继续加热到200 ℃经过35分钟起泡，蔗糖脱去一分子水，初级产物为异蔗糖苷，此物无甜味具有温和苦味。

②中间起泡阶段：生成异蔗糖苷后，起泡有一暂时停止现象，又进行中间第二次起泡，持续时间达55分钟，蔗糖进一步脱水达到9%，生成第二步产物蔗糖苷，该物熔点138 ℃，仍有苦味，可溶于水和乙醇。

③经过55分钟后加热会再脱水生成糖稀，该物熔点154 ℃，可溶于水，继续加热会进一步聚合为高分子深色难溶的胶态物质焦糖素。糖类在强热条件下生成焦糖和醛酮类。焦糖是呈色物质，而挥发性的醛、酮类化合物则是焦糖化气味的基本组分。蔗糖的焦糖化在烹调中多用于制造糖色，烹制红烧类菜肴，能使菜色泽红润艳丽。蔗糖的焦糖化作用在焙烤食品中也会发生，可使产品形成一定的色泽和特殊的焦香气味。麦芽糖又称饴糖，是烹调中常用的着色剂（图4-3-4）。饴糖甜味柔和，清香爽口，是我国传统的一种甜味剂。

图4-3-4　饴糖

饴糖是由淀粉经过麦芽糖酶水解得到的，它的主要成分是麦芽糖和糊精，其中麦芽糖约占1/3。麦芽糖收湿性强，在高温下，容易发生缩合反应形成焦糖色素。

原料之所以要趁热抹上“糖色”，是因为原料表面有一定温度，能促进表皮对糖色的吸附能力，使糖色黏得牢固。同时肉皮表面经过水煮后，胶原蛋白水解生成明胶，明胶热时具有一定黏度，趁热抹上糖色，均匀且易上色，炸时糖色不易脱落。但是原料抹匀糖色后，不宜立即炸制，应吊起晾干后再炸或烤。当原料表面水分因蒸发而减少时，会使糖的黏度增加，能牢固地附着在原料表皮上，炸制后不易脱色，成品红润光亮，色泽均匀。

❷ 着色的方法和应用

（1）糖浆着色：乳猪糖浆包括白醋50克、果糖40克、料酒50克、浙醋50克、米酒400克。烤鸭糖浆包括白糖20克、白醋30克、米酒20克、开水20毫升。鸡皮糖浆包括白醋500克、饴糖200克、浙醋100克、柠檬1个。

（2）糖色着色：白糖若干，用清水烧开并不断搅拌使水分蒸发，改用小火加热，待糖色变成深红、冒青烟时，加入适量沸水溶匀即可。主要用于烧、焖一类的菜肴，但烧制时还要加糖，因为糖经熬制

后甜味减弱，甚至还带有苦味。仍需要加糖调和口味。

（二）色素染色工艺

1 人工色素染色

（1）苋菜红：又称蓝光酸性红，是一种紫红色的颗粒或粉末，无臭，在浓度为0.01%的水溶液中呈现玫瑰红色。苋菜红可溶于甘油、丙三醇，但不溶解于油脂，是水溶性的食用合成色素。苋菜红的耐光、耐热、耐盐性能均较好。苋菜红主要用于糕点的着色，使用量少，为0.05 g/kg。我国规定婴幼儿食用的糕点和菜肴中不得使用它。

（2）胭脂红：又称丽春红，是一种红色粉末，无臭。胭脂红溶解于水后，溶液呈红色。胭脂红溶于甘油而微溶于酒精，不溶于油脂，耐光、耐酸性好，耐热性弱，遇碱呈褐色。胭脂红在面点制作时主要用于糕点的着色，最大使用量为0.05 g/kg。

（3）柠檬黄：也称酒石黄，是一种橙黄色的粉末，无臭。柠檬黄在水溶液中呈黄色，溶解于甘油、丙二醇，不溶于油脂。柠檬黄耐光性、耐热性、耐酸性好，遇碱则变红。

（4）日落黄：也称橘黄，是一种橙色的颗粒或粉末，无臭。日落黄易溶于水，在水溶液中为橙黄色，溶解于甘油、丙三醇，难溶于乙醇，不溶于油脂，耐光、耐热、耐酸性好。日落黄遇碱变为红褐色，用于面点着色，最大使用量为0.1 g/kg。

2 天然色素染色

（1）红曲米汁：又称红曲，丹曲、赤曲等，它是用红曲霉菌接种在蒸熟的米粒中，经培养繁殖后所得。红曲米汁的特点是对碱稳定，耐光、耐热，安全性好。

（2）叶绿素：绿色植物内含有的一种色素，耐酸、耐热、耐光性较差，应用时加热时间不能过长，行业中一般取其汁液与菜品原料混合使用。

（3）可可粉：可可豆炒后去壳，先加工成块，再榨去油，最后粉碎成粉末而成。可可粉色泽棕褐，味微苦，对淀粉和含蛋白质丰富的原料染色力强。

（4）咖啡粉：咖啡炒制后粉碎而成，色泽深褐，有特殊的香味，常用于西式蛋糕的制作。

（5）姜黄素：姜黄粉加酒精经搅拌干燥结晶即成姜黄素，在面点中经常使用，而且主要用于馅心的调配。

（三）发色剂着色

瘦肉多呈红色，受热后呈现灰褐色。一般采用烹制前加一定比例的硝酸盐或亚硝酸盐腌渍的方法来达到保色的目的。肉类的红色主要来自所含的肌红蛋白，也有少量血红蛋白的作用。加硝酸钠、亚硝酸钠等发色剂腌渍，肌红蛋白（或血红蛋白）即转变成色泽红亮、加热不变色的亚硝基肌红蛋白（或亚硝基血红蛋白）。此类发色剂有一定毒性，使用时应严格控制用量。硝酸钠的最大使用量为0.5 g/kg。

另外，亚硝酸盐不仅作为肉制品的发色剂，还具有提高肉制品风味、防止变味、抑制肉毒杆菌生长的作用。但是，腌制肉制品中，如果残留的硝酸盐过多，则会与肉中存在的胺类发生反应生成有致癌作用的亚硝胺类。

三、调色工艺的基本要求

1 要了解菜肴成品的色泽标准

在调色前，首先要对成菜的标准色泽有所了解，以便在调色工艺中根据原料的性质、烹调方法和基本味型正确选用调色料。

2 要先调色再调味

添加调色料时，要遵循先调色后调味的基本程序。这是因为绝大多数调色料也是调味料，若先调味再调色，势必使菜的口味变化不定难以掌握。

❸ 长时间加热的菜肴要注意分次调色

烹制需要长时间加热的菜肴(如红烧肉等)时,要注意运用分次调色的方法。因为菜肴汤汁在加热过程中会逐渐减少,颜色会自动加深,如酱油长时间加热会发生糖分减少、酸度增加、颜色加深的现象。若一开始就将色调好,菜肴成熟时,色泽必会过深,故在开始调色阶段只宜调至七八成,在成菜前,再来一次定色调制,使成菜色泽深浅适宜。

❹ 要符合人的生理需要和安全卫生

调色要符合人们的生理需要,因时而异。同一菜肴因季节不同,其色泽深浅要适度调整,冬季宜深,夏天宜浅。同时还要注意尽量少用或不用对人体有害的人工合成色素,保证食品的安全性。

四、特殊调质工艺

(一) 上浆

上浆又称抓浆、码芡等,上浆时一般要将主料先腌少许底味(注意掌握好盐的用量);浆制时手法要轻重适度,以免抓烂主料;掌握好浆的厚薄,要使原料浆制"上劲",以免出现"吐水""脱浆"现象。浆好的主料应加入适量的冷油拌匀封面,再入冰箱静置 2～3 小时后使用,这样既可防止主料与空气接触后氧化变色,又可固化主料中的水分,而且滑油时还能迅速分散开。上浆所用的固体原料有淀粉(菱角粉、绿豆粉、地瓜粉、玉米粉等)、米粉、小苏打或泡打粉等;液体原料有鸡蛋(蛋黄、蛋清或全蛋)、水等;而调味料有盐、味精、料酒、胡椒粉等。

❶ 上浆的目的和作用

(1) 增加原料的持水能力:上浆时一般先要投入一定量的盐,并进行搅拌,使得肌原纤维中的盐溶性肌蛋白在食盐作用下在搅拌过程中被游离出来,从而增加蛋白质水化层的厚度,提高蛋白质的亲水能力。因为蛋白质都带有电荷,当加入适量的食盐时,既增加了蛋白质的持水能力,同时经过人为的机械搅拌也使肌肉的柔嫩性得到一定程度的改善。上浆原料不同,采用的上浆措施也就不同,添加盐的方法也各异。本身质地细嫩水分含量较多的原料,上浆时先加入盐与原料一起搅拌,而且是一次性加地,直接搅拌到原料上劲(具有一定的黏稠性),然后再添加淀粉和蛋清。对本身质地较老、含水量不足的原料来说,则需要通过加水和加碱的方法来加以改善,行业中称为"苏打浆"。如牛肉上浆时先加入总量盐的一部分,同时加入一部分水,然后进行初次搅拌,待水分被牛肉吸进以后,加入 $NaHCO_3$ 粉末搅拌,若此时水分不足,还可加入少量水并搅拌,最后再将余下的盐加入,与其他辅料一起搅拌上劲即可。

(2) 使菜品口感滑爽:盐还可以缩短上浆原料的成熟时间,减少组织水分的损失。肌肉中蛋白质凝固温度因电解质的存在(例如食盐的存在)而降低,所以使上浆后的肌肉变性凝固的温度降低到 50～60 ℃。避免了高温而使原料水分气化,保证了菜品滑嫩柔软的要求。

(3) 使菜肴具有基本味:上浆时除了用盐使原料有基本咸味外,还要添加一些香辛调味汁,常用的是葱、姜、料酒,起去腥增香的作用(图 4-3-5)。上浆原料的外层是淀粉浆,淀粉受热后糊化,可阻止原料水分外溢,起保护水分的作用。但同时也对调味料的进入有阻止作用,加上烹制时间较短,调料是无法进入原料内部的,一般是包裹在原料的外表,虽然在包裹的调料中也有香辛料,但对原料起的作用只能是间接的,所以在上浆时必须先加入葱、姜、料酒与原料一起搅拌入味,才能直接起到去腥增香的作用,同时与原料外层包裹的调料相互协调,使内外口味均匀一致。

❷ 上浆工艺的操作关键

淀粉在使用前应提早将淀粉浸泡在水中,使淀粉粒充分吸水膨胀,以获得较高的黏度,从而增加烹饪原料的黏附性。

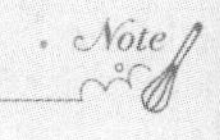

烹饪原料上浆前,原料的表面不能带有较多的水分。如果表面带有较多水时必须用干布吸去,

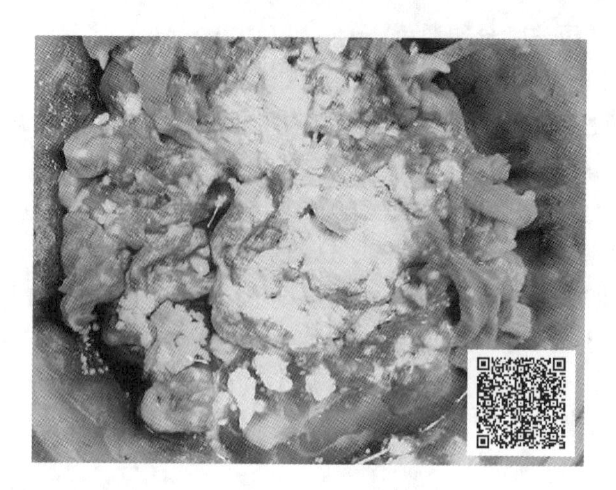

图 4-3-5　上浆

以免降低淀粉浆的黏度，影响淀粉浆的黏附能力，造成烹饪过程中的脱浆现象。

在调蛋清浆时，不能用力搅打，以免起泡而降低黏度，蛋清用量也不宜过多，否则会出现下锅后相互粘连的现象。

准确掌握盐的用量，盐除了能增加原料持水性外，还使原料具有一定的基本味，如果口味偏重则无法调整，更无法进行继续调味，从而影响菜品的整体风味。

烹饪原料上浆后，在下油锅前先加点油。这主要是起到润滑作用。因为不论淀粉还是蛋清，遇热后都会形成黏性较大的胶体溶液，紧紧地裹在原料表面。因此在滑油时，原料因黏性增加，彼此间互相粘结，不易滑开滑透。如果在挂糊或上浆后加点油抓匀，再滑油则原料周围破油滑润，下锅后原料易分散，避免了相互粘连，便于成形，菜肴也显得滑润明亮，同时也避免下热油锅时产生“嘣啪”作响、热油回溅、崩爆的现象。

③ 调制上浆的种类

1）蛋清粉浆

（1）所用原料：蛋清、湿淀粉、味精、料酒、盐适量（一般是主料 500 克、蛋清 35 克、淀粉 25 克）。

（2）调制方法：一种方法是先将主料用调味品腌渍入味，然后加入蛋清、湿淀粉拌匀。另一种方法是先将蛋清加湿淀粉调成浆，再把事先用调味品腌渍后的主料放入蛋清粉浆内拌匀。

（3）注意：调制时蛋清和湿淀粉用量要少，以主料表面出现一层薄浆为宜。

（4）适用范围：适于特别细嫩且要求成菜色泽洁白的原料上浆，如鱼片、虾仁等。

2）全蛋粉浆

（1）所用原料：全蛋液、湿淀粉、盐、料酒、胡椒粉适量。

（2）调制方法：将主料用调味品腌渍入味后，加入全蛋液和淀粉充分拌匀（或先把淀粉与鸡蛋调成浆），即可。

（3）适用范围：多用于炒、爆、熘等且带一定色泽的菜肴，如辣子肉丁、酱爆鸡丁等。

3）苏打浆（又称苏打粉浆）

（1）所用原料：蛋清、淀粉、小苏打、盐、水、白糖等（主料 500 克、蛋清 30 克、淀粉 30 克、小苏打 5 克、盐 10 克、水和白糖适量）。

（2）调制方法：先用少量的清水把小苏打化开搅匀后，加入蛋清充分地搅拌均匀，再加淀粉、白糖和少许盐搅匀成浆。使用时加到事先用调味品腌渍入味的主料中即可。

（3）适用范围：多用于质地较老、肌纤维含量较多、韧性较强的烹饪原料，如牛肉、羊肉等。

4）水粉浆（干粉浆）

（1）所用原料：干淀粉、清水、料酒、盐适量。

（2）调制方法：先将主料用调料腌渍入味，再加干淀粉与水（比例为 1∶2）调匀，以能在主料表面形成一层薄浆为度。

（3）注意：浆的稀稠度应根据主料水分含量的多少来定，以浆能够均匀地将主料包裹为宜。

（4）适用范围：多用于含水量较多的动物性原料，如肝、腰、肚，以及鸡、鱼、虾、鱿鱼等。

（二）挂糊

挂糊是我国烹调中常用的一种技法，行业习惯上称“着衣”，即在经过刀工处理的原料表面挂上一层衣一样的粉糊。就是将淀粉、面粉、水、鸡蛋等原料的混合糊，裹覆在原料的表面。这一工艺流程即是挂糊工艺。经挂糊后的原料一般采用煎、炸、烤、熘、贴的烹调手法，由于不同烹调方法的要求以及调配方法和浓度的差异，糊的品种相当繁多，制成的菜肴也各有特色。在色泽上有金黄、淡黄、纯白等，在质感上有松、酥、软、脆等，并使外层与内部原料形成一定的层次感，如外脆内嫩等，增加和丰富了菜品的风味。

由于原料在油炸时温度比较高，即粉糊受热后会立即凝成一层保护层，使原料不直接和高温的油接触。

❶ 挂糊原料的选择

（1）粉料的选择：挂糊的粉料一般以面粉、米粉、淀粉为主，选择时粉料一定要干燥，否则调糊时会出现颗粒，不能均匀地包裹在原料表面。同时还要根据糊的不同品种合理选择粉料品种：有的以面粉为主，如全蛋糊；有的以淀粉为主，如水粉糊；有的需要将几种粉料混合使用，如脆皮糊。

（2）鸡蛋的选择：鸡蛋是上浆和挂糊必需的原料之一，选择的鸡蛋首先要新鲜，因为有的糊只用蛋黄或蛋清，如果鸡蛋不新鲜就不利于将两者分开，特别是制作发蛋糊时，鸡蛋的新鲜程度直接影响到起泡的效果。

（3）主料的选择：挂糊的主料选择范围较广，除动物性肌肉外，还可选择蔬菜、水果等，在料形上除切割成小型的原料外，也可选用较大或整只动物的原料。

（4）油料的选择：有一些糊需要起酥起脆，通过油脂可使糊达到酥脆的质感，一般脆皮糊用色拉油，酥皮糊用猪油。

（5）膨松剂的选择：脆皮糊、发粉糊等糊的调制需要一定数量的膨松剂，常用的品种有苏打粉、发酵粉、泡打粉等，添加数量根据品种的不同灵活掌握。

❷ 糊的种类与调制方法

（1）蛋清糊：也叫蛋白糊，用鸡蛋清和水淀粉调制而成。也有用鸡蛋、面粉、水调制的。还可加入适量的发酵粉助发。制作时蛋清不打发，只要均匀地搅拌在面粉、淀粉中即可，一般适用于软炸，如软炸鱼条、软炸口蘑等。

（2）蛋泡糊：也叫高丽糊或雪衣糊。将鸡蛋清用筷子顺一个方向搅打，打至起泡，筷子在蛋清中直立不倒为止。然后加入干淀粉拌和成糊。用它挂糊制作的菜肴，外观形态饱满，口感外松里嫩。一般用于特殊的松炸，如高丽明虾、银鼠鱼条等。也可用于禽类和水果类，如高丽鸡腿、炸羊尾、夹沙香蕉等。制作蛋泡糊，除打发技术外，还要注意加淀粉，否则糊易出水，菜难制成。

（3）蛋黄糊：用鸡蛋黄加面粉或淀粉、水拌制而成。制作的菜色泽金黄，一般适用于酥炸、炸熘等烹调方法。酥炸后食品外酥里鲜，食用时蘸调味品即可。

（4）全蛋糊：用整只鸡蛋与面粉或淀粉、水拌制而成。全蛋糊制作简单，适用于炸制拔丝菜肴，成品呈金黄色，外松里嫩。

（5）拍粉拖蛋：原料在挂糊前先拍上一层干淀粉或干面粉，然后再挂上一层糊。这是为了解决

有些原料含水量或含油脂较多不易挂糊而采取的方法，如软炸栗子、拔丝苹果、锅贴鱼片等。这样可以使原料挂糊均匀饱满，吃口香嫩。

（6）拖蛋糊：先让原料均匀地挂上全蛋糊，然后在挂糊的表面上拍上一层面包粉或芝麻、杏仁、松子仁、瓜子仁、花生仁、核桃仁等，如炸猪排、芝麻鱼排等，炸制出的菜肴特别香脆（图 4-3-6）。

（7）水粉糊：就是用淀粉与水拌制而成的，制作简单方便，应用广，多用于干炸、焦、熘、抓炒等烹调方法。制成的菜肴色金黄、外脆硬、内鲜嫩，如干炸里脊、抓炒鱼块等。

（8）发粉糊：先在面粉和淀粉中加入适量的发酵粉拌匀（面粉与淀粉比例为 7∶3），然后再加水（夏天用冷水，冬天用温水）调制。调制时用筷子搅到有一个个大小均匀的小泡时为止。使用前在糊中滴几滴酒，以增加光滑度。适用于炸制拔丝菜，因菜里含水量高，用发粉糊炸后糊壳比较硬，不会导致水分外溢影响菜肴质量，制成的菜肴外表饱满、丰润、光滑，色金黄，外脆里嫩。

（9）脆糊：在发糊内加入 17%的猪油或色拉油拌制而成，一般适用于酥炸、干炸的菜肴。制成的菜肴具有酥脆、酥香、胀发饱满的特点。

（10）高丽糊：又称发蛋糊，是由蛋清加工而成，既可做菜肴主料的挂糊，又可单独作为主料制作风味菜肴。制作发蛋糊的技术性比较高，在制作时要掌握以下操作要领。

①打蛋的容器要使用汤盆，便于筷子在盆内搅打，容易使蛋糊打发，形成发蛋糊（图 4-3-7）。容器一定要干净，无积水，无油污。

图 4-3-6　炸猪排

图 4-3-7　蛋糊

②一定要用新鲜鸡蛋，蛋黄已碎的不能用，打蛋时只用蛋清，蛋黄蛋清要分清，不能有一点蛋黄掺在蛋清里。

③打蛋的方法：一只汤盆内可打五只鸡蛋的蛋清，用两双竹筷握在一起搅打。打时要用力，先快后慢，顺着一个方向搅打，不能乱打。一手拿盆，一手拿筷，站立操作，3～5 分钟就可以打成蛋糊，打到发蛋糊形成，用筷子在发蛋糊里一插，筷子能够直立时，说明发蛋糊已经制作成功。

④发蛋糊打成以后，可以根据不同的菜肴加工要求加入不同的调料和辅料。如炸羊尾要在发蛋糊里加入一点干酵粉。加入调料和辅料时，不是将发蛋糊倒进辅料，而是将调料和辅料加入发蛋糊，边加入边搅拌。

⑤配制好的发蛋糊不宜久留，要及时加热成熟。常用的成熟方法有熘、蒸两种。熘时油温不能超过三成，火候要用文火。油温过高时，要及时加入冷油或端离火口。如做鸡蓉蛋就是用熘法：取炒锅擦干烧热，加入猪油 700 克左右，在文火上加热至三成。用调羹逐个投下鸡蓉蛋糊，下锅要轻，将鸡蓉蛋逐个翻身，待到颜色洁白发亮、手摸有实感时，即可捞起另起油锅，加调料高汤，下五色柳丝，勾芡，蛋裹上柳丝即成。笼蒸成熟方法不易掌握，时间过短会导致外熟内生，蒸汽过足时有可能蒸穿。

（三）拍粉

拍粉是将原料表面滚沾上干性粉粒。

拍粉的用料：面粉、干面粉、面包粉、椰丝粉等。

作业与习题

(1) 简述淀粉在糊浆工艺中的作用。

(2) 比较不同糊对原料水分及营养成分的保护效果。

学习小心得

任务四　菜肴的芡汁及勾芡工艺

任务描述

含有淀粉的各种粉汁调成后，经过热淀粉溶液发生糊化，并吸收汤汁中的水分，形成具有黏性且光洁滑润的芡汁。这道工序是烹调技术操作中的一项重要基本功，对菜肴的质量影响很大。用淀粉作为勾芡原料时，淀粉糊化后除了具有黏稠度较大的特点外，还在于糊化后形成的糊具有较大的透明度，它黏附在菜肴原料表面，显得晶莹光洁、滑润透亮，能起到美化菜肴的作用。勾芡是否适当，对菜肴的质量影响很大，因此勾芡是烹调的基本功之一。勾芡多用于熘、滑、炒等烹调技法。这些烹调法的共同点是旺火速成，用这种方法烹调的菜肴，基本上不带汤。但由于烹调时加入某些调料和原料本身出水，使菜肴中汤汁增多，通过勾芡，使汁液浓稠并附于原料表面，从而达到菜肴光泽、滑润、柔嫩和鲜美的风味。

任务目的

勾芡是改善菜肴的口感、色泽、形态的重要手段，要准确了解勾芡的质量，首先应了解它的原理，同时，还要根据其不同的特点和要求，学会选用恰当的原料，在调制过程中采用正确的方法并掌握好操作关键。

任务驱动

使学生了解勾芡的基本概念，明确勾芡所用的原料，理解勾芡在烹调中的作用，掌握各种芡汁的调制方法和操作关键。

知识准备

勾芡是烹调的重要环节，对菜肴的色、香、味、形、质、养均有很大的影响。

课程思政

通过勾芡元素引入社会主义核心价值观。引导学生明白，人体生长发育离不开养分，同样精神世界的丰富离不开价值观的灌溉。世界是对立统一的整体，引导学生正确认识自身，掌握好做事做人的“度”，过多过少都不行。

知识点导图

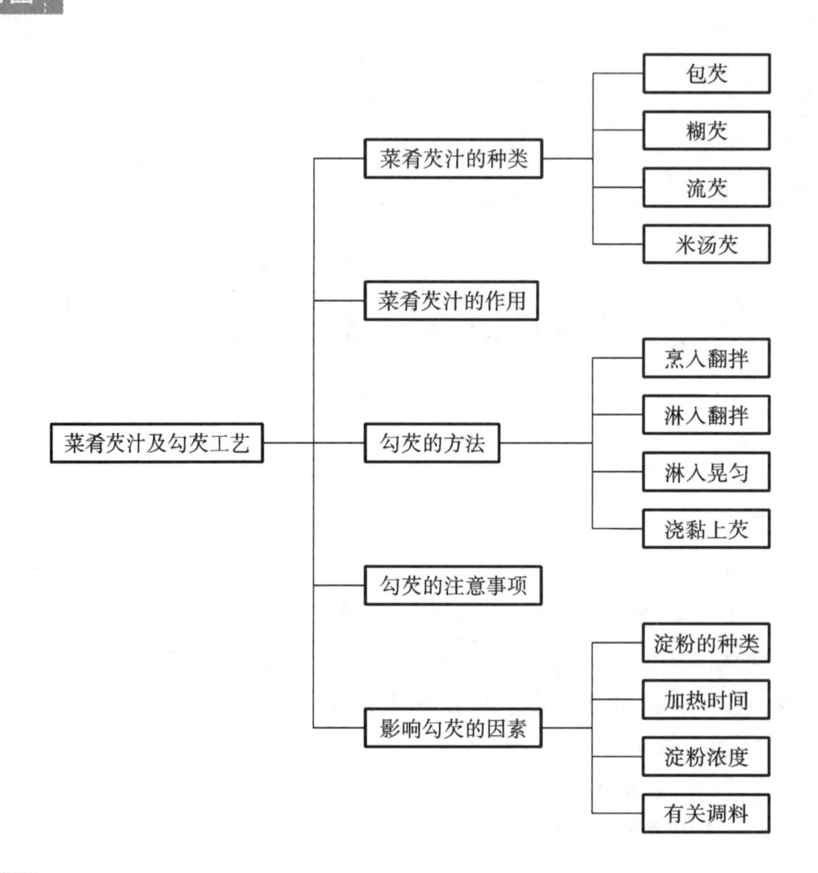

任务实施

一、菜肴芡汁的种类和作用

（一）菜肴芡汁的种类

芡汁指勾芡后形成的具有浓稠度的菜肴汤汁。菜肴的芡汁由于制作要求的不同而各异，有的浓厚，有的稀薄，有的量大，有的量小。一般按其浓稠度的差异，将菜肴芡汁粗略地分为厚芡和薄芡两大类，也可具体分为包芡、糊芡、流芡、米汤芡四类。

（1）包芡：也称抱芡、抱汁芡、抱汁、吸汁、立芡，一般指菜肴汤汁较少，勾芡后大部分甚至全部黏附于菜肴原料表面的一种厚芡。包芡要求菜肴原料与汤汁的比例要恰当，尤其是汤汁不宜过多，否则就难以成为包芡。包芡还要求芡汁浓稠度要适中，过浓时菜肴原料表面芡汁无法黏裹均匀，过稀

时又缺乏黏附力，芡汁在菜肴原料表面无法达到一定的厚度。包芡多用于炒、爆类菜肴。

(2) 糊芡：菜肴汤汁较多，勾芡后呈糊状的一种厚芡。它以菜肴汤汁宽厚、浓稠度大为基本特征，多用于扒菜。

(3) 流芡：又称奶油芡、琉璃芡，是薄芡中的一种，因其在盘中可以流动而得名。其特点类似于糊芡，但浓稠度较之要小一些，常用于烧、烩、熘类菜肴。

(4) 米汤芡：又称奶汤芡，浓稠度较流芡小，多用于汤汁类的烩菜(也作为酿制菜肴的卤汁)，要求芡汁如米汤状，稀而透明。

(二) 菜肴芡汁的作用

(1) 增加汤汁的黏稠度：菜肴在加热过程中，原料中的汁液会向外流，与添加的汤水及液体调味品融合便形成了卤汁。一般炒菜中的卤汁较稀薄，不易黏附在原料表面，成菜后会产生"不入味"的感觉。勾芡后，芡汁的糊化作用增加了卤汁的黏稠度，使卤汁能够较多地附着在菜肴之上，提高了人们对菜肴滋味的感受。芡汁勾入菜肴中，芡汁会紧包原料，从而制止了原料内部水分外溢，这样做既保持了菜肴鲜香滑嫩的风味特点，又使菜肴形体饱满而不易散碎。

(2) 增加菜肴汤汁的黏性和浓度：在烹调菜肴时，加入一些汤水或液体调味料(如酱油、香醋、料酒等调味料)，同时原料在受热后也有一些水分溢出，成为菜肴的汤汁。而这些汤汁因过于稀薄，不能附着在原料上，影响入味。勾芡以后，汤汁增加了黏性和浓度，使汤菜融合，鲜美入味。

(3) 保持了菜肴香脆、滑嫩的状态：这种作用在熘菜中最为明显。如熘菜的特点是外香脆、内软嫩，如果调味汁不经勾芡，就会直接渗透到原料表面，使已经炸得香脆的原料回软，破坏了外香脆、内软嫩的效果。调味汁经过勾芡以后，由于淀粉糊化变得浓稠，裹在原料表面上的芡汁就不易渗进，从而保持了菜肴的风味特点。

(4) 使汤菜主料突出：一些炖、烩、扒等烹调方法制作的菜肴，汤汁较多，原料本身的鲜味和各种调味料的滋味都要溶解在汤汁中，汤汁特别鲜美，这种鲜美只有勾芡后，在淀粉糊化的作用下才能使汤、菜融为一体，不但增加了菜的滋味，还产生了柔润滑嫩的特殊风味。又由于勾芡以后汤汁变浓，浮力增大，主料上浮、突出，改变了见汤不见菜的现象。

(5) 使菜肴形状美观、色泽鲜明：由于淀粉受热变黏后，产生了一种特有的光泽，能把菜肴的颜色和调味料的颜色更加鲜明地反映出来。勾芡后，由于淀粉的糊化，具有透明的胶体光泽，使菜肴更加光亮、美观。

(6) 能对菜肴起到保温的作用：由于芡汁加热后有黏性，裹住了原料的外表，减少了菜肴内部热量的散发，能较长时间保持菜肴的热量。

(三) 菜肴芡汁的适用范围

勾芡虽然改善了菜肴的口味、色泽、形态，但绝不是说，每一个菜肴非勾芡不可，应根据菜肴的特点、要求来决定勾芡的时机和是否需要勾芡。有些特殊菜肴待勾芡后再下主料，例如酸辣汤、翡翠虾仁羹。蛋液、虾仁待勾芡后下锅，可缩短加热时间，突出主料，增加菜肴的滑嫩。一般来说，以下几种类型的菜不需勾芡。

(1) 要求口味清爽的菜肴不需勾芡，特别是炒蔬菜类。

(2) 原料质地脆嫩、调味汁容易渗透入原料内的菜肴不需勾芡，如干烧、干煸一类的菜肴。

(3) 汤汁已自然浓稠或已加入具有黏性的调味品的菜肴不需勾芡。如"红烧蹄髈""红烧鱼"这类菜肴胶质多，汤汁自然会浓稠。又如川菜中的"回锅肉"、京菜中的"酱爆鸡丁"等菜肴，由于它们在调味时已加入豆瓣酱、甜面酱等有黏性的调味品，所以就不必勾芡了。

(4) 各种冷菜不需勾芡。因为冷菜的特点就是清爽脆嫩，干香不腻，勾芡反而影响菜肴的质量。

(四) 芡汁的制作

对菜肴进行勾芡，首先要调制芡汁或兑滋汁。芡汁，是将用于勾芡的干淀粉与清水一起调匀而成的汁液(通俗说法是"湿淀粉"或"水淀粉")；滋汁，是在用于勾芡的芡汁中加入其他调味料，有勾芡

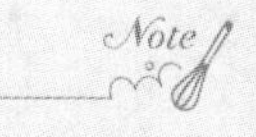

和调味的双重作用。

淀粉汁的调制方法如下。

(1) 汤粉芡汁:在勾芡之前用淀粉、鲜汤及有关调味料勾兑而成。它使得烹制过程中的调味和勾芡同时进行,常用于爆、炒等需要快速烹制成菜的菜肴。汤粉芡汁不仅满足了快速操作的需要,同时也可先尝准滋味,便于把握菜肴的味型。

(2) 水粉芡汁:用淀粉和水调匀而成。除了爆、炒等菜肴之外,几乎全都用水粉芡。不论是汤粉芡汁还是水粉芡汁,都要注意根据淀粉的吸水性能和菜肴的制作要求而定。

二、勾芡的方法

(一) 菜肴勾芡

菜肴勾芡常用的方法有烹入翻拌法、淋入翻拌法、淋入晃匀法、浇黏上芡法四种。

① 烹入翻拌法

此法常用汤粉芡汁。在菜肴接近成熟时,倒入汤粉芡汁,迅速翻拌,使芡汁将菜肴原料均匀裹住。或者在热锅中制成汤粉芡汁,再将初步熟处理的菜肴原料倒入,翻拌均匀。

② 淋入翻拌法

此法的裹芡形式与烹入翻拌法相同,不同之处在于它不是将所用芡汁一次烹入,而是缓慢淋入。爆炒、熘等菜肴勾芡时常用此法。

③ 淋入晃匀法

此法芡汁下锅方式与淋入翻拌法相同,但芡汁裹匀菜肴原料的方式却不一样。它是在菜肴接近成熟时,将芡汁徐徐淋入汤汁中,边淋边晃锅,或者用手勺推动菜肴原料,使其和芡汁融合在一起。常用于扒、烧、烩等菜肴的勾芡。

④ 浇黏上芡法

采用此法时淀粉汁入锅的方式可以是一次烹入,也可以是徐徐淋入,菜肴原料上芡的方式与前三种方法大相径庭。它是在原料起锅之后再上芡,或者将芡汁浇在已装盘的成熟原料之上,后者适用于需要均匀裹芡又不能翻拌的菜肴。

(二) 使用明油

菜肴勾芡后还需要使用明油使其具有光泽。

明油又称尾油,将芡汁泼入原料中时,紧接着还要加些植物油或麻油、葱油、辣椒油等,淋在被包芡的菜肴原料上,或渗在调制、加热后的芡汁里,再浇盖在菜肴上。使用明油与勾芡、调制芡汁的程序紧密相连,也可以说是勾芡和调制芡汁的补充方法。

菜肴烹调时,最后使用明油,这是中餐烹调的基本环节。使用明油有如下四种作用。

第一,可以增加菜肴光亮度(图 4-4-1),提高菜肴的观感。

图 4-4-1 增加光亮度

第二，菜肴表面的芡汁渗进适量明油，增强了芡汁的滋味。

第三，有些明油(如葱油、麻油等)的香味或香气会随着菜肴的热气飘散，有增强食欲的作用。

第四，芡汁中渗进适量明油，可以起到一定的保温作用，能有效降低菜肴热量的散发速度。基于上述四种作用，合理地使用明油也是烹调菜肴时不可忽视的技术环节。

合理使用明油应该掌握以下四个操作要领。

第一，芡汁边缘不外露明油，如外露明油，说明芡汁中含油量过多。

第二，明油要含在芡汁里，这样芡汁就增加了光亮度。

第三，要灵活掌握对明油的使用，有些脂肪含量略高的菜肴原料，烹调后可不必加明油或加少许明油，有些脂肪含量小的菜肴原料，烹调后可适量多加些明油，以补充菜肴原料脂肪含量的不足。

第四，走油类的菜肴(如爆、熘一类的菜肴)，因菜肴原料中已含油脂，芡汁一般较为薄、少，只用加少许明油即可；烧、扣一类的菜肴，因芡汁较多，明油可适量多加些。

三、勾芡的注意事项

❶ 准确把握勾芡时机

勾芡必须在菜肴即将成熟时进行，过早或过迟都会影响菜肴质量。过早，菜肴不熟，继续加热又易粘锅；过迟，菜肴质老，有些菜肴还易破碎。此外，勾芡必须在汤汁沸腾后进行。

❷ 芡汁的量要准确

由于菜肴原料数量不同，芡粉的质量不同，菜肴的制作标准不同，所以烹调时，所需芡汁的量也不同。

❸ 芡汁中水淀粉的稀稠度要准确

在勾兑芡汁时，水淀粉投放的比例要具有准确性。如果多了，芡汁泼入加热的原料中后，就会浓糊黏结；如果少了，黏性又不够，包裹不住原料，这都达不到菜肴的质量标准。如烹调菜肴的原料数量多，调制的芡汁也要适当增多；如烹调菜肴的原料数量较少，调制的芡汁也要适当减少。另外，芡汁中投放水淀粉的多少，与水淀粉本身的稀稠程度有很大关系，这就需要厨师准确把握。

❹ 芡汁须均匀入锅

勾芡必须将芡汁均匀淋入原料之间的汤汁中，同时采用必要的手段，如息锅、推搅等使芡汁分散。否则，芡汁入锅即凝固成团，无法裹匀原料，影响菜肴质量。

❺ 勾芡须先调准色、味

勾芡必须在菜肴的色彩和味道确定后进行(图 4-4-2)。勾芡后再调色、味，调料很难均匀分散，被菜肴吸收，还会影响菜肴的造型等。除爆炒菜因加热时间很短而将调味料与芡汁一起下锅勾芡外(行业中称兑汁芡)，其他菜肴都是在各种调味料投放并调准以后才进行勾芡。因为淀粉糊化后，芡汁浓稠，它们对调味料有阻碍作用，使其很难进入糊化的体系中，即使部分进入，也很难均匀。

图 4-4-2　勾芡

四、影响勾芡的因素

❶ 淀粉的种类

不同来源的淀粉的糊化温度、膨润性及糊化后的黏度、透明性等存在一定的差异。从糊化淀粉的黏度来看，“地下”淀粉（如土豆淀粉、甘薯淀粉、藕粉、马蹄粉等）比“地上”淀粉（如玉米淀粉、高粱淀粉等）的淀粉含量高。持续加热时，“地下”淀粉糊化后黏度下降的幅度比“地上”淀粉高得多。因此勾芡操作必须事先对淀粉的种类、性能做到心中有数。

勾芡一般选用绿豆淀粉比较合适，作为勾芡用的淀粉原料，应具有淀粉糊的热黏度高、热黏度稳定性好、透明度高和胶凝强度大等特点。常用的淀粉如土豆淀粉，糊化后虽然很快达到黏度最高点，但继续加热后黏度明显下降，在酸性条件下加热，黏度很快降低。而绿豆淀粉糊化后黏度较高，尤其是热时黏度较大，较稳定，酸对绿豆淀粉的黏度影响不大，其透明度、胶凝强度都比土豆淀粉大。因此，绿豆粉是勾芡中最理想的淀粉原料。

❷ 加热时间

每一种淀粉都有相应的糊化温度，达到糊化温度时淀粉才能糊化，一般加热温度越高，糊化速度越快。在糊化过程中，菜肴汤汁的黏度逐渐增大，完全糊化时黏度最大，之后随着加热时间的延长，黏度会有所下降。不同来源的淀粉，下降的幅度有所不同。

❸ 淀粉浓度

淀粉浓度是决定菜肴稠稀的重要因素。浓度大，芡汁中淀粉分子之间的相互作用就强，芡汁黏度就较大；浓度小，芡汁黏度就较小。实践中人们就是用改变淀粉浓度的方法来调整芡汁厚薄的。淀粉浓度还是影响菜肴芡汁透明性的因素之一。对于同一种淀粉而言，浓度越大，透明性就越差，浓度越小，透明性就越好。

❹ 有关调料

勾芡时往往淀粉与调料融合在一起，很多调料对芡汁的黏性有一定影响，如食盐、蔗糖、食醋、味精等。不同来源的淀粉受影响的情况有所不同。各种调味料综合使用时对淀粉糊黏度有影响。例如：食盐可使土豆淀粉糊的黏度减小，也可使小麦淀粉糊的黏度增大；蔗糖可使这两种淀粉糊的黏度增大但影响程度不同；食醋可使这两种淀粉糊的黏度减小，不过对土豆淀粉糊的影响更甚；味精可使土豆淀粉糊的黏度减小但对小麦淀粉糊几乎没有影响。一般而言，随着调料用量的增大，影响的程度随之加剧。因此应根据调料种类和用量来适当调整淀粉浓度。在实际制作菜肴时，根据试验与感官评定可知，最佳料水比是 1∶20，考虑到调料的影响，最佳料水比应修定为 1∶15。

作业与习题

（1）勾芡的时机对菜品特色有何影响？

（2）简述影响勾芡的因素。

学习小心得

项目五

制熟工艺基础

扫码看课件

导言

本项目介绍运用加热、调制等手段制成不同特色风味菜肴的方法。在实际应用中，烹调方法还包括只调制不加热的方法，如生拌、生炝、生渍、生腌等，以及只加热不调制的方法，如煮(饭)、熬(粥)、蒸(馒头)、烤(白薯)等。

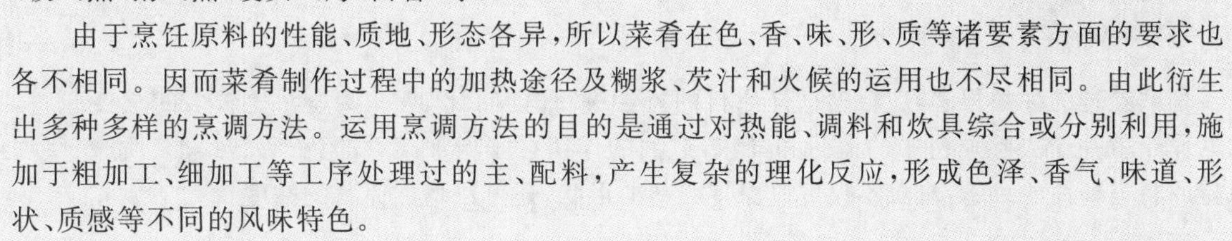

由于烹饪原料的性能、质地、形态各异，所以菜肴在色、香、味、形、质等诸要素方面的要求也各不相同。因而菜肴制作过程中的加热途径及糊浆、芡汁和火候的运用也不尽相同。由此衍生出多种多样的烹调方法。运用烹调方法的目的是通过对热能、调料和炊具综合或分别利用，施加于粗加工、细加工等工序处理过的主、配料，产生复杂的理化反应，形成色泽、香气、味道、形状、质感等不同的风味特色。

理论学习目标

(1) 了解原料初步热处理的作用和意义。
(2) 掌握各种烹调方法对菜品的要求。
(3) 掌握各种烹调方法的作用。

实践应用目标

(1) 掌握以油作为传热介质的菜品制作。
(2) 掌握以水作为传热介质的菜品制作。
(3) 能概述菜肴烹调方法的概念及分类方法。

任务一 预熟处理工艺基础

任务描述

烹饪原料的预熟处理，是根据成品菜肴的烹制要求，在正式烹调前用水、油、蒸汽等传热介质对

初加工后的烹饪原料进行加热，使其达到半熟或刚熟状态的加工过程。烹饪原料的预熟处理，是原料正式烹调前的一个重要环节，是菜肴烹调过程中的一项基础工作。它直接关系到成品菜肴的质量，具有较高的技术性。烹饪原料的预熟处理包括焯水、过油、汽蒸等。

任务目的

不同的原料具有不同的特性，在进行预熟处理时，应根据菜肴的要求选用不同的预熟方法。

任务驱动

烹饪原料预熟方法的不同，决定着菜肴的口感、颜色和质感，也决定着菜肴的呈现形式。

知识准备

预熟处理的种类很多，应根据烹饪原料的特性进行选择，比如：一些血污比较多的烹饪原料，焯水的作用就在于去除原料中的血污和异味，过油的作用在于增加菜肴的色、香、味、形、质；一些需要保持原料完整性的菜肴，汽蒸不仅可以保持原料的形状，还可以增加原料的嫩度。

课程思政

能够清楚地知道原料加热成熟的重要性，食品的卫生关系到每个人的健康，通过学习焯水、过油和汽蒸的处理方法，一方面可以使原料成熟，杀死里面的有害物质，另一方面可以使原料提前成熟，缩短正式烹调的时间。

知识点导图

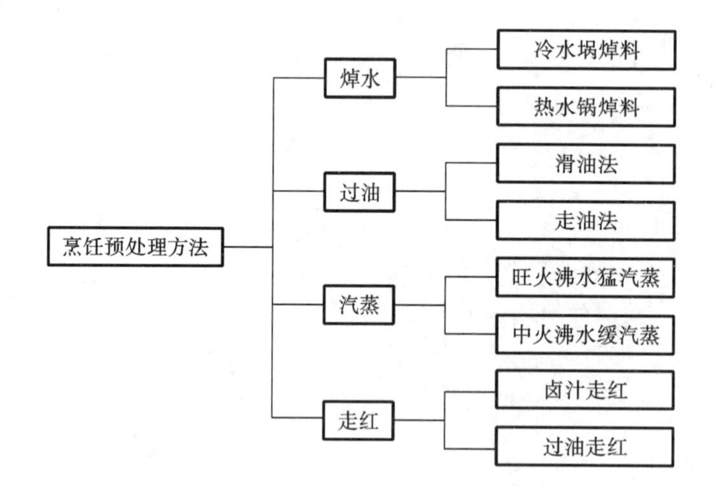

任务实施

一、焯水

焯水又称出水、冒水、飞水、水锅等，是指把经过初加工后的烹饪原料，根据用途放入不同温度的水锅中加热到半熟或全熟的状态，以备进一步切配成形或正式烹调之用的初步热处理。焯水是较常用的一种初步热处理，需要焯水的烹饪原料比较广泛，大部分植物性烹饪原料及一些血污或腥膻气

味的动物性烹饪原料，在正式烹调前一般都需要经过焯水处理(图 5-1-1)。

图 5-1-1　焯水

（一）焯水的作用

❶ 可使蔬菜保持色泽鲜艳

大多数新鲜绿叶蔬菜含有丰富的叶绿素。绿叶蔬菜焯水可以使叶绿素分解酶失活，同时可溶解植物体内鞣酸、草酸等酸性物质，阻止叶绿体向脱镁叶绿素转变，进而保持蔬菜鲜艳的绿色。新鲜蔬菜表面还附着一层蜡膜，起着防御病虫害的自我保护功能，但这种蜡膜在一定程度上会阻碍人们对蔬菜颜色的感受。蔬菜焯水后蜡膜溶化，提高了人们对蔬菜颜色的感受。因此，焯水不但能防止蔬菜变色，还能提高蔬菜的鲜艳程度。

❷ 可以除去异味

异味指的是烹饪原料中的苦味、涩味、腥味、臭味等。这些味道在某些蔬菜及动物的脏腑中广泛存在，它们都属于极性分子或具有亲水基团，易溶于水，有些还可以在加热过程中被分解、挥发。比如草酸的涩味、芥子油的苦辣味、尸胺的臭味等，均可在热水中不同程度地被分解。另外，血污较多的动物性烹饪原料还可以通过焯水的方法去除血污。

❸ 可以调整烹饪原料的成熟时间

各种烹饪原料的成熟时间差异很大，有的需几小时，有的仅需几分钟即可。而在正式烹调时，往往要把几种质地不同、成熟时间不同的烹饪原料组配在一起。如“熘三样”中的猪肝、猪肚、猪肠三种原料，猪肝的成熟时间最短，只需断生即可，而猪肚、猪肠则要求软烂，成熟时间较长。因此，必须焯水预先使猪肚和猪肠达到软烂的程度，然后再与猪肝共同烹调，最终达到同时成熟的目的。显然焯水可以有意识地调整烹饪原料的成熟时间，使其成熟程度达到一致。

❹ 可以缩短正式烹调时间

经焯水的烹饪原料能达到正式烹调要求的初步成熟度，因而可以大大缩短正式烹调的时间。焯水对于要求在较短时间内迅速制成的菜肴显得更加重要。

（二）焯水的方法

❶ 冷水锅焯料

冷水锅焯料是将加工整理的烹饪原料与冷水同时入锅加热至一定程度，捞出漂洗后备用的焯水方法。

1）操作程序

将加工整理的烹饪原料洗净后放入锅中→注入冷水→加热→翻动原料→控制加热时间(使原料达到要求)→捞出，用冷水过凉备用。

2）操作要领

（1）烹饪原料在加热过程中应不时翻动，使其均匀受热。

（2）在焯水过程中，应根据原料的质地、切配的要求及烹调的需要，有次序地分别放入和取出烹饪原料。

3）适用原料

冷水锅焯料主要适用于异味（腥、膻、臭等）较重、血污较多的动物性烹饪原料，如牛肉、羊肉、肠、肚、肺等。这些烹饪原料若沸水入锅，表面会因骤受高温迅速引起蛋白质变性而立即收缩，内部的异味物质和血污也因蛋白质变性凝固而不易排出，达不到焯水的目的。一些含有苦味、涩味的植物性烹饪原料也要采用冷水锅焯料，如笋、萝卜、马铃薯、山药等，这些植物性烹饪原料中的苦味、涩味只有在冷水锅中逐渐加热才能消除。这些植物性烹饪原料的体积一般较大，需经较长时间加热才能成熟，若在水沸后入锅就会发生外烂里不熟的现象，无法达到焯水的目的。

❷ 沸水锅焯料

沸水锅焯料是将锅中的水加热至沸腾，再将烹饪原料放入，加热至一定程度后捞出备用的焯水方法。

1）操作程序

洗净加工整理的烹饪原料→放入沸水锅内加热→翻动原料→迅速烫好→捞出备用。

2）操作要领

（1）沸水锅焯料必须水宽火旺，一次下料不宜过多。

（2）严格控制焯水时间，不可过火。

（3）植物性烹饪原料焯水后应迅速过凉，以防变色、变味、变软。

（4）肉类烹饪原料焯水前必须洗净，应视成菜要求掌握焯水时间，以免影响烹饪原料风味和菜品质量。

3）适用原料

沸水锅焯料主要适用于色泽鲜艳、质地脆嫩的新鲜植物性烹饪原料，如菠菜、黄花菜、芹菜、油菜等。这些原料体积小，含水量多，叶绿素丰富，易于成熟。如果用冷水锅焯料，则加热时间过长，水分和各种营养物质损失较大。所以，这些原料必须沸水下锅，用旺火迅速烫制。沸水锅焯料还适用于一些腥膻异味较小、血污较少的动物性烹饪原料，如鸡翅、鸭肫等。这些原料放入沸水锅中稍烫，便能除去血污，减轻腥膻等异味。

（三）焯水时的注意事项

❶ 要根据烹饪原料的质地掌握好焯水时间

各种烹饪原料质地有老嫩软韧之分，形状有大小、粗细、薄厚之别，因而在焯水时应区别对待，分别控制好焯水的时间。体积较大、质地老韧的原料，焯水时间可长一些；体积细小、质地软嫩的原料，焯水时间应短一些。

❷ 有特殊味道的烹饪原料应分别处理

有些原料有很重的特殊气味，应与一般原料分开焯水，以免各种烹饪原料之间吸附和渗透异味，影响原料的本味。如果使用同一锅进行焯水时，应先将无异味或异味较小的原料进行焯水，再将异味较重的原料焯水。这样既可节省时间，又可避免相互串味。

❸ 深色与浅色的烹饪原料应分开焯水

焯水时要注意原料的颜色和加热后原料的脱色情况。一般色浅的烹饪原料不宜同色深的烹饪原料同时焯水，以免色浅的烹饪原料被染上其他颜色而失去其原有的颜色。

二、过油

过油是指在正式烹调前以食用油脂为传热介质，将加工整理过的烹饪原料制成半成品进行初步

热处理(图 5-1-2)。过油对菜肴的色、香、味、形、质、养的形成起着重要作用。

图 5-1-2　过油

（一）过油的作用

1 可改变烹饪原料的质地

需要过油的烹饪原料含有不同程度的水分，而水分又是决定烹饪原料质地的重要因素之一。过油时，利用不同的油温和不同的加热时间，不但使烹饪原料的水分与未加热前烹饪原料的水分产生差异，而且使烹饪原料皮层与深层水分也发生变化，从而改变烹饪原料的质地。

2 可改变烹饪原料的色泽

过油可通过高温使烹饪原料表面的蛋白质变性，同时，在糖类物质参与下产生美拉德反应，过油时的高温还促使淀粉水解成糊精。烹饪原料表面的这些变化会使其产生悦目的色泽。另外，各种各样的糊状物存在也会使烹饪原料表面产生滋润光泽之感。

3 可以加快烹饪原料成熟的速度

过油是对烹饪原料的初步加热，但由于加热时具有很高的温度，可使原料中的蛋白质、脂肪等营养成分迅速变性或水解，从而加快了烹饪原料的成熟速度。

4 改变或确定原料的形态

过油时烹饪原料中的蛋白质在高温下会迅速凝固，使烹饪原料的原有形态或改刀后的形态，在继续加热和正式烹调中不被破坏。

（二）过油的方法

1 滑油

滑油是指用温油锅将加工整理的烹饪原料滑散成半成品的一种过油方法。滑油的油温一般控制在五成以下。有的烹饪原料需要采用上浆处理，旨在保证烹饪原料不直接接触高温油脂，防止原料水分的外溢，进而保持其鲜嫩柔软的质地。滑油多适用于炒、熘、爆等烹调方法。

1）操作程序

烹饪原料加工整理→烹饪原料上浆(或不上浆)处理→洗净油锅(擦干水分)加热→放油加热(油温控制在五成以下)→放入烹饪原料滑散至半熟或断生→捞出沥油备用。

2）操作要领

(1) 油锅要擦净，预热后再注入油脂加热(热锅凉油)，防止烹饪原料入油后粘锅。

(2) 滑油时上浆的小型烹饪原料(丁、丝、片、条等)应分散下入油锅，防止粘连，要适时地用筷子将烹饪原料滑散。

(3) 滑油时应视烹饪原料的多少，合理调控好油量和油温。

(4) 成品菜肴的颜色要求洁白时，应选取洁净的油脂，以确保烹饪原料的颜色符合成菜要求。

3）适应原料

滑油的适用范围较广，家禽、家畜、水产品等烹饪原料均可。原料形状大多是丁、丝、片、条等。

❷ 走油

走油又称油炸，是一种油量大且油温高的过油方法。因油温较高，所以能迅速地蒸发烹饪原料表面和内部水分，进而达到定型、上色、形成质感的目的。

1）操作程序

烹饪原料加工整理→挂糊（或不挂糊）处理→洗净油锅（擦干水分）加热→放油加热（油温六成以上）→烹饪原料放入油中加热至半熟或断生→捞出备用。

2）操作要领

(1) 油量要宽，应多于烹饪原料数倍（以浸没原料为宜），使其受热均匀、成熟一致。

(2) 要求成品菜肴的质感外酥里软嫩时，应重油复炸，以确保质感的形成。

(3) 大块烹饪原料走油处理时，应逐个下锅，以防止烹饪原料因骤然接受高温而相互粘连在一起，影响成品菜肴的质量。

(4) 带肉皮的烹饪原料走油时，应肉皮朝下，这样可使其受热充分，达到松酥的效果。

(5) 当烹饪原料表面基本定型时，再行推动（翻动），否则易损坏其形状或造成脱糊的现象，而影响成品菜肴的质量。

(6) 走油时必须注意安全，防止热油飞溅。因烹饪原料表面骤然升温，水分汽化迅速逸出而引起热油四处飞溅，容易造成烫伤事故，因此要设法避免。其方法是，入油前应将烹饪原料表面水分揩干。烹饪原料入锅时，尽量缩短其与油面的距离。

(7) 走油时应视烹饪原料的多少、形状的大小，合理调控好油的温度和量。

3）适用范围

走油的适用范围较广，家禽、家畜、水产品、豆制品、蛋制品等烹饪原料均可。这些烹饪原料的形状较大，以整块、整只、整条等为主，如整鸡（鸭）肘子、鱼等。

（三）过油的注意事项

❶ 根据正式烹调的要求确定成熟度

过油只是对烹饪原料的初步加热，更主要的成熟阶段是正式烹调。正式烹调直接决定菜肴的各种特性，而过油只是为实现这些特性提供间接的服务。因此，过油时不要强求烹饪原料的完全成熟，以免影响菜肴的质量。

❷ 根据成品特点灵活掌握火候

成品菜肴的火候是各个加热环节的火候的组合，任何一个加热环节火候掌握不当，都会影响成品菜肴的质感。根据成品特点进行初步热处理，是初步热处理的基本原则。因此，过油时，要根据烹饪原料的质地、成品的质感要求来选择油温及加热时间。

❸ 根据成品要求掌握色泽

进行滑油处理时，如需要半成品颜色洁白，则应选取洁净的油脂进行加热处理，且油温不宜过高。为半成品增色也是初步热处理的目的之一，而半成品的色泽要服从于成品菜肴的色泽。走油时，半成品的色泽一般掌握在比成品色泽稍浅一些为宜。因为半成品在正式烹调时还要加热和添加调料等进一步增色。如半成品色泽过深，烹调时难以调整，将影响菜肴成品的质量。

❹ 半成品不可放置过久

半成品久置不用会导致品质下降。如半成品吸湿回软，淀粉脱水变硬、老化、干缩等，都会影响菜肴成品质量。

三、汽蒸

汽蒸又称汽锅、蒸锅，是将已加工整理过的烹饪原料装入蒸锅，采用一定的火力，通过蒸汽将烹

饪原料制成半成品的初步热处理(图 5-1-3)。汽蒸是很有特色的初步热处理,具有较高的技术性。在封闭状态下要掌握加热的火候,就必须对烹饪原料的质地和体积、加热的温度、加热所需时间和总供热量等有所了解,这样才能达到成品菜肴的质量要求。

图 5-1-3　汽蒸菜肴

(一) 汽蒸的作用

1 可保持烹饪原料的形态

烹饪原料经加工后放入蒸锅,在封闭状态下加热,由于无翻动、无较大冲击,所以半成品可保持入蒸锅时的原有状态(可根据烹调菜肴的需求定型)。

2 可以保持烹饪原料的原汁、原味和营养成分

汽蒸是在温度适中的环境中进行的初步热处理。整个加热过程中不存在过高的温度。使用 2 个大气压力(202.65 kPa)的水蒸气,温度也仅在 120 ℃左右,所以,汽蒸能避免烹饪原料中的营养素在高温缺水状态下遭到破坏。这种热处理还可防止脂溶性、水溶性营养素及呈味物质的流失,使烹饪原料具有较佳的呈味效果。

3 能缩短正式烹调时间

烹饪原料通过汽蒸可基本或接近成熟。如"香酥鸡",通过汽蒸使鸡达到软烂脱骨而不失其形的标准,在正式加热时只需将鸡的表面炸酥脆即可。许多原料在汽蒸作用下已成为半熟、刚熟或成熟的半成品,这样可以大大缩短正式烹调时间。

(二) 汽蒸的方法

汽蒸时,根据原料的质地和蒸制后应具备的质感,可分别采用旺火沸水猛汽蒸(大火汽足)和中火沸水缓汽蒸(中小火汽弱)两种方法。

1 旺火沸水猛汽蒸

旺火沸水猛汽蒸是将经加工整理的烹饪原料装入蒸锅,采用旺火沸水足量的蒸汽将原料加热至一定程度,制成半成品的汽蒸方法。

1) 操作程序

蒸锅内添水加热→待水沸有大量蒸汽时将烹饪原料置笼上→蒸制→出笼备用。

2) 操作要领

(1) 蒸制原料时火力要大,水量要多,蒸汽要足,密封要好,这样才能保证达到半成品的质量标准。

(2) 蒸制时间的长短应视烹饪原料的质地、形状、体积及菜肴半成品的要求而定。

3）适用原料

旺火沸水猛汽蒸主要适用于体形较大或质地老韧的原料，如鱼翅、干贝、整只鸡、整块肉、整条鱼、整个肘子等的初步热处理。

② 中火沸水缓汽蒸

中火沸水缓汽蒸是将经加工整理的烹饪原料装入蒸锅，采用中火沸水少量蒸汽将原料加热至一定程度，制成半成品的汽蒸方法。

1）操作程序

蒸锅内添水加热→待水沸有少量蒸汽时将烹饪原料置笼上→蒸制→出笼备用。

2）操作要领

（1）蒸制原料时火力要适当，水量要充足，蒸汽不宜太大，这样才能保证原料达到半成品的质量标准。若火力过大、蒸汽过猛，会使烹饪原料产生蜂窝、质老、变色等现象。有图案的造型工艺菜的形态，还会因此遭到破坏。发现蒸汽过足时，可减小火力或放汽以降低笼内的气压。

（2）烹饪原料蒸制时间的长短，应视成品菜肴的质量要求而定。

3）适用原料

中火沸水缓汽蒸主要适用于鲜嫩、易熟的烹饪原料以及经加工制成的半成品，如黄蛋糕、白蛋糕、鱼糕、虾肉卷、芙蓉卷的初步热处理。

（三）汽蒸的注意事项

① 注意与其他初步热处理的配合

许多烹饪原料在汽蒸处理前还要进行其他方式的热处理，如过油、焯水、走红等。各个初步热处理环节都应按要求进行，以确保每一道工序都符合要求。

② 调味要适当

汽蒸属于半成品加工，必须进行加热前的调味。但调味时必须给正式调味留有余地，以免口重。

③ 要防止烹饪原料间互相串味

多种烹饪原料同时采用汽蒸时，要防止汤汁的污染和串味。由于烹饪原料不同、半成品不同，所表现出的色、香、味也不相同。因此，汽蒸时要选择最佳的方式合理放置烹饪原料，防止串味、串色。味道独特、易串色的烹饪原料应单独处理。

四、走红

走红又称上酱锅、红锅，是将一些经过焯水或走油的半成品烹饪原料放入各种有色的调味汁中进行加热，将原料表面涂上某些调料经油炸而使烹饪原料上色的初步热处理（图 5-1-4）。

图 5-1-4　走红菜肴

走红是烹饪原料上色的主要途径。一些用烧、焖、蒸等烹调方法制作的菜肴，都要通过走红来达到成品色泽美观的目的。

（一）走红的作用

1 增加烹饪原料色泽

各种家禽、家畜、蛋品等烹饪原料通过走红在表层附上浅黄、金黄、橙红、棕红等颜色，以满足菜肴色泽的需要。

2 增香味除异味

走红时，烹饪原料或在卤汁（调料）中加热，或在油锅中加热，在调料和热油的作用下，既能除去异味，又可增加鲜香味。

3 使烹饪原料定型

一些整形或大块烹饪原料经走红基本确定了成菜后的形状；一些走红后还要切配的原料经走红也确定了成菜后大致的规格形状。

（二）走红的方法

根据传热介质的不同，走红可分为两种方法，即以水为传热介质的卤汁走红和以油为传热介质的过油走红。

1 卤汁走红

卤汁走红就是将经过焯水或走油的烹饪原料放入锅中，加入鲜汤、香料、料酒、糖色（或酱油）等，用小火加热至菜肴所需要颜色的一种走红方法。

1）操作程序

加工整理烹饪原料→调配卤汁（调味汁）并加热→放入烹饪原料加热→原料取出备用。

2）操作要领

（1）走红时，应按成品菜肴的需要掌握有色调料用量和卤汁颜色的深浅。

（2）走红时先用旺火将卤汁烧沸，再转用小火加热，旨在使烹饪原料表层附着上颜色，卤汁的味道能由表及里地渗透至烹饪原料内。

3）适用范围

卤汁走红一般适用于鸡、鸭、鹅、方肉、肘子等烹饪原料的上色，以辅助烧、蒸等烹调方法制作菜肴，如"红烧全鸡""九转大肠"等。

2 过油走红

过油走红是在经加工整理的烹饪原料的表面涂上均匀的一层有色调料（料酒、饴糖、酒酿汁、酱油、面酱等），然后放入油锅中浸炸至烹饪原料上色的一种走红方法。

1）操作程序

加工整理烹饪原料→在原料表层均匀涂抹一层有色调料→洗净油锅→注入油→加热→油热后放入烹饪原料→原料取出备用。

2）操作要领

（1）烹饪原料在走红前涂抹料酒、酱油、饴糖等调料时要均匀一致，否则原料走红后的颜色不均匀。

（2）要掌握好油温。油温一般应控制在 180～210 ℃（行业中称六七成热），才能较好地达到上色目的。

3）适用范围

过油走红一般适用于鸡、鸭、方肉、肘子等烹饪原料表面的上色，以辅助用蒸、卤等烹调方法制作菜肴，如"虎皮肘子""梅菜扣肉"等。

（三）走红的注意事项

❶ **控制烹饪原料的成熟度**

烹饪原料在走红时，有一个受热成熟的过程。因为走红并不是最后烹调阶段，所以要尽可能在上好色泽的基础上，迅速转入正式烹调，以免影响菜肴的质感。

❷ **保持烹饪原料形态的完整**

鸡、鸭、鹅等禽类烹饪原料，在走红时要保持其形态的完整。否则，将直接影响成品菜肴的外观。

作业与习题

(1) 预处理的意义是什么？

(2) 低温预熟处理法的原理是什么？举例说明操作时要注意的问题。

(3) 焯水预熟处理法的常用方法有几种？举例说明操作流程。

学习小心得

任务二 水传热烹调技法基础

任务描述

水传热烹调技法是我国烹饪中最重要的一类方法，它使菜肴成品具有软、烂、嫩、醇、厚、湿润等多种风味。几乎所有的原料都可以采用水传热烹调技法。

任务目的

通过对热能、调料和炊具综合或分别利用，施加于粗加工、细加工等工序处理过的主、配料，产生复杂的理化反应，形成色泽、香气、味道、形状、质感等不同的风味特色。

任务驱动

提高学生理论方面的知识，使烹饪原料变为既符合饮食养生要求，又美味可口的菜肴。因此，烹调方法对菜肴起着决定性的作用。

知识准备

菜肴的烹调方法很多，按传热介质烹调方法可分为油烹法、水烹法、汽烹法、固体烹法、电磁波烹

法及其他烹法，还包括多种传热介质综合套用的混合烹法。油烹法主要有炒、爆、炸、熘、拔丝、挂霜等；水烹法主要有氽、涮、烩、煮、焖、烧、炖、扒等；汽烹法主要有蒸、隔水炖等；电磁波烹法主要有电磁波、远红外线、微波、光能等；固体烹法主要有盐焗；其他烹法主要有泥烤。

课程思政

在教学过程中围绕“爱国、敬业、诚信、友善”的核心思想，在本节的各个烹调方法中融入思政元素，培养学生崇高的品德、深厚的爱国情怀、执着的奋斗精神，使课堂不仅成为学生获得知识的摇篮，更成为思想成长的沃土。

知识点导图

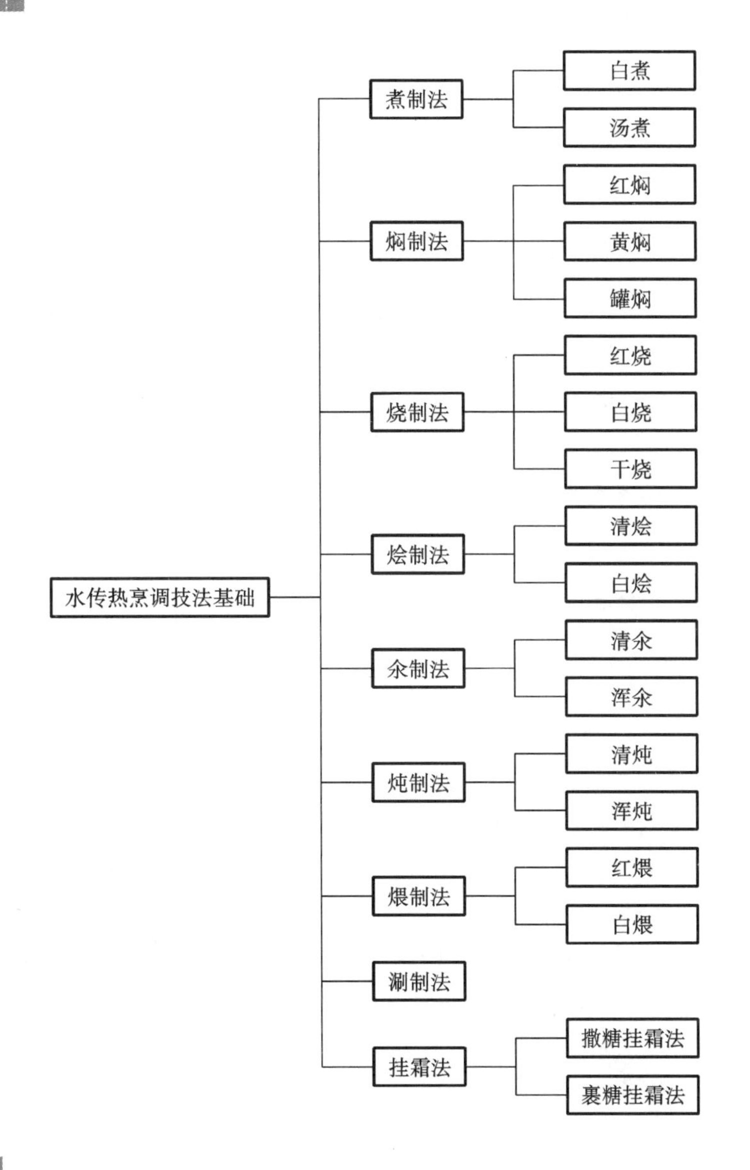

任务实施

一、煮

煮是先将主料（生料或经过初步熟处理的半成品）用旺火烧沸，再用中、小火煮熟的一种烹调方法。煮制菜肴见图 5-2-1。

图 5-2-1　煮制菜肴

（一）制品特点

菜汤合一、汤汁鲜醇、质感软嫩。

（二）制法种类

白煮、汤煮等。

（三）操作要领

煮时有的不加调料，有的加入料酒、葱段、姜片等以去除腥膻异味。主料老韧的要用小火或微火煮制；主料较嫩的则用中火或小火煮制。凡是有血腥异味的主料，在正式煮制前都必须经过焯水处理。水要一次加足，中途不宜添加水。白煮汤汁要保持浓白，火力不宜过大。

此外，还有以卤汁或豆豉等为调料把主料煮熟的卤制法，此类菜肴如“夫妻肺片”“卤煮鸡”“糟煮鸡”等。

（四）相关菜品

❶ 大煮干丝（汤煮）

原料：豆腐干 3 块（使用的主料豆腐干为特制的），熟鸡肉 10 克，虾仁 15 克，火腿丝 5 克，青菜头 4 颗。

调料：虾子、盐、鸡汤各适量。

制作方法：将豆腐干用刀切成丝，放入碗中，用沸水浸烫三遍后待用。虾仁上浆，鸡肉切丝，其他配料治净待用。锅放灶上，用油将虾子炸香，加入鸡汤、豆腐干、鸡肉、虾仁，大火加热至沸，加盖煮 3 分钟左右，开盖调味，淋油使汤色变白，出锅装碗，撒上火腿丝、青菜头即可。

特点：色泽悦目，口味清鲜，质感绵软。

综合运用：白菜煮芋头、水煮肉片等菜品的制作方法与此相似。

❷ 水晶肴蹄（水煮）

原料：猪蹄 10 只。

调料：盐、硝水（含有硝酸钾或硝酸钠的溶液）、老卤汤、姜、葱、八角、花椒各适量。

制作方法：将猪蹄去骨，治净，用铁杆略扎，加盐、硝水擦抹均匀，入缸腌渍。锅中放水，加入老卤汤、香料、腌好的猪蹄，用大火煮沸后，撇去浮沫，改小火煮约 1.5 小时，翻动原料，再煮 1.5 小时至九成烂，将原料捞出。将捞出的原料放入平盘中，用刀修整后，淋入卤汤，再用重物压，至卤汤起冻原料结实为止。食前用刀切片即可。

特点：色泽粉红，口味鲜香，质感软烂。

综合运用：白切牛肉、水晶猪手等菜品的制作方法与此相同。

③ 卤牛肉(卤)

原料：精牛肉 1000 克。

调料：花椒、桂皮、八角、葱、姜、盐各适量，硝水少许。

制作方法：把盐与花椒放入锅中炒出香味。牛肉洗净，用刀在肉上深划数刀，以不破坏肉块的整体形状为度。将炒好的花椒盐在牛肉上擦匀，然后将擦好盐的牛肉放入盆中，把剩下的花椒盐撒在肉上，再洒上硝水。每隔 24 小时翻动一次，腌约一个星期。将腌好的牛肉取出，用清水清洗后，再用清水浸泡约 12 小时。取一干净的铝锅，放入牛肉、桂皮、八角、葱、姜、清水，用大火煮开，撇去浮沫，转用中小火煮约 1.5 小时至用竹筷可戳动时即可。食用时，将牛肉切片装盘，可用少许辣椒酱与醋来调味。

特点：牛肉干香，爽口，色泽红润。

二、焖

焖是将加工和初步熟处理的主、配料，以较多的汤水调味后，用中、小火较长时间地烧煨，使主、配料酥烂入味的烹调方法。焖制菜肴见图 5-2-2。

图 5-2-2　焖制菜肴

（一）制品特点

汤汁浓稠、质感软烂、口味醇厚。

（二）制法种类

红焖、黄焖、罐焖等。

（三）操作要领

红焖制法以色泽深红而得名，故调色不要过浅。主、配料在加汤焖制时，要一次性加足，不宜中途加汤或焖制后加汤；焖制时，必须用慢火并加盖；中途可调整主、配料的位置，以便受热均匀并防止煳锅。黄焖制法以色泽黄润而得名，故调色时不宜过深或过浅。主、配料在初步熟处理时，要使其表面呈现黄色，即为用黄焖制法成菜打下了底色；主、配调料在加汤和调料焖制时，汤汁的颜色应以浅色为宜；当主、配料软烂时，随着汤汁的减少，汤汁的颜色也会加深，因此，要充分留有余地。主、配料用罐焖制时，汤汁和调料要一次加足、加准，不宜中途添加汤汁或调料；在用罐焖制之前主料要经过初步熟处理，并与调好味的汤汁混合烧滚后，再放入罐中。此外，根据使用调料的不同，还有酱焖、糟焖等方法。

（四）相关菜品

① 黄焖鸡块

原料：净鸡 1 只。

调料：酱油、甜面酱、料酒、清汤、白糖、盐、葱段、姜片、葱油、猪油各适量。

制作方法：将鸡剁去头、爪和翅尖，从脊背中间劈为两半，再剁成3.3厘米的方块。锅内加猪油，烧热后放甜面酱炒出香味，加上鸡块和葱、姜略炒，再加上事先炒好的糖汁、酱油、清汤、盐烧沸，然后加盖焖制。待鸡块八成熟时加料酒，用微火煨，待汤汁浓稠时淋上葱油装盘即成。

成品特点：色泽红润、明亮，味道鲜香醇厚。

综合应用：黄焖鸭块、黄焖鸡翅、黄焖鲤鱼等菜品的制法与此相同。

❷ 酒焖肉

原料：五花肉1500克。

调料：黄酒、葱、姜、冰糖、盐、酱油各适量。

制作方法：五花肉切成块，用水烫后洗净，锅上火放葱、姜、肉块煸香，装入砂锅中，倒入黄酒，以淹过原料为好，加入冰糖、盐、酱油，用小火焖至酥烂，出锅前用大火将卤汁收浓，即成。

特点：色泽红亮，口味鲜咸微甜，质感软烂，肥而不腻。

综合应用：酒焖鸭、百花酒焖鸡、酒鱼翅等菜品的制法与此相同。

视频：梁溪脆鳝

三、烧

烧是将刀工成形的主料经初步熟处理后，放入有调料、汤（或水）的锅中，用中、小火烧透入味收汁或勾芡成菜的烹调方法。烧制菜肴见图5-2-3。

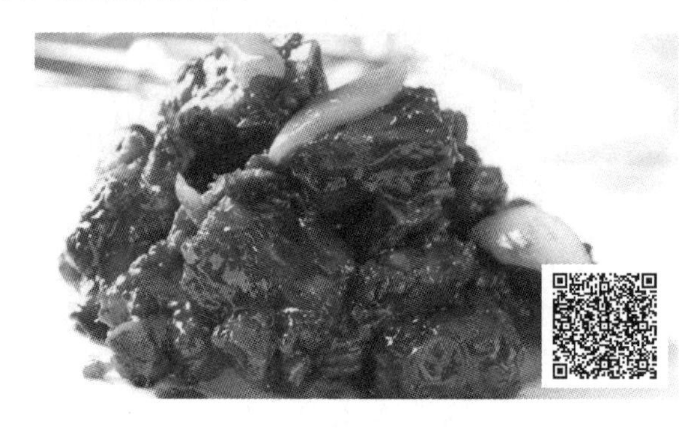

图5-2-3 烧制菜肴

（一）制品特点

味型多样、质感软嫩。

（二）制法种类

红烧、白烧、干烧等。

（三）操作要领

红烧时对主料进行初步热处理（或炸或煎或煸），切不可上色过重，否则会影响成品的色泽；用酱油、糖色调色时，不要一次下足，以防止颜色过深；用汤（或水）要适当，汤多则淡，汤少则主料不易烧透；忌用大火猛烧；芡汁浓度不宜过稠，以既能挂住主料，又呈流散状态为宜。白烧时忌用大火猛烧，汤汁保持乳白，勾芡宜薄，一般多用奶汤烧制。干烧时宜用小火烧制；用旺火收汁时，要不停地转动锅，防止煳锅。当主料完全成熟时，再彻底收尽汤汁。此外，与红烧基本相同的还有葱烧、辣烧、酱烧等。

（四）相关菜品

❶ 红烧马鞍桥

原料：中型鳝鱼1000克。

调料：酱油、酒、糖、胡椒粉、葱、姜各适量。

制作方法：鳝鱼去内脏，洗净，花刀待用。将鱼肉入油锅中炸过，再放入水中，加入葱、姜、酱油、糖、酒，用大火烧沸，再改中、小火烧约半小时，用大火收汁，淋入汁使卤汁增稠，撒上胡椒粉即可。

特色：色泽红亮、味咸鲜，肉酥烂脱骨而不失原形。

综合运用：红烧肉、红烧鱼块、红烧鸡等菜品的制法与此相同。

❷ 干烧鲤鱼

原料：中型鲤鱼 600 克，猪肉末 80 克。

调料：酱油、酒、糖、泡椒、豆瓣酱、汤、蒜、葱段、姜末、香油各适量。

制作方法：鲤鱼去内脏，洗净，切花刀待用。将鱼肉入油锅中炸，锅中放油，先将猪肉末煸香，加入泡椒、豆瓣酱、蒜、姜末煸炒，再加汤、酱油、酒、糖、鱼，即成。

四、烩

烩是将小型的主料经上浆（或不上浆）及滑油（或不滑油）后放入用调料炝锅（或不炝锅）的汤汁中，用旺火烧沸并迅速用米汤勾芡的烹调方法。烩制菜肴见图 5-2-4。

图 5-2-4　烩制菜肴

（一）制品特点

汤料各半、汤汁微稠、口味鲜浓，质感软嫩或脆嫩。

（二）制法种类

清烩、白烩。

（三）操作要领

凡禽畜肉类的生料（主料）切制后，均宜上浆，并经滑油后再烩制。凡植物类的生料（主料）切制后，均宜焯水后再烩制。凡熟料（主料）经加工后，可直接烩制。放入主料后，汤汁不宜久煮，以防止汤汁浑浊。汤汁与主料的比例宜大体相等，或主料略少于汤汁。

此外，烩还有如下四种：红烩，即加有色调料；糟烩，即加入适量糟汁；糖烩，即加入白糖（或冰糖）；烧烩，即主料经炸制。

五、氽

氽是将小型上浆（或不上浆）的主料放入不同温度的水中，运用中火或旺火短时间加热至熟，再放入调料，使成菜体积多于主料几倍的烹调方法。氽制菜肴见图 5-2-5。

（一）制品特点

加热时间短，汤宽不勾芡，清香味醇、质感软嫩。

图 5-2-5　汆制菜肴

（二）制法种类

清汆、浑汆等。

（三）操作要领

要选用新鲜而不带血污的鲜嫩的动物性烹饪原料作为主料。主料成形以细薄为宜。汤汁多于主料，一般情况下要用清汤。质量好、要求高的高档主料要用高级清汤。有的主料在汆制前要经焯水处理，但要防止焯老。需要上浆的主料，宜用稀浆，且要做到吃浆上劲，以防止脱浆。汆制主料时，汤汁不要沸滚，否则，主料易碎散或使汤色变浑，并要随时将浮沫撇净。

（四）相关菜品

❶ 汤爆双脆

原料：猪肚仁 250 克，鸭肫 250 克。

调料：碱（或小苏打）、盐、酒、葱、姜、胡椒粉、高汤各适量。

制作方法：将猪肚仁、鸭肫分别洗净并花刀，用碱（或小苏打）致嫩后待用。清水烧沸后加姜、葱、酒，将猪肚仁、鸭肫下锅煮熟至变色起花捞出，另将高汤烧沸，将浮沫撇净，调好口味，冲入原料中，撒上胡椒粉即可。具体的操作程序：选择原料→切配→沸水中大火加热使原料成熟→捞出装碗→注入清汤。

特点：汤色清爽，口味咸鲜，质感滑脆。

综合运用：类似菜品有猪肝、腰花、西湖莼菜汤、鸡片汤等。

❷ 过桥鱼片

原料：鳜鱼（或黑鱼）净肉 200 克，菜心 50 克。

调料：鱼浓汤、盐、酒、淀粉、葱、姜各适量。

制作方法：将鳜鱼净肉片成薄片，用盐、淀粉上浆，另将鱼浓汤加葱、姜烧沸并加入酒、盐调味，再加入鱼片，烧沸后将浮沫撇净，放入烫好的菜心即可。具体操作程序：选择原料→切配→上浆→鱼汤中大火加热使原料成熟→捞出装碗。

特点：汤色浓白，口味咸鲜，质感滑脆。

综合运用：类似菜品有鸡蓉豆花、白菜肉圆、浓汤虾片等。

六、炖

炖是将主料加汤水及调料，先用旺火烧沸后，再用小火长时间烧煮至主料软烂成菜的烹调方法。炖制菜肴见图 5-2-6。

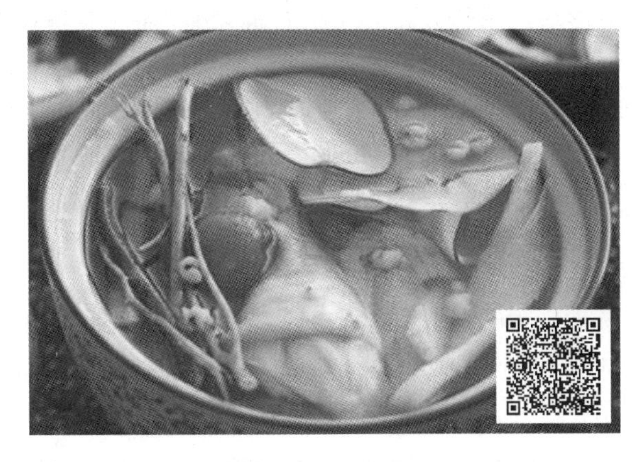

图 5-2-6 炖制菜肴

（一）制品特点

汤菜合一、原汤原味、滋味醇厚、质感软烂。

（二）制法种类

清炖、浑炖。

（三）操作要领

清炖主料焯水时，一定要使主料内部的血质析出，然后用清水洗净，才能保证炖制后的汤汁清澈。炖时必须用旺火使锅内的水始终处于滚沸状态，才能保证隔水炖的主料按时成熟。不隔水炖时选料宜取肌体组织较粗老的部位，可整用，也可改刀成块。炊具宜用散热较慢的陶器、瓷器，宜用小火炖制，使锅中汤汁保持微沸状态，否则汤汁易变浑，影响菜肴质量。加精盐必须在菜肴近于完全成熟时进行，过早则影响主料的软烂度和降低汤汁的鲜度。浑炖的主料先煸炒后再炖时，要煸透、炒透。在煸炒过程中，要加有色调料（糖色）将主料上色，以保证炖制主料的色泽纯正。主料经挂糊、油炸再炖时，糊要挂得薄而匀，忌过厚（如过厚，经炸过再炖时，糊易“脱袍”，影响菜肴质量）；油炸时间应稍长些，使糊变得焦硬一些，防止炖时“脱袍”；挂糊后炖制忌用旺火，防止煳锅或“脱袍”。

（四）相关菜品

❶ 清炖狮子头

原料：猪肋条肉 600 克（肥瘦各半），螃蟹 2 只，青菜心 1200 克。

调料：虾子 1 克，料酒 50 克，葱姜末、盐适量，干淀粉 25 克。

制作方法：猪肋条肉细切粗斩成米粒大小，放入盆中，加葱姜末、虾子。螃蟹煮熟后用牙签挑出蟹肉、蟹黄加入肉蓉中拌匀，再加盐、料酒、干淀粉搅拌至胶黏上劲。青菜心挑 7 厘米长的洗净，菜头用刀剖成十字刀纹。取炒锅放旺火上烧热，舀入色拉油，放入青菜心煸炒至翠绿色。取砂锅一只洗净，将煸炒好的菜心放在锅底，加入清水，置中火上烧沸。将拌好的肉分成几份，逐份放在手掌中，用双手来回翻动十数下，抟成光滑的肉圆，放入砂锅里。全部做好后，在肉圆上盖上青菜叶，盖上锅盖，烧沸后转用微火加热约 2 小时。上桌时揭去青菜叶。

特点：蟹粉鲜香，汤色清纯，口味鲜咸，质感软烂。须用调羹舀食，食后余香满口。

综合应用：清炖猪蹄、清炖牛肉等菜品的制法与此相同。

❷ 炖鸡浮

原料：鸡腿肉 200 克，水发冬菇 60 克，猪肉 50 克，熟火腿 60 克，鸡蛋 4 只。

调料：盐、料酒、葱、干淀粉、鸡清汤、生姜各适量。

制作方法：将生姜少许切成米粒大小，其余切成片；葱少许切成末，其余打成段。将猪肉斩蓉，加盐、料酒、姜、葱末拌匀，将鸡肉皮朝下，用刀在肉面轻轻刮一下（不要刮断），再将肉蓉均匀地铺在鸡

肉上，用刀挤紧，再改刀成菱形块。用竹筷将鸡蛋清打成发蛋，加干淀粉拌匀，放入鸡腿肉裹沾。炒锅上火，舀入熟猪油烧至五成热，将鸡腿肉分别投入，炸至色白起软壳时，捞出沥油。将炸好的鸡腿肉放入砂锅内，加鸡清汤、生姜片、葱段、火腿片、料酒、盐烧沸，移至微火上炖至肉酥烂，放入冬菇再炖 5 分钟即成。

特点：汤色清纯，口味鲜咸，质感软烂。

综合应用：黄焖鸡浮、芙蓉炖鸭等菜品的制法与此相同。

七、煨

煨是将加工成形的主料，经焯水处理后，再用小火或微火长时间加热至软烂而成菜的烹调方法。煨是加热时间较长的烹调方法之一。煨制菜肴见图 5-2-7。

图 5-2-7　煨制菜肴

（一）制品特点

主料软烂、汤汁宽浓、鲜醇肥厚。

（二）适用范围

主要适用于质地较粗老的动物性烹饪原料，如鸡、牛肉、羊肉、猪蹄、蹄筋等。

（三）制法种类

依调料的颜色不同，有白煨、红煨等方法。

（四）操作要领

宜用微火长时间加热，汤汁不沸腾。调味时应注重突出主料的本味，主料在充分软烂后再放入调料。

（五）相关菜品

白煨脐门

原料：熟鳝鱼腹肉 750 克。

调料：虾子、盐、酒、醋、白胡椒粉、蒜蓉、鲜汤、蒜油各适量。

制作方法：将鳝鱼腹肉切段，入沸水中，烫去腥味，待用。锅放火上，炸香蒜蓉，加入鲜汤、鳝肉、酒、醋、盐、虾子，用大火加热至沸，改中火加盖约 1 小时，淋入蒜油，撒白胡椒粉即成。

特点：色泽浓白，口味鲜醇，质感软烂。

综合应用：煨肚肺汤、龟肉汤等菜品的制法与此相同。

八、涮

涮是将备好的主料，由食者夹入沸汤中，来回拨动至熟，遂蘸调料食用的烹调方法。涮制菜肴见图 5-2-8。

图 5-2-8 涮制菜肴

（一）制品特点

锅热汤滚、自涮自食、味型多样。

（二）适用范围

适用的烹饪原料非常广泛，但以禽畜肉类为主，如羊肉、牛肉、鸡肉等，以植物性烹饪原料为辅，如白菜、菜心、生菜、豆腐、粉丝等。

（三）操作要领

所用肉料应为无骨无刺、无皮无筋、新鲜细嫩的净料。切制肉料时，要薄而匀且稍长些，以便于夹涮，一滚即熟。涮料时汤水要沸，否则肉质不嫩。

（四）相关菜品

❶ 涮羊肉

原料：羊肉片 500 克，应时蔬菜适量。

调料：清汤适量，芝麻酱 100 克，料酒 50 克，腐乳汁 50 克，韭菜花 50 克，香菜末 50 克。

制作方法：将汤烧沸，把羊肉片放入，至变色后捞出，蘸食其他调料即可。最后将应时蔬菜也放入涮食。具体的操作程序：选料→切配→火锅涮制→蘸调料食用。

特点：色泽自然，口味鲜美，质感软嫩。

综合运用：类似菜品有菊花火锅、毛肚火锅、生片火锅、鱼鲜火锅等。

❷ 麻辣火锅

原料：新鲜的动、植物原料适量。

调料：肉汤、牛油、豆瓣酱、豆粕、冰糖、辣椒节、姜片、花椒、八角、草果、白蔻、丁香、桂皮等各适量。

制作方法：先将炒锅上火放油，下辣椒节煸香，再下豆瓣酱和豆粕炒香，最后放汤及用纱布包好的香料熬制成红汤，食用时将原料放入锅中涮熟即可。

特点：麻辣鲜香，味浓开胃。

综合运用：毛肚火锅、麻辣烫等。

九、挂霜

挂霜是将主料经炸制（有的不经炸制）后，撒上白糖或将炸好的主料放入糖液（糖加水熬制）中，裹匀糖液而成菜的烹调方法。

（一）制品特点

洁白似霜、松脆香甜。

（二）制法种类

撒糖挂霜法、裹糖挂霜法等。

（三）操作要领

主料挂糊不宜过薄，浸炸时火力不要过旺，避免颜色过深或糊壳过硬，影响质感效果。撒白糖（粉）或黏裹白糖（粉）要均匀。熬糖时宜用中火，防止糖液沸腾过猛，致使锅边的糖液变色变味，失去成菜后洁白似霜的特点。放入炸好的主料后，同时锅离火口，用手勺助翻散热，并使糖液与主料间相互摩擦黏裹成霜。

（四）相关原理

❶ 初步熟处理方面

挂霜的初步熟处理方法比拔丝多，除都用油炸处理外，挂霜时还可以用炒法、烤法等，即使用油炸处理，挂霜的油炸方法也较多，如挂糊炸、干炸、清炸、蒸煮成熟后炸等。

❷ 熬制糖浆技术方面

糖浆有老、嫩的区别。拔丝熬的糖浆偏老，色泽深、黏性大，成为能够拔出糖丝的胶状物；而挂霜熬的糖浆较嫩，不上色、黏性较小，拔不出丝，但晾凉后能泛起白霜。二者不同的技法处理在于：挂霜糖溶液比拔丝的要浓一些，成品会泛起白霜，糖水配比约为3∶1。挂霜熬制时间比较短，其临界线是糖浆不能变色。实践证明，当糖液的浓度达到80%～85%时，最适合挂霜。糖液在各种浓度时，具有不同的沸点，如糖液浓度为70%时，其沸点为105.5 ℃；80%时，其沸点为111.6 ℃；90%时，其沸点为122.7 ℃。因此可以根据炒糖时的温度来掌握糖液的浓度。实验证明，糖液温度达到113 ℃时，糖液即处在过饱和状态，糖液的浓度达到80%～85%时，最易挂霜。通过观察也可知糖液的稀稠度，随着锅内温度升高，水分挥发，糖液由稀变稠，并有黏稠感觉；也可通过用锅铲将糖液舀起向下倾倒，糖液呈似流非流的半流体，并在锅铲边缘呈现大型的薄片时，即可认为糖液达到过饱和状态，此时立即将糖液离火，让其热气稍为散发，投入坯料，快速炒匀，让糖液全部裹在坯料上，结晶开始析出，形成白色粉霜后，翻炒要轻、慢，使坯料不成团块，即可使菜肴具有松脆甜香、洁白似霜的外观和质感。

❸ 挂糖浆量的要求

挂霜比拔丝严格，必须挂得不多不少。少了，不能保证主料挂浆均匀，泛起的白霜也不会均匀；多了，主料挂浆过厚，糖浆冷却散热就变得缓慢，不但不易泛霜，还会继续凝结成大的结晶颗粒，或结成硬块。一般来说，主料与糖浆的比例大体以2∶1为宜。

❹ 受热后的冷却

拔丝菜挂上糖浆后要求趁热食用，防止凉了拔不出丝。而挂霜菜挂上糖浆后必须立即做冷却处理，这一处理是挂霜菜成败的关键。霜是由糖溶液受热重新结晶的特性所形成的，糖溶液受热不断出现结晶，晶粒不断聚集变大。但一旦停止受热，温度下降，不但晶核不再长大，而且还会由大变小，分散开来，温度下降越快，晶粒也分散越快、越小，最后成为相当于砂糖颗粒1/20的小晶粒，形成白霜。如果对泛霜缺少把握，可在主料挂浆前，向糖浆内撒上适量的干淀粉搅匀，再挂上主料冷却，以弥补糖浆泛霜的不足，会取得较好的泛霜效果。

❺ 不同的外观和口感

挂霜菜色泽洁白似霜，形态美观雅致，口感油润、松脆、干香，而拔丝菜则是色黄透亮，香甜松脆。

挂霜法在有些地区被称为返砂、黏糖等，有的因挂霜菜的技术不易掌握就不熬糖浆，只在主料上撒上糖粉，也似白霜，它的外观和口感与用熬糖制成的挂霜制品相比相差很远。近年来，有些地区在熬糖浆时加入杏仁霜、果珍、奶粉、咖啡、巧克力等，丰富了这种技法的品种和风味。

（五）相关菜品

挂霜腰果

原料：生腰果 400 克。

调料：绵白糖、植物油各适量。

制法：生腰果用水煮约 20 分钟，捞出，晒干水分，再用植物油炸酥。锅中加水和白糖熬制糖浆，熬成后（约为 140 ℃），将炸好并沥净油的腰果倒入，离火翻拌均匀（可在通风处或冷水中浸透锅底，以使锅中温度下降），再用筷子轻轻拨动，待原料表面凝一层糖霜时即成。

特点：色泽白净，酥脆香甜。

综合运用：挂霜花生（图 5-2-9）、挂霜桃仁、挂霜金枣等菜品的制法与此类似。

视频：挂霜

图 5-2-9　挂霜花生

作业与习题

（1）试述水烹法中烧、煮的操作要领。

（2）请说明水烹法中焖的操作流程，并举例说明。

（3）简述烩、炖、煨的烹饪操作流程，并写出用此方法制作的菜品。

任务三　油传热烹调技法

任务描述

烹调方法是指把经过初步加工和切制成形的烹饪原料，综合运用加热、调制等手段制成不同特色风味菜肴的方法。在实际应用中，烹调方法还包括只调制不加热的方法，如生拌、生炝、生渍、生腌等，以及只加热不调制的方法，如煮（饭）、熬（粥）、蒸（馒头）、烤（白薯）等。由于烹饪原料的性能、质地、形态各异，因此，菜肴在色、香、味、形、质等诸要素方面的要求也各不一样。由此衍生出多种多样的烹调方法。以油作为传热介质的作用是从受热的锅面吸取热量，使自身的温度升高，然后把热量传递给温度较低的原料。

任务目的

通过对本次任务的学习，能够很好地控制和识别油温。

任务驱动

在掌握油温的基础上进行实践练习，通过油对原料色泽和质感处理，既美化原料，又能使菜肴造型美观。

知识准备

油传热的烹调方法在菜肴制作的过程中至关重要，不仅影响着菜肴的质感，更会影响菜肴的美观，油作为传热介质的烹调方法有炸、熘、爆、炒、烹、油浸、贴、煎等。

课程思政

在传授知识的过程中通过合适的载体，践行社会主义核心价值观，本课程的思政目标主要包括三个方面：通过实训培养学生认真负责、严谨细致的工作态度和工作作风，形成爱岗敬业、诚实守信、吃苦耐劳的职业道德；通过各类食品原料特点弘扬井冈山精神，弘扬中华民族优秀传统文化中的饮食、食品文化；通过食品安全这部分内容增强法律意识，贯彻全面依法治国理念，坚持走中国特色社会主义法治道路，遵守食品安全法，安全生产食品，同时关注并保障食品安全，树立食品安全观念。

知识点导图

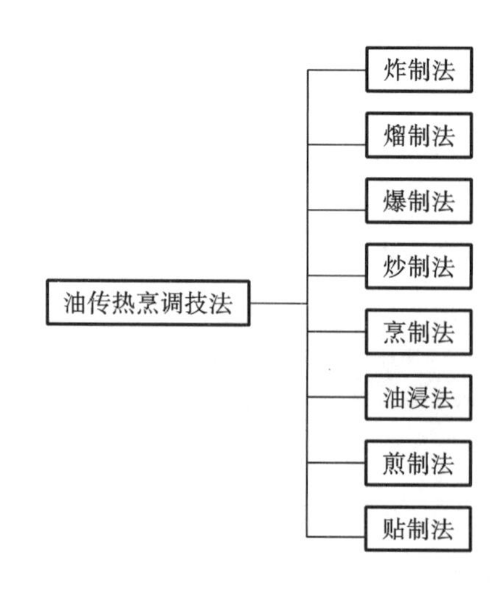

任务实施

一、炸

炸是将经加工后的烹饪原料，放入具有一定温度的油中，使其成熟的烹调方法。使用这种法时先将原料加工成形，炸制前一般使用调料腌渍，然后挂糊(也有的不挂糊)，再用不同温度的油炸制成熟。食时需带辅助调料上席。炸制菜肴见图 5-3-1。

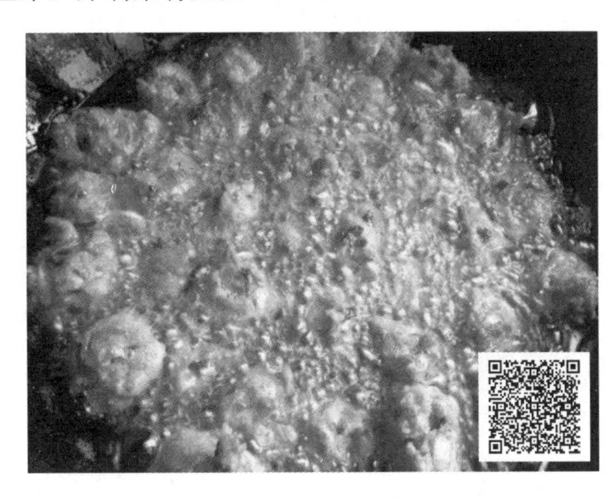

图 5-3-1　炸制菜肴

(一) 制品特点

香、酥、脆、嫩、软。

(二) 制法种类

按主料的质地及成品特点的不同，炸的方法常用的有清炸、干炸、软炸、酥炸、卷包炸等。

(三) 操作要领

应根据主料的大小调控油温及灵活掌握火候，视主料含水量的多少来调制糊的稀稠，以使菜肴成品达到要求。

(四)相关菜品

❶ 清炸菊花肫(直接清炸法)

原料：鸡肫适量。

调料：料酒、酱油、盐、味精、香油、葱、姜、番茄沙司、椒盐、精炼油各适量。

制作方法：将鸡肫去皮，切菊花花刀，用料酒、葱、姜、盐、味精、酱油浸 2 分钟。然后将鸡肫投入七成热油锅中炸，迅速捞出，待油温回升至八成热，再投入复炸，装盘。锅内加香油烧热，用葱炝锅后投入鸡肫，翻滚几下即成。上席时盘边放番茄沙司和椒盐。

特点：鸡肫卷缩似菊花，深褐色，质地脆嫩，滋味咸里透香。

综合运用：清炸鱼皮、清炸鱿鱼等菜品的制法与此相同。

❷ 脆皮鸡(预熟后清炸法)

原料：仔鸡 1 只(约 750 克)。

调料：白卤水、饴糖浆、味料各适量。

制作方法：将鸡治净，入沸水中浸烫待用。再将鸡投入白卤水中，加热至刚熟，捞出，将饴糖浆涂抹于鸡身上，挂于通风处吹干。将鸡投入热油中，经两次油炸，使皮呈金红色起脆，捞出，食用前带味

料上桌即可。

特点：色泽金红，口味鲜美，质感脆嫩。

综合运用：脆皮乳鸽、脆皮鸭、脆皮肥肠等菜品的制法与此相同。

③ 香酥鸭（预熟后清炸法）

原料：光鸭 1 只（约 750 克）。

调料：椒盐、甜酱、荷叶夹子各适量。

制作方法：将鸭子治净，用椒盐腌 1 小时左右待用。将腌好的鸭子入蒸笼蒸制 2 小时至肉酥烂，取出放凉。将鸭子投入热油中，经两次油炸，使皮色金黄时捞出，食用前带甜酱、荷叶夹子上桌即可。

特点：色泽金黄，口味鲜美，质感酥脆。

综合运用：香酥鸡、香酥乳鸽、香酥蹄等菜品的制法与此相同。

④ 芝麻鱼条（拍粉类炸）

原料：鲈鱼 1 条（约 500 克），芝麻 25 克，鸡蛋 1 个。

调料：盐、味精、葱、姜、胡椒粉、淀粉各适量。

制作方法：将鱼取肉，切条，加以上调料腌渍入味。将鸡蛋、淀粉调和成浆待用。将鱼肉在浆中拖过，放入芝麻中裹匀，投入 120 ℃的油中初炸，再放入热油中炸透，使原料成熟即可。

特点：色泽纯黄、口味鲜香，质感酥软。

综合运用：香炸猪排、面包鱼排、松子鸡排等菜品的制法与此相同。

⑤ 脆皮鱼条（脆皮糊炸）

原料：净鲜鱼肉 150 克，酵面脆浆 100 克。

调料：盐、味精、料酒、葱油、香油、干淀粉各适量。

制作方法：将净鲜鱼肉切成条，加盐、味精、料酒、葱油、香油拌匀，再沾上一层干淀粉。油锅上火烧热，加入植物油，加热至六成热时，将鱼条淋上酵面脆浆，放入油中炸透并呈黄色时，捞出装盘。

特点：外脆里松，咸鲜香嫩。

综合运用：脆皮里脊、脆皮鲜奶、脆皮酒酿等菜品的制法与此相同。

⑥ 椒盐里脊（全蛋糊炸）

原料：猪里脊肉 200 克，面粉、鸡蛋各适量。

调料：椒盐、葱、黄酒、盐、味精各适量。

制作方法：将猪里脊肉切成条，用黄酒、味精、盐浸 20 分钟，用面粉、鸡蛋和水调成全蛋糊，将里脊肉条挂上糊后下油锅炸熟，油温升高后复炸一次，出锅后撒上椒盐拌匀即可。

特点：外脆内嫩，色泽金黄，椒香味浓。

综合运用：椒盐鱼片、葱椒藕夹等菜品的制法与此相同。

⑦ 松仁鸡卷（卷包炸）

原料：生仔鸡脯 200 克，松子仁 75 克，虾仁 50 克，鸡蛋清 1 个，熟瘦火腿 5 克，绿菜叶 1 张。

调料：盐、料酒、味精、干淀粉、水淀粉、鸡清汤、猪油各适量。

制作方法：鸡脯肉洗净，虾仁放清水碗内，用竹筷搅打去掉红筋，再用清水洗净，沥干水分。将虾仁斩蓉，放在碗内，加盐、味精、料酒、鸡蛋清、干淀粉搅和上劲成虾缔，分 16 份待用。将鸡脯肉剔去筋膜，批成长约 5 cm、宽约 3 cm 的薄片 16 片，平铺在盘内，用竹片将虾缔逐份排在鸡肉片上，涂抹均匀，再将松子仁分成 16 份，放在鸡片中心，逐个卷起。将熟瘦火腿、绿菜叶切成末，粘在鸡卷两头。炒锅上火，舀入熟猪油，烧至五成热，将鸡卷逐个放入锅内，用手勺轻轻推动，待鸡卷呈现白色，倒入漏勺沥油。炒锅再上火，舀入鸡清汤，加盐、料酒、味精烧沸，用水淀粉勾芡，淋入熟猪油，起锅装盘。

特点：外香脆内鲜嫩，色泽金黄，卷形完整。

综合运用：香蕉鱼卷、桃仁鸡卷、苹果鸭卷等菜品的制法与此相同。

二、熘

熘是将主料经油炸或滑油后，再将烹制好的汁浇淋在主料上，或把主料放入汁中快速翻拌均匀成菜的烹调方法。熘制菜肴见图 5-3-2。

图 5-3-2 熘制菜肴

（一）制品特点

酥脆或软嫩，味型多样。

（二）制法种类

因使用调味、上浆、挂糊及成菜质感的不同，熘法可分为焦熘、滑熘、软熘等。

（三）操作要领

应根据主料含水量的高低灵活调整糊或浆的稀稠，含水量高的主料则糊或浆应稠些，含水量低的主料则糊或浆应稀些。汁的浓度及剂量应既能挂在主料上，又能呈流散状态，分布于主料四周。此外，熘制法根据烹调时使用调料的不同，还有醋熘、糖醋熘、茄汁熘、糟熘等方法。

（四）相关菜品

❶ 松鼠鳜鱼（脆熘）

原料：鳜鱼 1 条（约 750 克）。

调料：番茄酱、盐、糖、淀粉各适量。

制作方法：将鳜鱼加工成类似松鼠形状的生坯，拍粉待用。将鳜鱼入热油锅中炸至金黄色，捞出，淋上调好的番茄酱，使之入味即可。

特点：色泽红亮，口味酸甜，质感脆嫩。

综合运用：菊花鱼、菊花里脊、金毛狮子鱼、咕咾肉等制法与此相同。

❷ 象牙里脊（滑熘）

原料：猪里脊肉 200 克，冬笋 150 克。

调料：盐、酱油、糖、醋、黄酒、香油、葱、姜、鸡蛋、淀粉各适量。

制作方法：将猪里脊肉切成长条片、冬笋切成长条，肉片用盐、酒、淀粉上浆，将冬笋条卷入肉片中，用刀将两头切齐，下温油锅中养熟，另用锅放油，下葱、姜煸香，加酱油、盐、糖、黄酒、醋调成酸甜卤汁，将肉卷倒入锅中翻拌均匀，淋上香油即可。

特点：外嫩内脆，口味酸甜。

综合运用：三丝鱼卷、玉棍鸡卷、兰花虾卷等制法与此相同。

三、爆

爆是将鲜嫩无骨的动物性烹饪原料经刀工成形后进行上浆(或不上浆),用不同温度的油滑开,然后放入配料,再烹入用调料兑成的汁而成菜的烹调方法。爆制菜肴见图 5-3-3。

图 5-3-3　爆虾

(一) 制品特点

脆嫩、软嫩、汁紧抱、味型各异。

(二) 制法种类

根据所用的调料不同,爆可分为油爆、姜爆、酱爆、葱爆等。

此外,汤爆和水爆虽然习惯上称为爆类菜肴,但不属于油烹法。这两种方法都是将主料(如鸡鸭肫、猪肚仁、毛肚等)用沸水煨至半熟后捞入器皿内。区别在于:汤爆是用调好味的沸汤冲熟;水爆则是用无味的沸水冲熟,另备调料蘸食的烹调方法。这两种方法的技术要领是,水或汤一定要沸滚(滚开),边冲边搅,以使主料受热均匀。

(三) 操作要领

应注意主料的选配及油温的调控,视主料的质地灵活运用火候。

四、炒

炒是将刀工成形的主料上浆(或不上浆)后用底油或滑油加热至五至七成熟时,捞出主料沥油,再放入配料和调料快速翻炒成菜的烹调方法。炒制法适用于各种烹饪原料。炒制菜肴见图 5-3-4。

图 5-3-4　炒制菜肴

视频：
菠萝虾

（一）制品特点

紧汁抱芡，汁或芡均少，味型多样，质感或软嫩或脆嫩或干酥。

（二）制法种类

滑炒、生炒、软炒、熟炒、干炒、清炒等。

（三）操作要领

凡主料需要上浆时，上浆要做到吃浆上劲，上浆不宜过厚。主料用油滑制时以刚断生（视主料伸展时）为度，需用汁或芡的炒类菜肴的剂量以成菜紧汁抱芡为宜。炒类菜肴应根据方法的不同灵活运用火候，防止主料因失水过多而造成肉质柴老。

（四）相关菜品

❶ 滑炒里脊

原料：通脊肉、笋、青蒜各适量。

调料：精炼油、盐、香油、味精、高汤、料酒、蛋清、水淀粉、葱丝各适量。

制作方法：通脊肉并内切成4.5厘米长、0.2厘米粗的丝，另将葱、笋和青蒜切成丝，将肉丝用盐、味精、蛋清和水淀粉浆好。将肉丝放入130 ℃的精炼油中滑散断生后倒入漏勺内控油。锅内留油加上葱丝稍炒，然后加笋丝及青蒜丝略炒，加盐、料酒、高汤、味精、肉丝颠翻后淋上香油装盘即成。

特点：色白，肉丝均匀，口感滑嫩，咸鲜适口。

综合运用：滑炒鱼丝、炒牛肉丝、炒鸡片等制法与此相同。

❷ 爆炒双脆

原料：生猪肚头、鸡肫各适量。

调料：葱姜蒜末、盐、味精、清汤、料酒、水淀粉、精炼油各适量。

制作方法：将肚头去外皮和里筋，两面上直刀，切成1厘米宽、2.5厘米长的块。鸡肫去青筋和里皮，两面直刀，切成肚头大小的块。取一个碗加入清汤、水淀粉、盐、味精、料酒兑成汁待用。将肚头、鸡肫入八成热的油锅内过油断生，倒入漏勺控油。锅中留底油，用葱姜蒜末炝锅，倒入肚头、鸡肫，兑汁翻锅装盘即成。

特点：口味咸鲜，红白相间，汁紧包原料。

综合运用：油爆鸭心、油爆鹅肠、爆炒腰花等制法与此相同。

❸ 生煸草头

原料：草头（三叶菜）500克。

调料：盐、味精各适量。

制作方法：将草头洗净，投入少量的热油中快速炒动，调味，至原料成熟装盘。

特点：色泽碧绿，口味鲜咸，质感滑爽。

综合运用：炒豆苗、炒韭菜、炒水芹等制法与此相同。

❹ 宫保鸡丁

原料：嫩公鸡脯肉250克，去皮熟花生米50克。

调料：干红辣椒3只，花椒10粒，酱油、醋、糖、葱末、姜末、蒜泥、盐、味精、料酒、水淀粉、色拉油各适量。

制作方法：鸡肉洗净，用力拍松，再在肉上用刀轻斩一遍，不要将肉斩烂，然后将其切成2厘米见方的丁，放入碗内，加盐、酱油、料酒、水淀粉拌匀。干辣椒去籽，切成1厘米长的段，取1只小碗，放入糖、醋、酱油、味精、清水、水淀粉调成芡汁待用。炒锅放旺火上烧热，下色拉油烧至微有青烟，放入干辣椒、花椒，将锅端离火炒至出辣味，再上火炒至棕红色，放入鸡丁炒散，加入料酒炒一下，再加葱、姜、蒜炒出香味，倒入芡汁，再加入花生米，翻拌均匀即可。

特点：鲜香细嫩，辣而不燥，微带酸甜。

综合运用：宫保肉丁、宫保腰花、宫保牛肉等制法与此相同。

❺ 干煸牛肉丝

原料：牛里脊肉 250 克，青蒜 100 克。

调料：姜丝、郫县豆瓣酱、醋、花椒粉、辣椒粉、盐、酱油、料酒、色拉油、香油各适量。

制作方法：将牛肉切成长 6 厘米的粗丝，青蒜切成段。炒锅放在旺火上，下色拉油烧至冒青烟，放入牛肉丝反复煸炒至水分将干时，加姜丝、盐、郫县豆瓣酱连续煸炒，边炒边加入剩下的色拉油。煸至牛肉将酥时，依次下辣椒粉、料酒、酱油、青蒜，边下边炒。至青蒜断生时即下醋，快速翻炒几下，淋入香油装盘，撒上花椒粉即成。

特点：此菜酥香可口，略带麻辣，回味鲜美。

综合运用：干煸四季豆、干煸鳝鱼丝等制法与此相同。

❻ 炒软兜

原料：熟鳝鱼背肉 300 克。

调料：酱油、白糖、醋、盐、胡椒粉、葱花、姜末、蒜泥、料酒、水淀粉、油、味精各适量。

制作方法：将熟鳝鱼背肉洗涤干净，整理整齐，中间切一刀使其一分为二段。取小碗一只，将酱油、白糖、盐、味精、料酒、醋、胡椒粉、水淀粉放置碗中拌匀。炒锅上火，加水烧沸，将鳝鱼段倒入其中，约 1 分钟后倒出滤去水分。原锅洗净，上火，加油烧热，将葱花、姜末、蒜泥投入炸香，倒入鳝鱼，煸炒 30 秒，将小碗中的调味料汁包裹于鳝鱼背肉出锅装盘。

特点：鳝鱼滑嫩，口味鲜香。

综合运用：熟炒肚片、醋炒肥肠等制法与此相同。

五、烹

烹是将经过加工后的小型主料，采用炸制或滑油的方法加热成熟，再放入调料或预先兑好的味清汁（不加淀粉）翻炒成菜的烹调方法。烹多用挂薄糊、拍粉或上浆处理的方法，成菜微有汤汁、不勾芡。烹汁的量要恰到好处，也就是主料刚好将汁吃尽为宜。烹制菜肴见图 5-3-5。

图 5-3-5　烹制菜肴

（一）制品特点

酥香、软嫩、清爽不腻、味型多样，以咸鲜为主。

（二）制法种类

炸烹、清烹、滑烹等。

（三）操作要领

主料炸制（滑油）时，应注意油温的控制，油温过高、过低都会影响菜肴的质感。烹制前所调配的

调味清汁，应视主料的多少来配制。烹汁的量要恰到好处。

（四）相关菜品

❶ 炸烹鸡卷

原料：鸡脯肉、猪肥肉膘、鱼肉各适量。

调料：香菜、葱姜水、鸡蛋、盐、味精、料酒、面粉、水淀粉、精炼油、清汤、醋、香油、葱丝各适量。

制作方法：将鸡脯肉切成 4.5 厘米长、3.3 厘米宽、0.3 厘米厚的片。将猪肥肉膘、鱼肉斩成蓉泥，然后放碗内，加葱姜水、香油、盐、味精搅匀待用。将鸡蛋、面粉、水淀粉调制成糊，鸡片铺平，抹上蓉泥卷成 1.5 厘米粗的卷。再将鸡卷挂上糊，投入六成热的油锅内初炸，再投入八成热的油中炸至金黄色时倒出控油。锅内加精炼油，烧热后加葱丝炝锅，再加香菜段略炒，烹醋，然后加清汤、盐、味精、鸡卷，汤汁沸起后淋上香油盛装即成。

特点：鲜嫩松软，有明显的清香味，汁清。

综合运用：炸烹鱼块、炸烹脆鳝等制法与此相同。

❷ 煎烹大虾

原料：净虾 400 克。

调料：葱丝、蒜片、姜丝、面粉、鸡蛋、料酒、酱油、醋、精炼油、白糖、盐、味精各适量。

制作方法：将去皮的虾从脊背剖成夹刀片铺开，上十字花刀，加盐、味精、料酒，拌匀后拍上干面粉待用。用碗将酱油、味精、料酒、白糖、醋、清汤兑成汁待用。鸡蛋搅打均匀，将虾拖上蛋液后投入 160 ℃的油锅内两面煎至金黄色成熟取出，将虾切成 1 厘米宽的条，依原样摆入盘内。锅内加上精炼油，烧热后加葱丝、姜丝、蒜片炝锅，然后倒上兑好的汁，烧开后浇在盘内的虾上即成。

特点：香酥、清鲜，咸鲜中略带甜酸。

综合运用：煎烹带鱼、糖醋烹湖虾等制法与此相同。

六、油浸

油浸是将经过刀功处理的鲜嫩原料进行基本性调味，下入七八成热的油锅，迅速地将油锅端离火眼，用其余热将原料浸炸至菜肴成熟的方法。

（一）制品特点

保持原色，质地鲜嫩。

（二）操作要领

宜选鲜嫩的动物性原料，油温掌握要恰当，有些个体大的原料须反复浸炸几次才能成熟。一般适用于鱼类菜肴。

（三）相关菜品

油浸鳜鱼

原料：鳜鱼 1 条（约 450 克）。

调料：姜葱丝、酱油、盐、味精各适量。

制作方法：将鳜鱼治净，上花刀待用。将油锅中的油加热至 100 ℃，关火放入鳜鱼，反复加热直到鳜鱼成熟为止。将调味汁淋在鱼上，用热油浇香鱼上的姜葱丝即可。由于油浸类菜肴只适宜少量原料时，一旦原料数量多时使用起来就不方便了，因为油温较难控制，且加大油量又不现实，所以，行业上多改用水油浸法（即在水面上浮一层油），保持水加热的稳定性和油滋润的双重特性，使原料的口感更佳。

特点：色泽悦目，口味鲜咸，质感软嫩。

综合运用：油浸虾球、泉水鱼、油泡牛肉等制法与此相同。

七、煎

煎是将加工成的扁薄状主料调味(有些要拍粉或挂糊),然后用少量底油加热,使主料两面煎至金黄色而成菜的烹调方法。

(一) 制品特点

外表酥脆、内部软嫩,一般无汤汁。

(二) 制法种类

干煎、酿煎、蛋煎等。

(三) 操作要领

主料成形不宜过大,较大的主料应剞上刀纹,以扩大其受热面积。火力不宜过旺,油量不宜多,以微火煎制为宜。所煎主料的两面均要达到色呈金黄,使其两面上色、成熟一致。

(四) 相关菜品

❶ 脆煎鳜鱼

原料:净鳜鱼 1 条。

调料:鸡蛋、葱姜末、料酒、盐、味精、面粉、精炼油各适量。

制作方法:在鱼身两面剖斜一字花刀,再加盐、料酒、葱姜末腌渍入味。将鱼周身沾匀干面粉再拖上全蛋液。炒勺放火上烧热,加精炼油滑过,将鱼放入用慢火煎熟,两面呈金黄色时装盘。

特点:外焦香内鲜嫩,色泽金黄,不含油。

综合运用:干煎黄鱼、干煎虾、松子煎鱼排等制法与此相同。

❷ 南煎圆子

原料:猪肉 500 克。

调料:花椒油、料酒、酱油、盐、蛋清、淀粉、白糖、味精、高汤、水淀粉、葱姜末各适量。

制作方法:猪肉去筋切末,加入酱油、盐、料酒、葱姜末调匀,再加水淀粉、蛋清调匀待用。将油烧至三成热,肉挤成直径 2 厘米大小的丸子,逐个下入煎至金黄色,翻过来用手勺轻轻按扁,至八成熟时,将多余的油倒出,加高汤、白糖、酱油。汤烧至 2/3 时,加料酒、味精,淋入水淀粉、花椒油,然后拖入盘内。

特点:软嫩鲜香,甜咸适中。

综合运用:扁大枯酥等制法与此相同。

❸ 虾仁煎蛋

原料:鸡蛋 6 个,虾仁 100 克。

调料:盐、味精、酒各适量。

制作方法:将虾仁上浆待用,鸡蛋打散,调味。将蛋液摊入锅中,用中火煎透,倒入虾仁煎至两面金黄即可(图 5-3-6)。

特点:色泽金黄,口味鲜咸,质感软嫩。

综合运用:银鱼焖蛋、韭黄斩蛋等制法与此相同。

八、贴

贴是将两种或两种以上的主料加工成形后,加调料拌渍、粘贴在一起,挂糊后在少量油中先煎一面,使其呈金黄色,另一面不煎而成菜的烹调方法。贴制菜肴见图 5-3-7。

(一) 制品特点

制作精细、一面酥脆、一面鲜嫩、口味咸鲜。

图 5-3-6　虾仁煎蛋

图 5-3-7　贴制菜肴

（二）适用范围

主要适用于动物性、水产品类烹饪原料。如鱼肉片、肥膘肉、瘦肉片、鸡脯肉等。

（三）操作要领

贴菜的主料一般分为几层，故成形时力求大小、薄厚一致。应注意火候的运用，要求成品一面酥脆、一面软嫩，宜用中火或小火，并且要不停地晃动炒勺和往主料上撩油，以使主料均匀受热、成熟一致。

（四）相关菜品

锅贴鳝鱼

原料：熟鳝鱼肉 150 克，虾仁 100 克，熟肥膘 100 克。

调料：盐、味精、酒、胡椒粉各适量。

制作方法：将熟鳝鱼肉焯水，虾仁调好味，熟肥膘批成长方形片。将三者合并为一，即是锅贴鱼生坯。将锅贴鱼生坯投入锅中煎熟，再淋入稀汁使之完全成熟即可。

特点：色泽悦目，口味鲜咸，质感软嫩。

综合运用：锅贴鱼片、锅贴鸡、锅贴干贝等制法与此相同。

作业与习题

(1) 试述油烹法中炸、熘的操作要领。
(2) 试比较煎与贴的异同。
(3) 简述爆、炒的操作流程,并举例说明。

学习小心得

任务四 汽传热及其他传热烹调技法

任务描述

一般说来,蒸汽加热可以形成两种口感:一是嫩,二是烂。同时也形成了两种调味方式。第一种调味方式是以酥烂为主的调味方式,这类菜品一般蒸制前需要进行调味,如蜜汁山药,要先加糖、蜜等调味,豉汁排骨要先加豆粕、酒等调味;此外,蒸汽加热过程中不利原料上色,对一些红扒、红扣的菜品则需要先加有色调料烧制上色并调好口味后再上笼蒸制酥烂,如虎皮扣肉、红扒鸡等。第二种调味方式是以嫩为主的调味,这类菜品一般蒸制时间较短,成品要突出鲜嫩特色。

任务目的

通过学习汽传热的烹调方法,能够根据菜肴的成熟度来正确掌握汽烹的大小和汽烹的种类。

任务驱动

在掌握正确汽烹的基础上进行实践练习,对原料整体造型及口感经过不同蒸汽方式处理后,既美化原料,又能使菜肴造型美观。

知识准备

原料与蒸汽一般都处于密闭环境中,因此原料基本上可以在饱和蒸汽下加热成熟,在短时间内原料中的水分不会像在油加热中那样大量蒸发,风味物质不会像在水加热中那样大量溶于水中,而是保持一种动态的平衡,因此蒸汽加热更能保证原汁原味。

课程思政

通过本节的学习,从营养的角度出发,提高预防疾病的能力。通过把态度养成教育融入课程教

学中，使学生具有敬业、爱岗的核心素质。

知识点导图

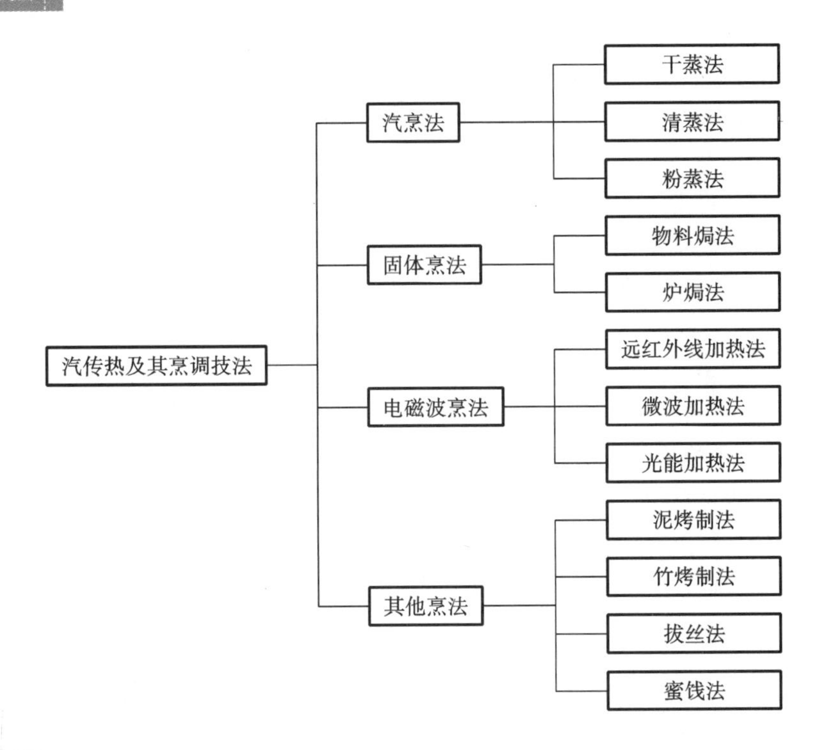

任务实施

一、汽烹法

汽烹法主要指蒸制法。蒸是将经加工、调味的主料，利用蒸汽传热使其成熟的烹调方法。

（一）制品特点

成品菜肴富含水分，质感软烂或软嫩，形态完整、原汁原味。

（二）制法种类

干蒸、清蒸、粉蒸。

（三）操作要领

干蒸类菜肴宜用旺火猛汽蒸制。干蒸调味方法有两种：一种是一次性调味，要求调味时定味要准；另一种是基础调味和辅助调味相结合。主料放入盛器后可采取加盖、封纸等方法密封，以隔绝蒸汽的浸入。清蒸类菜肴要选择鲜活的主料。用调料腌渍主料时要均匀，且时间不宜过短，否则不易入味。要根据主料体积的大小，灵活掌握蒸制时间的长短；对体积大的主料要进行刀工处理，以利于扩大其受热面积和味的渗透面积。粉蒸类菜肴宜用旺火蒸制。主料成形后必须腌渍入味和上浆，以保证主料蒸后的鲜嫩，也可起到粘连米粉的作用。

此外，为增加菜肴的清香味，也可用荷叶将主料包裹起来蒸制，如“荷叶米粉蒸肉”“荷叶粉蒸鸡”等。另有一种蒸扣制法，其制法与清蒸相似，但它仅限于将加工的主料整齐地码入扣碗内，加汤和调料蒸制成菜，再倒扣入盘内，然后将汁（或不用汁）浇淋在主料表面，如“梅菜扣肉”“冬菜扣肉”等。

（四）相关菜品

❶ 瓢儿鸽蛋

原料：鸽蛋 8 个，虾仁 150 克，鸡蛋清 2 个，水发冬菇 5 克，熟火腿 5 克，绿菜叶 1 张。

调料：盐、味精、料酒、干淀粉、水淀粉、鸡清汤、猪油各适量。

制作方法：将鸽蛋放入清水中，置小火上煮熟，捞出放入冷水内，剥去蛋壳待用。将虾仁洗净沥干，水发冬菇去蒂，绿菜叶洗净。将虾仁斩蓉放碗内。鸡蛋清打成发蛋，倒入虾仁碗内，加料酒、盐、味精、干淀粉，搅拌上劲成缔。取汤匙 16 只，匙内涂上一层清猪油，将虾缔均匀地摊在汤匙内抹平。将鸽蛋放砧板上，用刀将鸽蛋一切两半，蛋黄朝下放在虾缔中间。将冬菇、火腿、绿菜叶用刀切成菱形小片，贴在鸽蛋前面(火腿放中间，绿菜叶、冬菇分放两边呈“山”形)。将汤匙放入笼内用旺火蒸约 1 分钟取出，脱掉汤匙，装入盘内排齐。炒锅上火，舀入熟猪油上火烧热，舀入鸡清汤，加料酒、盐、味精烧沸，用水淀粉勾芡，再淋入熟猪油起锅，均匀地浇在瓢儿鸽蛋上即成。

特点：造型美观，肉质细嫩。

综合运用：荷花鱼片、琵琶虾、金鱼鸽蛋等制法类似。

② 蒸蛋糕

原料：鸡蛋 6 个。

调料：盐、味精、水淀粉各适量。

制作方法：将鸡蛋中的蛋清与蛋黄分开，分别装入两个碗中，加入盐、味精、水淀粉拌匀，倒入有垫纸的方盒中待用。将蛋糕放入蒸汽中，半开盖子，蒸 25 分钟至蛋糕成熟，取出即可。

特点：色泽悦目，口味咸鲜，质感软嫩。

综合运用：鱼糕、鸡糕等制法类似。

③ 清蒸鳜鱼

原料：鳜鱼 1 条。

调料：葱姜丝、盐、味精、胡椒粉各适量。

制作方法：将鳜鱼治净，剖花刀，用盐、味精腌渍待用。将鳜鱼放入蒸汽中蒸 7 分钟，至原料成熟，取出，调好味汁浇在鱼上，撒葱姜丝，淋上热油即可(图 5-4-1)。

图 5-4-1　清蒸鳜鱼

特点：色泽悦目，口味鲜咸，质感柔嫩。

综合运用：清蒸鸡、清蒸鸭等制法类似。

④ 原盅鸡脚(隔水蒸)

原料：鸡脚 8 对，干北菇 100 克，猪梅肉 80 克。

调料：盐、二汤、白糖、生抽、味精、料酒、猪油各适量。

制作方法：鸡脚的趾尖斩去，再敲断胫骨，治净，然后与猪梅肉一起用滚水烫透，捞出备用。干北菇洗净，去蒂，用清水泡透。将鸡脚、猪梅肉放在容器中，加入二汤、生抽、白糖、料酒、盐，调好口味，用保鲜纸封严，再放入蒸箱中蒸至原料取出，捞出鸡脚、猪梅肉，原汤过滤，备用。鸡脚的胫骨拆除后，放在盛菜的盛器内；再将泡好的北菇捞起，治净，挤出水分，用适量猪油拌匀，排在鸡脚的上面。

然后用适量的浸泡北菇的水掺入过滤的原汤中煮滚，调好口味，倒入装有鸡脚和北菇的盛器内，用保鲜纸封严，再入蒸箱中蒸约 20 分钟，取出，调入味精，即成。

特点：汤香浓，料软烂，咸香味厚。

综合运用：清炖鸡翅、原盅鱼翅等制法类似。

⑤ 荷叶粉蒸鸡

原料：光仔鸡 1 只，粳米 150 克，桂皮，八角，荷叶各适量。

调料：甜酱、红腐乳、酱油、料酒、味精、姜、葱、糖、熟猪油各适量。

制作方法：将粳米、桂皮、八角同放锅内，置炉火上炒至金黄色，取出冷却，磨成粗米粉，放盘中。光仔鸡洗净，沥干，姜、葱洗净拍松。荷叶放开水中烫至碧绿，捞出放冷水内浸凉、洗净，用刀改切成 10 厘米的三角形旗子块 18 块。将鸡放砧板上斩下鸡头，从尾部至颈部划开，在肚裆两边各划一刀，取下鸡腿，剔去大骨，再将鸡肩上的筋割断，撕下鸡脯肉，剔去翅膀骨，取下芽肉，剔下颈皮肉，斩成 10 厘米长的块，放碗内，加甜酱、红腐乳(用刀压成泥)、料酒、酱油、味精、白糖、姜、葱拌匀，浸泡约 20 分钟，去掉姜、葱。将鸡肉逐块蘸满米粉，放入扣碗内排齐，加熟猪油。将蘸满米粉的鸡肉放笼内蒸约 1 小时取出，将荷叶茎根朝上，大头向外，平铺在砧板上。将鸡肉逐块横放在荷叶上，从里向外包叠，再两边向里对折成 6.5 厘米的小包，放长盘内，排成桥梁形。将鸡包连盘上笼，用旺火蒸约 2 分钟取出即成。

特点：肉质酥烂，粉香浓厚，肥而不腻。

综合运用：粉蒸肉、粉蒸鱼、粉蒸牛肉等制法类似。

二、固体烹法

固体烹法是指通过盐或其他固体物质将热能传递给原料，使原料自身水分汽化致熟的烹调方法。焗是常用的固体烹法。

(一) 制品特点

原汁原味、质感软嫩、本味浓郁。

(二) 制法种类

物料焗、炉焗。

(三) 操作要领

宜选用鲜活的烹饪原料。原料在焗制前一般要腌制入味，并要静置一段时间，使之味透肌里。烹饪原料形状较大的，如整鸡、排骨、乳鸽、鹌鹑等，焗制时间要长些；对含水量相对较高、体积小的烹饪原料，如龙虾、蟹等，焗制时间要短些，加热时应以小火或微火为宜。

(四) 相关菜品

盐焗鸡

原料：肥嫩仔母鸡 1 只。

调料：葱、姜、香菜、粗盐、精盐、味精、八角、香油、熟猪油、精炼油、绵纸各适量。

制作方法：将鸡治净，晾干水分，去掉趾尖和嘴上硬壳，将鸡翅膀两边各划一刀，在颈骨上刹一刀(不要刹断)。用精盐擦匀鸡腔内部，加入葱、姜、八角，先用未刷油的绵纸裹好，再包上已刷好精炼油的绵纸。热勺放入粗盐炒至温度很高(略成红褐色)，取出 1/4 放入砂锅内，把鸡放在盐上。然后，把其余 3/4 的盐盖在鸡上面，加上锅盖，用小火焗 20 分钟左右，使鸡成熟。把鸡取出，剥下鸡皮，肉撕成块，骨拆散，加入由熟猪油、精盐、香油、味精调成的味汁拌匀，按原鸡形摆入盘中，香菜放在鸡的两边。热勺放入精盐，烧热后放入姜末拌匀，加入熟猪油，放入小碟随鸡一同上桌，供佐食用(图5-4-2)。

特点：骨酥、肉香、味浓，排列整齐，别有风味。

综合运用：盐焖鱼、盐焗里脊等制法类似。

图 5-4-2　盐焗鸡

三、电磁波烹法

电磁波烹法是利用电磁波、远红外线、微波、光能等为热源，使主配料成熟的成菜方法。

（一）制品特点

成菜质感软嫩、软烂、酥烂，形态完整、原汁原味、味型各异。

（二）制法种类

远红外线加热、微波加热、光能加热等。

（三）操作要领

加热前应根据菜肴成品的要求进行主、配料的选配及调味，合理调控加热时间和温度，以确保成菜的质量标准。

四、其他烹法

（一）泥烤制法

泥烤制法是将经过腌制的烹饪原料用猪网油、荷叶等包扎，然后用黏土密封包裹，放在火上直接烤制成熟的烹调方法。

❶ 制品特点

原汁原味、滋润香嫩。

❷ 适用范围

主要适用于动物性烹饪原料，如鸡、乳鸽、鹌鹑等。

❸ 操作要领

黏土包裹原料的厚度要均匀一致，宜用旺火烧烤。烧烤的时间应视原料体积大小灵活掌握，体积大的原料烧烤时间应长些；反之则时间应短些。烧烤时应不断将原料翻转，以使其受热均匀。

❹ 相关菜品

面烤富贵鸡

原料：童子鸡 1 只（约 1.2 千克），梅肉 60 克，虾仁 60 克，熟火腿 60 克，冬菇（水发）60 克。

调料：山柰、八角、胡椒粉、料酒、生抽、味精、绵白糖、盐、葱丝、姜丝、香油、猪网油、鲜荷叶、植物油、汤各适量。

制作方法：光鸡治净，再取出翅主骨和腿骨，在鸡腿内侧竖划一刀，便于调料渗入；再用刀背轻剁翅尖、颈根，将颈骨折断（不要弄破鸡皮）。梅肉、虾仁、熟火腿、冬菇均切细丁；梅肉、虾仁分别上浆；冬菇用滚水烫一下。将山柰、八角、料酒、生抽、绵白糖、盐、葱丝、姜丝放入鸡中拌匀，腌约半小时。肉丁、虾丁分别滑油至熟后，再同熟火腿丁、冬菇丁加底油煸炒，并加入料酒、生抽、胡椒粉、味精和少

许汤炒成馅料，再使其冷却。冷却的馅料从鸡腋下塞入腹中，并灌入腌鸡的余汁，整理好鸡头、鸡腿、两翅，使之叠于胸腿间。先将猪网油包裹鸡身，再用荷叶包裹（荷叶先要烫一下，浸凉）；然后用玻璃纸包裹，再包一层荷叶，遂用细绳扎住；面团擀开，将其包严（厚约 3 厘米），最后用锡纸包严。把包好的鸡放高温烤箱中烤约半小时（使鸡身迅速烤熟，以防原料变味），再用中温烤 1.5 小时，然后用低温烤 1 小时。至鸡肉熟时取出，剥下锡纸，敲去硬面团，解去细绳，揭去荷叶、玻璃纸，淋上少许香油即成（图 5-4-3）。

图 5-4-3　面烤富贵鸡

（二）竹烤制法

竹烤是将原料加工成形，用调料腌渍入味后塞入青竹筒内，然后将青竹筒口封牢，入烤炉内烤制成熟的烹调方法（图 5-4-4）。

图 5-4-4　竹烤食品

❶ 制品特点

清香鲜嫩、原汁原味。

❷ 适用范围

主要适用于动物性烹饪原料，如鸡、鱼等。

❸ 操作要领

应选用鲜活的原料，原料成形时不宜过大。竹筒宜选用鲜青竹，一头留竹节，一头开洞。烘烤时温度不要过高，避免竹筒外部烤煳。烤熟后将竹筒外部擦干净，用刀剖竹取食。

（三）拔丝

拔丝是将主料经油炸后，置于失水微焦的糖浆中裹匀，夹起时可拉出糖丝而成菜的烹调方法。

❶ 制品特点

色泽晶莹金黄或浅棕，外脆里嫩、香甜可口。

❷ 制法种类

水拔、油拔、水油拔等。

❸ 操作要领

熬糖时欠火或过火均不易出丝，故应防止返砂和熬煳。油炸主料和炒制糖浆最好同步进行，均达到最佳状态后将两者结合在一起。若事先将主料炸好，糖浆热而主料冷，便会加速糖浆凝结，拔不出丝或出丝效果不佳。主料如是含水量多的水果，应挂糊浸炸，以避免因水分过多造成拔丝失败。

❹ 原理介绍

拔丝法是将过油预制的熟料放入熬好糖浆的锅内搅拌加热，均匀地裹上一层有黏性呈胶状的糖浆而成菜的技法。成菜可趁热蘸凉开水食用。

拔丝法主要用于制作甜菜，是中国甜菜制作的基本技法之一，也是甜菜制作中极具特色、有影响力的一个典型技法，它的制作关键是熬制糖浆。这种糖浆是没有完全凝固的胶状物，它既能粘住主料，又能拔出细长的糖丝，故叫拔丝。成菜以后，用筷子夹出主料，拔出糖丝后，再在凉开水碗内一蘸，粘在主料表面的糖浆即凝固成一层晶莹、明亮、松脆、香甜的薄壳，拔出的糖丝则缠绕在薄壳上，食之别有风味。刚上桌时，顾客一起夹食，顿时满桌出丝，全席生辉，可为宴席增添欢快情绪，活跃气氛。

拔丝菜所用的主料非常广泛，最常用的是根茎类蔬菜、鲜果，如山药、苹果、香蕉、西瓜、橘子、葡萄，干果类的莲子、白果，畜肉及蛋制品的使用也较多。这些原料在使用前都要进行去皮、壳、核、籽，以及去骨等加工处理，也都要加工成块、片、条和蓉球等小型料，有的可取自然形态。除可食生料外，大都要初步熟处理成半成品或熟品。初步熟处理的方法较多，有的经两三道的熟处理，如焯、蒸、炸等，但大部分都是用挂糊油炸的方法（有的原料富含淀粉，如山药、土豆、白薯等则不用挂糊而直接油炸），也有的在油炸前直接拍匀干淀粉，或者熟后滚粘淀粉，或蒸烂捣泥捏成各种造型后下入油锅炸。正是由于用料广泛，初步熟处理方法多，因而拔丝菜肴的风味质感也多种多样，香甜、松脆、软嫩、酥烂、绵糯等齐全，特别是用不同鲜果作主料的，除共有香甜风味外，又有多种浓郁的果香味，可谓各有特色。

拔丝甜菜的主料初步熟处理，尤其是挂糊油炸处理的，要与熬制糖浆同时进行（或间隔时间不长），主料炸好，糖浆熬好，即可放在一起翻匀食用。如过早油炸，就会出现糊层或者变软不脆，或过多吸收了糖浆并加速糖浆的凝固，使糖浆失去拔丝的黏性，以致拔不出丝来或拔丝易断，影响菜的品质。拔丝甜菜适宜热吃，若凉后再吃就没有拔丝的情趣。

熬糖是拔丝菜肴的关键，具体如下。

（1）蔗糖拔丝最佳温度为 160 ℃。由实验结果可知：蔗糖立方晶型晶体熔点在 160 ℃，立方晶型向无定型态转化点温度也在 160 ℃。

（2）蔗糖最佳拔丝升温区间为 158～162 ℃。实验还表明，油拔时蔗糖最佳升温区间要相对延长一些，达到 158～164 ℃。由于最佳拔丝升温区间太短，因而光凭肉眼观察物象的温度是否到达，是要有相当经验的，一般年轻厨师很难掌握。但如果正确应用现代测温仪表，就容易解决。

（3）蔗糖最佳拔丝降温区间为 124～162 ℃。实验发现：蔗糖立方晶体熔融转型以后再冷却降温，并不立即凝结为固体，而是有一段很长的凝结过程，其间均可拔丝、出丝。这个过程称为蔗糖最佳拔丝降温区间，具体为 124～162 ℃，这是因为无定形态（又称玻璃化态）固体不具备敏锐的凝固点而只有一个冷凝温度范围。这种最佳拔丝降温区间的存在，保证了拔丝菜肴从出锅到装盘、上桌、食用之间允许有一段时间差和温降过程，仍然可以在食客手中拔出丝来。

（4）熬糖时要注意不断搅拌，使其受热均匀。实验表明：在加热和冷却过程中，糖液的温度总是明显滞后于油的温度。表明蔗糖传热性能相当差，因而厨师在铁锅中熬糖时，要用手勺不停地搅拌糖液，否则会因为受热不均引起局部焦化分解。

拔丝菜肴选用绵白糖制作拔丝效果比较好，因为拔丝菜肴的原理是利用热力将蔗糖从结晶状态转变成无定形体，又称玻璃体。蔗糖在玻璃体状态时，具有热可塑性，借外力可出现缕缕细丝，在低温时，呈透明状，并具有脆性。制作拔丝菜肴是将糖用水或油进行熬制，随着水分蒸发，逐步形成饱和溶液和过饱和溶液。当含水量达到2%左右时，蔗糖晶体开始熔化成液体，最后形成非晶体的无定形的玻璃体。这时即可投入坯料炒匀。

蔗糖在过饱和状态时，容易结出晶粒，晶粒的存在会影响无定形玻璃体的亮度、脆度，还会影响出丝和糖丝的长度。转化糖或淀粉糖浆能抑制蔗糖在过饱和状态晶体的形成，有利于蔗糖形成玻璃体。绵白糖中含有20%的转化糖，因此采用绵白糖做拔丝菜肴，可以避免糖在过饱和状态析出晶体，影响出丝效果和质量。实践表明，在炒糖时加几滴食醋，可拉出较长的糖丝。这是由于蔗糖是双糖，加醋可使糖液呈酸性，可加速蔗糖水解，生成等量的葡萄糖和果糖(称为转化糖)，可防止蔗糖在过饱和状态出现晶粒，有利于拔成丝。但食醋不宜加多，否则会使蔗糖全部转化成转化糖，形成糖稀而拔不出丝来。

5 相关菜品

拔丝苹果

原料：苹果、面粉、鸡蛋各适量。

调料：白糖、精炼油、香油各适量。

制作方法：将苹果削皮切成滚刀块，拍上干面粉。取一个碗，将鸡蛋、面粉、水调制成糊，将苹果挂上糊待用。将挂糊的原料投入七成热的油勺内炸至结壳、呈金黄色时倒入漏勺沥油。炒勺加底油和糖，炒至糖溶化，待糖液呈棕黄色时投入炸好的原料颠勺，使苹果粘匀糖液后，倒入抹上香油的平盘内，上桌时带一碗凉开水(图5-4-5)。

图5-4-5 拔丝苹果

特点：色泽金黄透亮，银丝缕缕，香甜可口。

综合运用：拔丝红枣、拔丝香蕉、拔丝冰棒等制法类似。

(四) 蜜汁

蜜汁是用白糖与冰糖或蜂蜜加冷水将主料爆、煮成熟，并使菜肴糖汁稠浓的烹调方法。或指主料经油炸、汽蒸等方法加工后，再放入用白糖、冰糖、蜂蜜等融合的甜汁中蒸至熟软，然后将主料扣入盘中，再将汁熬浓或用水淀粉勾芡浇淋在主料上成菜的烹调方法。

1 制品特点

汁浓、甜度大、香甜软糯、色泽蜜黄。

2 适用范围

主要适用于干、鲜果品和蔬菜中的根茎类以及肉类等烹饪原料，如莲子、红枣、苹果、山药、芋头、火腿等。

③ 操作要领

在选料时，以含酸质的植物性烹饪原料为宜，成菜时可起到先甜后酸、甜酸混合的效果。在运用甜味调料时，冰糖胜于白糖，蜂蜜也必不可少。亦可用些果汁，如柠檬汁、香槟和少许香精，可使成菜口味更佳。要根据主料的不同质地灵活运用初步熟处理的方法和烹调方法：如主料鲜嫩、含水量多，则水的用量要适当减少，蒸的时间要短些；如主料本身含较多的糖分（如各种蜜饯原料），放白糖或冰糖要适当减少；用山药、红薯、莲藕等作主料时，因其淀粉含量较多，蜜制前需用冷水浸泡出部分淀粉，再进行加热蜜制。蜜汁的菜肴要甜度适口，不宜过甜，因此采用蒸的方法为宜。这样可控制甜度，而且成菜颜色也较为透亮美观（图 5-4-6）。

图 5-4-6　蜜汁叉烧

作业与习题

（1）试述明炉烤与暗炉烤的异同及操作要领。

（2）通过学习泥烤的烹调方法，发挥想象阐述石烤的概念。

（3）汽烹法主要适用于哪些菜肴？举例说明。

学习小心得

参考文献

[1] 苏爱国.烹饪原料与加工工艺[M].重庆:重庆大学出版社,2015.

[2] 周晓燕.烹调工艺学[M].北京:中国轻工业出版社,2000.

[3] 邵万宽.烹调工艺学[M].北京:旅游教育出版社,2013.

[4] 季鸿崑.烹调工艺学[M].北京:高等教育出版社,2003.

[5] 冯玉珠.烹调工艺学[M].北京:中国轻工业出版社,2011.

[6] 李保定,金晓阳.烹饪工艺[M].北京:北京大学出版社,2011.

[7] 史万震,陈苏华.烹饪工艺学[M].上海:复旦大学出版社,2015.

[8] 陈苏华.烹饪工艺学[M].南京:东南大学出版社,2008.

[9] 牛铁柱.新烹调工艺学[M].北京:机械工业出版社,2010.

[10] 周琪.中餐烹调[M].上海:上海交通大学出版社,2011.

[11] 姜毅,李志刚.中式烹调工艺学[M].北京:中国旅游出版社,2004.

[12] 杨国堂.中国烹调工艺[M].上海:上海交通大学出版社,2015.